全国高等院校水利水电类精品规划教材

工程测量

主　编　何习平　张　鑫
副主编　王建雄　耿宏锁
主　审　华锡生

黄河水利出版社
·郑州·

内 容 提 要

本书是在全国高等院校水利水电类精品规划教材编委会指导下，为适应高等工程应用型人才培养需要编写而成的。全书共11章，第一章主要介绍测量学的基本知识和基本理论，第二～第四章介绍测量的三项基本工作和方法，第五章介绍全站仪的基本原理和使用方法，第六章介绍测量误差的基本理论和处理方法，第七章介绍小区域常规控制测量和GPS控制测量方法，第八章介绍大比例尺地形图的基本原理和数字化测图方法，第九章介绍大比例尺地形图在工程建设中的应用，第十章介绍施工放样的基本工作与放样方法，第十一章介绍水利工程、土木工程、道路与桥梁工程等测量工作的基本原理和基本方法。

本书可供高等应用型本科水利水电工程、土木工程、道路与桥梁工程、给水与排水、农业水利工程、水文水资源、城镇规则、水土保持与荒漠化治理等非测绘类专业学生使用，也可供其他相关专业人员参考。

图书在版编目(CIP)数据

工程测量/何习平，张鑫主编. —郑州：黄河水利出版社，2008.12 (2019.1 修订重印)
全国高等院校水利水电类精品规划教材
ISBN 978-7-80734-532-9

Ⅰ.工… Ⅱ.①何…②张… Ⅲ.工程测量-高等学校-教材 Ⅳ.TB22

中国版本图书馆CIP数据核字(2008)第209368号

策划组稿：李洪良 电话：0371-66026352 E-mail：hongliang0013@163.com

出 版 社：黄河水利出版社 网址：www.yrcp.com
地址：河南省郑州市顺河路黄委会综合楼14层 邮政编码：450003
发行单位：黄河水利出版社
发行部电话：0371-66026940 传真：0371-66022620
E-mail：hhslcbs@126.com
承印单位：河南匠之心印刷有限公司
开本：787 mm×1 092 mm 1/16
印张：14.75
字数：340千字 印数：7 101—8 100
版次：2009年1月第1版 印次：2019年1月第3次印刷

定价：26.00元

出版者的话

随着2011年中央1号文件《中共中央 国务院关于加快水利改革发展的决定》的发布和中央水利工作会议的召开，水利作为国家基础设施建设的优先领域迎来了前所未有的黄金期。到2015年，全国水利投资总额达1.8万亿元，到2020年，水利投资达4万亿元。据《第一次全国水利普查公报》，截至2011年12月31日，全国堤防总长度为413 679公里（其中5级及以上在建堤防长度为7 963公里），共有水库98 002座（其中在建水库756座），共有水电站46 758座（其中在建水电站1 324座）。水利水电工程的大规模建设对设计、施工、运行管理等水利水电专业人才的需求也更为迫切，如何更好地培养适应现今水利水电事业发展的优秀人才，成为水利水电专业院校共同面临的课题。作为水利水电行业的专业性科技出版社，我社长期关注水利水电学科的建设与发展，并积极组织水利水电类专著与教材的出版。

在对水利水电类本科层次教材的深入了解中，我们发现，以应用型本科教学为主的众多水利水电类专业院校普遍缺乏一套完整构建在校本科生专业知识体系又兼顾实践工作能力的教材。在广泛调研与充分征求各课程主讲老师意见的基础上，按照高等学校水利学科专业教学指导委员会对教材建设的指导精神与要求，并结合教育部实施的多层次建设、打造精品教材的出版战略，我社组织编写了本系列“全国高等院校水利水电类精品规划教材”。

此次规划教材的特点是：

(1)以培养水利水电类应用型人才为目标，充分重视实践教学环节。

(2)在依据现有的专业规范和课程教学大纲的前提下，突出特色，力求创新。

(3)紧扣现行的行业规范与标准。

(4)基本理论与工程实例相结合，易于学生接受与理解。

本系列教材除了涵盖传统专业基础课及专业课外，还补充了多个新开课程的教材，以便于学生扩充知识与技能，填补课堂无合适教材可用的空缺。同时，部分教材由工程技术人员或有工程设计施工从业经历的老师参与编写，也是此次规划教材的创新。

本系列教材的编写与出版得到了全国多所高等院校的鼎力支持，特别是三峡大学原党委书记刘德富教授和华北水利水电大学副校长刘汉东教授对系列教材的编写与出版给予了精心指导，有效保证了教材出版的整体水平与质量。在此对推进此次规划教材编写与出版的各院校领导和参编老师致以最诚挚的谢意，是他们在编审过程中的无私奉献与辛勤工作，才使得教材能够按计划出版。

“十年树木，百年树人”，人才的培养需要教育者长期坚持不懈的努力，同样，好的教材也需要经过千锤百炼才能流传百世。本系列教材的出版只是我们打造精品专业教材的开始，希望各院校在对这些教材的使用过程中，提出改进意见与建议，以便日后再版时不断改正与完善。

黄河水利出版社

前 言

近年来,随着空间技术和信息技术的发展及其在测绘学科领域的融合与应用,以"3S"(全球定位系统 GPS、遥感技术 RS 和地理信息系统 GIS)技术为代表的现代测绘技术正在逐步取代常规测量方法,推动传统(模拟)测绘向数字化测绘的过渡与转化,并向信息化方向发展与升华。

本教材正是在这样的背景下,根据高等院校非测绘类专业测量课程教学大纲要求,结合宽口径、创新型专业人才培养方案,适应高素质工程应用型人才培养需要而编写的。本书在着重介绍常规测量方法和技术的同时,详细介绍了全站仪、GPS 和数字化测图等新仪器、新理论和新技术的应用,突出反映测绘科学与技术的新进展。

全书共 11 章,第一章主要介绍测量学的基本知识和基本理论,第二~第四章介绍测量的三项基本工作和方法,第五章介绍全站仪的基本原理和使用方法,第六章介绍测量误差的基本理论和处理方法,第七章介绍小区域常规控制测量方法和 GPS 控制测量法,第八~第九章介绍大比例尺地形图的基本原理、绘制方法和应用,第十章介绍施工放样的基本工作与放样方法,第十一章介绍水利工程、土木工程、道路与桥梁工程等测量工作的基本原理和基本方法,供相关专业选用。

本书各章编写人员及分工如下:南昌工程学院何习平编写第一章和第十章,云南农业大学王建雄编写第二章和第四章,云南农业大学龚振文和王建雄编写第三章,西北农林科技大学张鑫编写第五章和第六章,西北农林科技大学耿宏锁编写第七章,西北农林科技大学王维新编写第八章,西北农林科技大学李雅素编写第九章,南昌工程学院万程辉编写第十一章。全书由何习平统一修改定稿,由河海大学华锡生教授主审。

本书的编写和出版得到了全国高等院校水利水电类精品规划教材编委会的大力支持,在此致以诚挚的感谢!

本书在编写过程中参考了大量的文献资料,在此谨向文献作者和相关人员致谢!

由于编者水平有限,书中可能存在不少缺点和错误,敬请读者批评指正。

编 者

2008 年 8 月于青山湖畔

目　录

第一章 绪 论

第一节 概 述

一、测量学的定义

测量学是伴随着人类对自然认识、利用和改造的不断深入而发展起来的对地球进行描述的学科之一。具体地说，测量学是研究地球的形状和大小、确定地球表面点的位置以及如何将地球表面的地形及其他地理信息测绘成图的科学。

由于地面物体的几何形状和大小都是由组成该物体的一些特定点的位置所决定的，因此测量学的实质是如何确定地球表面点的位置。确定地球表面点的位置包括测定和测设两个方面。测定是指使用测量仪器通过对地球表面上的点进行测量，从而得出点的坐标等一系列测量数据，或根据获得的测量数据将地球表面的地形按一定的比例缩小绘成地形图，供经济建设、国防建设和科学研究使用；测设是指将图纸上规划设计好的建筑物、构筑物的位置通过测量在地面上标定出来，作为工程施工的依据。

随着空间科学技术的发展和信息高速公路的建设，传统测量学的定义得到了全新的发展，形成一门新兴的边缘学科——“地球空间信息学(Geomatics)”。20 世纪 90 年代起，世界各国大学的测量学专业、测量学机构和测量学杂志纷纷改名为 Geomatics。Geomatics 是一个新创造出的名词，1993 年 Webster 词典(第 3 版)给出的定义是：Geomatics 是地球的数学，是所有现代地理科学的技术支撑。1996 年国际标准化组织对 Geomatics 的定义是：Geomatics 是研究采集、量测、分析、存储、管理、显示和应用空间数据的现代空间信息科学技术。

二、测量学的任务与分类

从测量学的定义可知，测量学研究的内容丰富、涉及领域广泛。现仅就测绘地球表面形态方面介绍其主要任务：

第一，建立坐标系。要测定地球表面各点的坐标，首先必须建立一个统一的地球坐标系统，作为准确描述地球表面及外部空间任意一点位置的基准。为此，应对地球进行研究，在获得地球的形状、大小及重力场等数据基础上，运用一定的方法建立坐标系统。

第二，空间点位信息采集。建立坐标系统后，利用测量仪器，通过一定的测量方法对地球表面点进行测量，获得地面点的坐标等一系列测量数据。地球表面形态包括地表的各种自然形态和由于人类活动形成的人工形态。自然形态包括地貌、水系、植被等，人工形态如居民地、道路桥梁及其他各种建(构)筑物。对于小范围的地表测绘，通常是利用普通测量仪器和方法直接测定各地面点的坐标；对于大范围的地表测绘，一般应运用航空摄影测量方法获取地球表面形态的影像信息，再根据摄影测量的理论与方法，对影像信息进行模拟、解析等，从而获取地面点的坐标及其他地理信息。

第三，绘图。以地面点的坐标等一系列测量数据为基础，进行地球表面形态的绘制工作。使用上述方法获得的信息，必须经过地图投影、综合、编制、整饰和制印等环节，才能形成各种比例尺的地形图或专题地图。

另外，为各种工程建设开展测绘工作。根据不同工程项目的具体要求，采取一些专门的测量方法进行工程测绘工作，指导工程施工，确保工程的安全运行。对于一些特殊工程，还需使用特种测量仪器和特定的高精度方法完成相应的测量任务。

根据上述测量学研究对象、任务和方法的不同，测量科学可以分为许多分支学科。

（一）普通测量学

普通测量学是研究地球表面较小区域内测绘工作的基本理论、技术、方法和应用的一门学科，它是测量学的基础。具体研究内容包括：距离测量、角度测量和高程测量等外业测量工作；观测数据处理与绘图的理论与方法；建立图根控制网、测绘地形图以及普通工程的施工测量等测量工作。

（二）大地测量学

大地测量学是研究地球表面较大范围内的点位测定及整个地球的形状、大小和重力场测量的理论、技术和方法的一门学科。根据测量方式不同，大地测量学又分为常规大地测量学和卫星大地测量学。

（三）摄影测量学

摄影测量学是利用摄影像片或遥感技术来确定地球表面物体的形状、大小和空间位置的一门学科，根据测量方式不同，摄影测量学又分为地面摄影测量学、航空摄影测量学和遥感学。

（四）工程测量学

工程测量学是研究各种工程项目在勘测设计、施工和运营管理阶段所进行的各种测量工作的一门学科。根据测量的工程对象不同，工程测量学又分为土木工程测量、水利工程测量、矿山工程测量、线路工程测量和精密工程测量等。具体研究内容有建立工程控制网、地形图测绘、施工放样、设备安装测量、工程竣工测量、变形观测等各种测量工作。

（五）海洋测量学

海洋测量学是研究和测量地球表面水体（海洋、江河、湖泊等）及水下地貌的一门学科。具体研究内容包括对上述范围进行控制测量、地形测量、水深测量等各种测量工作的理论、技术和方法。

（六）地图制图学

地图制图学是研究地图及其编制和应用的一门学科。

本教材主要阐述普通测量学和工程测量学中的部分内容。

三、测量学的作用

测量是国家经济建设和国防建设的一项重要的基础性、先行性工作。

在国民经济建设方面，如资源勘察、城乡建设、交通运输、水利工程、土地整治、环境保护、行政界线的勘定等诸多行业的工程建设都需要测量工作。在工程的规划设计阶段，需要测绘各种比例尺的地形图供工程的平面和竖向设计使用；在工程施工阶段必须将设计好的建（构）筑物的平面位置和高程在实地标定出来，作为工程施工的依据；工程竣工后，需要测绘竣工图，供日后工程改扩建和维修使用；在工程运营管理阶段，还需要进行长期的变形观测，以保证工程的安全。

在国防建设方面，国界勘定、战役部署、航天测控等都离不开测量工作。如国界勘定和战役部署都必须绘制精密的地形图；导弹、卫星和宇宙飞船的发射必须通过测量保证其精确入轨，飞行过程中需要根据测量数据随时校准轨道位置。

在科学研究方面，如宇宙探测、地壳形变、海岸变迁、地震监测、灾害预报等方面的研究都需要借助测量数据；高能物理研究中的巨型粒子加速器和质子对撞机的精密安装需要测量技术的保证。

此外，目前各行各业中的地理信息系统必须由测绘部门提供准确的空间地理信息，测量工作还要满足广大人民群众的教育和旅行等日常生活对各种地图的需要，测绘部门提供的房地产分布图和平面图是产权的重要法律资料。

四、测量学的发展简史

测量是一门古老的学科，在人类发展史中起着重要的作用，它的发展首先是从满足人们划分土地、兴修水利、战争与航海等方面的需要而开始的。

（一）我国测量科学的发展概况

我国是世界四大文明古国之一，由于生产和生活的需要，测量工作开始得很早。我国在无文字记载的三皇五帝时代，就有伏羲氏“测北极高下……定南北东西”、“神农氏立地形，甄度四海”、黄帝“置衡量度亩数”等传说；《史记·夏本纪》记载了大禹治水“行山表木，定高山大川……左准绳，右规矩”的情况；《周髀算经》和《九章算术》等历史文献中记载有测量技术和计算方法的内容，反映了祖先们在征服自然和改造自然过程中，一开始就是通过测量来认识世界的。

在测时方面，我国在春秋战国时期就编制了四分历，一年为365.25日，比罗马人采用的儒略历早四五百年。南北朝时祖冲之所测的朔望月为29.530 588日，与现在采用的数值只差0.3 s。宋代杨忠辅编制的《统天历》，一年为365.242 5日，与现代采用的数值相比只差26 s。这些成就的取得主要是因为在公元前四世纪创制的浑天仪，此外，还有圭、表、复矩、漏壶及日晷等天文观测与计时工具的使用。

在地图测绘方面，由于行军作战的需要，我国历代皇帝都十分重视地图编制工作。目前，见于记载的最早的古地图是西周初年的洛邑城址附近的地形图。周代地图的使用已很普遍，管理地图的官员分工也很细。战国时管仲所著《管子》第十卷（地图第二十七）专门论述了地图的内容和重要用途。可惜的是，秦代以前的古地图都已失传，现在所能见到的最早的古地图是长沙马王堆三号墓出土的公元前168年陪葬的古长沙国地图和驻军图，图上有山脉、河流、居民地、道路和军事要素。西晋裴秀编制了《禹贡地域图》和《方丈图》。此后历代都编制过多种地图，其中比较著名的有：南北朝谢庄创制的《木方丈图》、唐代贾耽编制的《关中陇右及山南九州等图》及《海内华夷图》（原图现已失传）、北宋的

《淳化天下图》、南宋人参考《海内华夷图》制成的《华夷图》和《禹迹图》(现存于西安碑林)、元代朱思本的《舆地图》、明代罗洪先的《广舆图》(相当于现代分幅绘制的地图集)、明代郑和下西洋绘制的《郑和航海图》、清代康熙年间绘制的《皇舆全图》等,我国历代地图绘制水平都很高。

我国历代能绘制出如此高水平的地图与测量技术的发展有关。在测量仪器制造方面,我国古代测量长度的工具有丈杆、测绳、步车等;测量高程的仪器工具有矩和水平(水准仪);测量方向的仪器有望筒和指南针(战国时利用天然磁石制成指南工具——司南,宋代出现人工磁铁制成的指南针)。在测量理论研究上,西晋裴秀提出的绘制地图的六条原则,即《制图六体》,是世界最早的地图编制理论;三国时魏人刘徽所著《海岛算经》介绍利用丈杆进行两次、三次甚至四次测量(称重差术)求解山高、河宽的实例等。

此外,公元724年,在唐代高僧一行的主持下,实量了从河南白马,经过浚仪、扶沟到上蔡长达300 km的子午线弧长,并用日圭测太阳的阴影来定纬度,这是我国第一次应用弧度测量的方法测定地球的形状和大小,也是世界上最早的一次子午线弧长测量,得出子午线一度弧长为132.31 km,为人类正确认识地球做出了贡献。北宋沈括在《梦溪笔谈》中记载了磁偏角的发现。元代郭守敬在测绘黄河地形图时"以海面较京师至汴梁地形高下之差",是世界测量史上第一个使用"海拔"思想的人。

在清代、北洋军阀和国民党统治时期,我国测绘科学的发展基本处于停滞状态。中华人民共和国成立后,我国的测绘事业有了很大发展,全国已建立了统一的坐标系统和高程系统;建立了遍及全国的大地控制网、国家水准网、基本重力网和卫星多普勒网;完成了国家大地网和水准网的整体平差;完成了珠穆朗玛峰的平面位置和高程的测量;配合国民经济建设进行了大量的测绘工作,例如进行了南京长江大桥、葛洲坝水电站、宝钢、三峡水库、青藏铁路等工程的精确放样和设备安装测量;在测绘仪器制造方面,从无到有,现在我国不仅能生产常规测量仪器,测量先进仪器的制造水平也基本上达到国际先进水平;测绘教育规模和水平也不断得到提高。

(二)世界测量科学发展简述

公元前4 000多年前,由于尼罗河水泛滥,经常需要重新划分土地的边界,即土地测量工作,从而产生了最初的测量技术,古希腊人也在很早就掌握了土地测量方法,希腊文"测量学"的含义就是"土地划分"。公元前3世纪,希腊科学家就利用天文测量方法初步测定了地球的形状和大小,当然,那时使用的仪器和工具都非常简单。

随着科学和文化的进步,测量科学日益完善,其应用也日益广泛。1608年荷兰人汉斯发明了望远镜,望远镜的发明并应用于天文观测是测量科学史上的一次较大的变革。其后,望远镜广泛应用于各种测量仪器,大大提高了观测成果的精度;1617年荷兰人斯纳尔创立并首次进行了三角测量;1794年德国高斯提出了最小二乘法,为测量数据处理奠定了基础;1859年法国洛斯达开创摄影测量并制成第一台地形摄影机;1903年飞机的发明促进了航空摄影测量学的发展,使测量学进行了一次革命,它改善了测量的技术途径,将大量的野外工作转入室内,减轻了劳动强度,提高了工作效率;20世纪40年代自动安平水准仪的问世,标志着测量自动化的开始;1957年第一颗人造地球卫星的上天,推动了人卫大地测量学的发展。

20 世纪 50 年代以来,空间科学技术、电子技术和计算机科学技术的迅速发展推动了传统测量科学技术的发展与整合,传统的普通测量学、大地测量学、摄影测量学、地图制图学等测绘学科之间的界限已随着计算机技术的发展变得模糊了。

1993 年,美国提出建立"国内信息基础设施"计划后,"信息高速公路"的政策已初步成型,1998 年"数字地球"概念横空出世,一场新的信息技术革命浪潮正在世界范围内产生。目前,以"3S"(全球定位系统 GPS、遥感技术 RS 和地理信息系统 GIS)技术为代表的现代测绘学科的应用已渗透到与空间信息分布有关的众多领域。现代测量科学技术是数字地球的数学基础、空间信息框架和技术支撑,基于信息时代的现代测绘学科在国民经济建设和国防建设等许多领域中发挥着重要作用,具有广阔的发展前景。

第二节　确定地面点位的坐标系统

一、测量基准面

地面点位的确定需要建立坐标系,而坐标系是建立在选定的基准面上的。由于测量工作是在地球表面上进行的,因此测量基准面必然与地球的形状和大小相关。

地球表面错综复杂,高低起伏,很不规则。有高山与低谷,也有平原与海洋。其中珠穆朗玛峰高出海水面 8 844.43 m,而位于太平洋的马里亚纳海沟低于海水面 11 022 m。这些起伏相对半径为 6 371 km 的地球来说还是很小的。就整个地球而言,考虑到海洋占地球表面的 71%,因此我们可以把地球想象成一个处于静止状态的海水面延伸穿过陆地所包围的形体,这个处于静止状态的水面就是水准面,这个形体基本上代表了地球的形状。由于水准面有无数个,测量上把通过平均海水面的水准面叫大地水准面,如图 1-1(a)所示,大地水准面所包围的地球形体叫大地体。

在地球重力场中水准面处处与重力方向正交,重力方向线叫铅垂线。测量工作是通过安置测量仪器观测数据,并沿铅垂线方向将这些数据投影到大地水准面上的,因此大地水准面是测量工作的基准面。

由于地球表面起伏不平和内部物质结构分布不匀,引起铅垂线方向不规则变动,所以大地水准面实际上是一个略有起伏的复杂曲面,这个不规则的曲面不便于计算和建立坐标系。为此,人们就用一个可以用数学模型表示又很接近大地水准面的面来代替大地水准面,通常选用地球椭球面作为测量计算工作的基准面,如图 1-1(b)所示。地球椭球体是由椭圆 NWSE 绕其短轴 NS 旋转而成的,其形状和大小由椭圆长半轴 a 和短半轴 b(或扁率 $\alpha = \frac{a-b}{a}$)决定,地球椭球面所包围的体形叫地球椭球体,如图 1-1(c)所示。

建立坐标系的地球椭球面与大地水准面不完全一致。对精密测量工作来说,必须考虑两者的差异,要通过计算进行数据转换;对普通测量来说,由于精度要求不高,当测量范围不大时可不考虑两者之间的差异。同时,由于地球扁率很小,为方便计算,可以将地球看成圆球,其半径 R 约为 6 371 km。

为确定地面点的位置,我国在陕西省泾阳县永乐镇境内选择并埋设国家大地原点,建

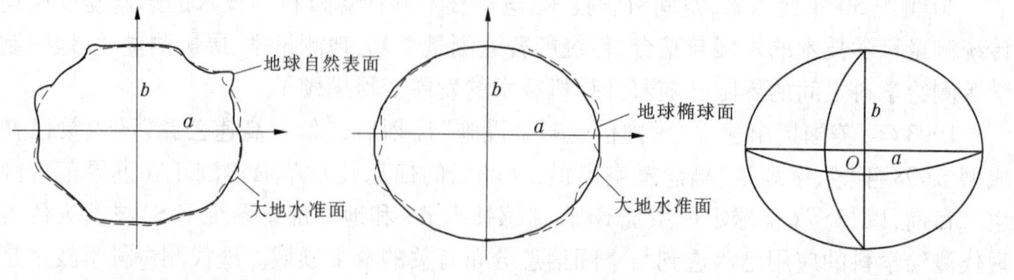

(a)大地水准面与地球自然表面　　(b)大地水准面与地球椭球面　　(c)地球椭球

图 1-1　地球形状示意图

立了全国统一的坐标系——1980 年国家大地坐标系(简称 80 国家大地坐标系),也叫 80 西安坐标系。新中国成立初期,我国曾建立并使用"1954 年北京坐标系"(简称 54 北京坐标系),作为临时过渡性的坐标系。目前,我国已有的许多测绘资料都是基于上述两个大地坐标基准编制的。

对于高程基准面,我国目前采用的是"1985 年国家高程基准",它是根据青岛验潮站 1953 ~ 1977 年的观测资料,求出黄海平均海水面作为大地水准面建立的,并在青岛观象山建立国家水准原点,测算出国家水准原点的高程为 72. 260 m。全国各地高程都以它为基准进行测定。新中国成立初期,我国曾利用青岛验潮站 1950 ~ 1956 年的观测资料建立了"1956 年黄海高程系",当时国家水准原点高程为 72. 289 m。

二、确定地面点位的坐标系统

地面点的位置通常由该点投影到地球椭球面的位置(坐标)和点到大地水准面的铅垂距离(高程)来确定。

(一)地面点高程

1. 绝对高程

地面点到大地水准面的铅垂距离称为该点的绝对高程,简称高程或海拔,用符号 H 表示。图 1-2 中 H_A、H_B 分别为 A、B 两点的高程。

2. 假定高程

当测区内没有已知水准点或引用已知高程有困难时,可以任意假定一个水准面作为高程起算面,地面点到这个假定水准面的铅垂距离称为该点的假定高程或相对高程。图 1-2 中 H'_A、H'_B 分别为 A、B 两点的假定高程。

3. 高差

地面两点间的高程或相对高程之差称为高差,用 h 表示。图 1-2 中从 A 点至 B 点的高差为

$$h_{AB} = H_B - H_A = H'_B - H'_A \tag{1-1}$$

高差 h_{AB} 可正可负,h_{AB} 为正时,表示 B 点高于 A 点;反之,h_{AB} 为负时,表示 B 点低于 A 点。从式(1-1)可知,两点间高差与高程起算面无关。另外,从 B 点至 A 点的高差为

$$h_{BA} = H_A - H_B = H'_A - H'_B$$

因此

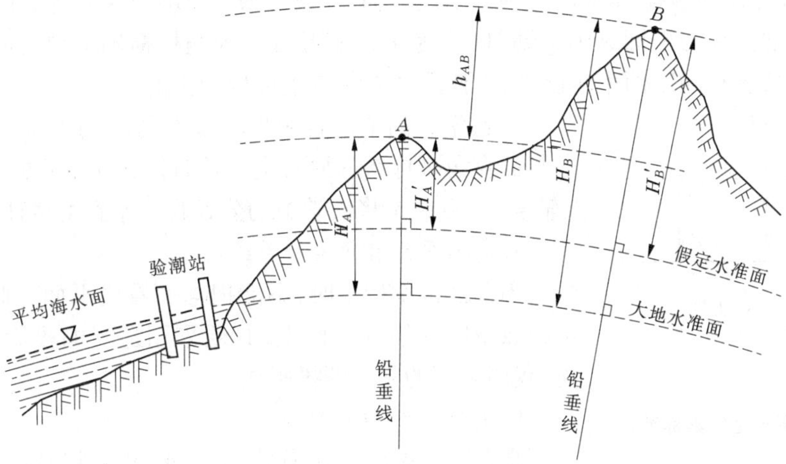

图 1-2　地面点的高程

$$h_{AB} = -h_{BA} \tag{1-2}$$

(二)地面点的坐标

1. 地理坐标

地理坐标是地面点投影到球面坐标系统中的坐标值,通常用经度和纬度表示。

如图 1-3 所示,N、S 分别为地球的北极和南极,NS 为地球的自转轴(地轴)。过地面上任一点 M 和地轴所构成的平面叫子午面,子午面与地球表面的交线称为子午线,也叫真子午线。通过地心且垂直于地轴的平面称为赤道面,赤道面与地球表面的交线叫赤道。通过原英国格林尼治天文台的子午面(线)叫首子午面(线)。

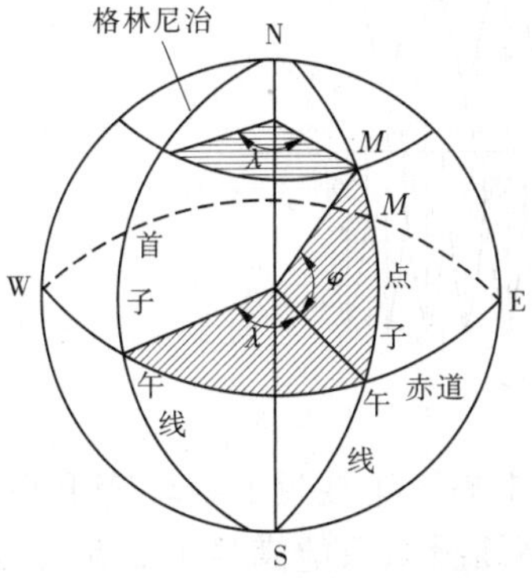

图 1-3　地理坐标

M 点的子午面与首子午面的二面角 λ 就是 M 点的经度。以首子午面作为计算经度的起点,向东 0°～180°为东经,向西 0°～180°为西经。过 M 点的铅垂线与赤道面的夹角,称为 M 点的纬度 φ。纬度以赤道面为起点,向北 0°～90°为北纬,向南 0°～90°为南纬。

按坐标系统所依据的基准线和基准面的不同以及解算方法的不同,地理坐标可分为大地地理坐标(简称大地坐标)和天文地理坐标(简称天文坐标)两种。以参考椭球面为基准面,且以椭球面的法线为基准线得到的地理坐标称为大地坐标,分别用 L、B 表示;以大地水准面为基准面,且以铅垂线为基准线而得到的地理坐标称为天文坐标,分别用 λ、φ 表示。大地坐标是通过大地测量推算出来的,而天文坐标是用天文测量方法直接测定的。

2. 独立平面直角坐标系

地理坐标是球面坐标,不便于直接进行各种计算,且其精度不高。在工程项目的规划、设计和施工中,应在平面上进行各种计算,为此,须将球面上的点投影并绘到平面上。

当测区范围较小时,可以近似地把球面看成平面,将地面点直接沿铅垂线方向投影到水平面上，用平面直角坐标系确定地面点的位置，十分方便。如图 1-4 所示，平面直角坐标系规定南北方向为坐标纵轴 x 轴（向北为正），东西方向为坐标横轴 y 轴（向东为正），坐标原点一般选在测区西南角以外，以使测区内各点坐标均为正值。

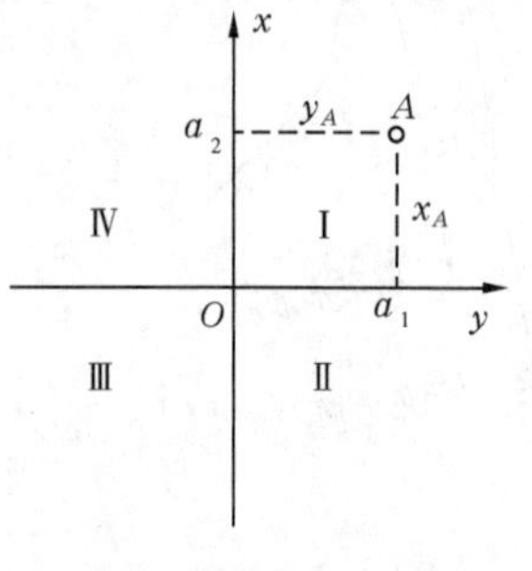

图 1-4 平面直角坐标系

与数学上的平面直角坐标系不同，为了定向方便，测量上平面直角坐标系的象限是按顺时针方向编号的，其 x 轴与 y 轴互换，目的是将数学中的公式直接用到测量计算中。

3. 高斯平面直角坐标系

当测区范围较大时，不能把球面看成平面。此时，为将球面点投影并绘到平面上，必须采用适当的投影方法来实现，我国采用的是高斯投影法。

1）高斯投影的分带

高斯投影是将地球分成若干带，然后将每带投影到平面上。如图 1-5 所示，投影带从首子午线起，按 6°经度自西向东将整个地球划分成经差相等的 60 个带（称为 6°带）。带号从首子午线起自西向东用阿拉伯数字 1、2、3、…、60 编号表示。位于各带中央的子午线称为该带的中央子午线，第一个 6°带的中央子午线经度为 3°，任意一个 6°带中央子午线的经度 λ_0 可按式（1-3）计算：

$$\lambda_0 = 6°N - 3° \tag{1-3}$$

式中　N——6°带的带号数。

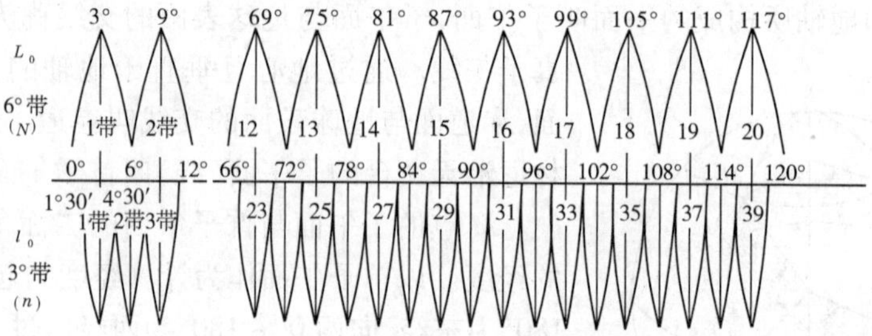

图 1-5　高斯投影分带

高斯投影时，不在中央子午线上的线段都会变长，离中央子午线近的线段变形小，离中央子午线愈远的线段变形愈大，且两侧对称。6°带的高斯投影只能满足 1∶2.5 万及以上比例尺测图的精度要求，对于需要 1∶1万或更大比例尺图的测量来说，必须采用 3°或 1.5°分带投影。3°带是从东经 1°30′起，每经差 3°划带，将整个地球分成 120 个带（见图 1-5），每一个 3°带中央子午线的经度 λ'_0 可按下式计算：

$$\lambda'_0 = 3°n \tag{1-4}$$

式中　n——3°带的带号数。

已知任意一地的经度 λ 时，可按下列公式计算其所在 6°带及 3°带的带号，带号计算出来后，可再按式（1-3）及式（1-4）分别计算其中央子午线的经度。

$$N = \mathrm{INT}(\lambda/6° + 1) \tag{1-5}$$

$$n = \mathrm{INT}(\lambda/3° + 0.5) \tag{1-6}$$

式中　INT——取整函数。

【例 1-1】　某地经度为东经 119°24′，求其所在的高斯投影 6°带和 3°带的带号及其中央子午线的经度。

解：该地 6°带带号及其中央子午线的经度分别是

$$N = \mathrm{INT}(119°24'/6° + 1) = \mathrm{INT}20.9 = 20$$

$$\lambda_0 = 6°N - 3° = 6° \times 20 - 3° = 117°$$

该地 3°带带号及其中央子午线的经度分别是

$$n = \mathrm{INT}(119°24'/3° + 0.5) = 40$$

$$\lambda'_0 = 3° \times 40 = 120°$$

2）高斯投影与高斯平面直角坐标系的建立

如图 1-6 所示，高斯投影是设想用一个平面卷成一个空心椭圆柱，把它横着套在地球表面，使椭圆柱的轴心线通过地球中心，并使地球表面上某个 6°带的中央子午线与椭圆柱面相切，在椭球面上的图形与椭圆柱面上的图形保持等角的条件下，将整个 6°带投影到椭圆柱面上。然后，将椭圆柱沿通过南北极的母线切开并展开成平面，便得到 6°带在平面上的投影。中央子午线经投影展开后是一条直线，以此直线作为纵轴即 x 轴，赤道经投影后是一条与中央子午线相垂直的直线，将它作为横轴即 y 轴；两直线的交点作为原点，即组成高斯平面直角坐标系统。

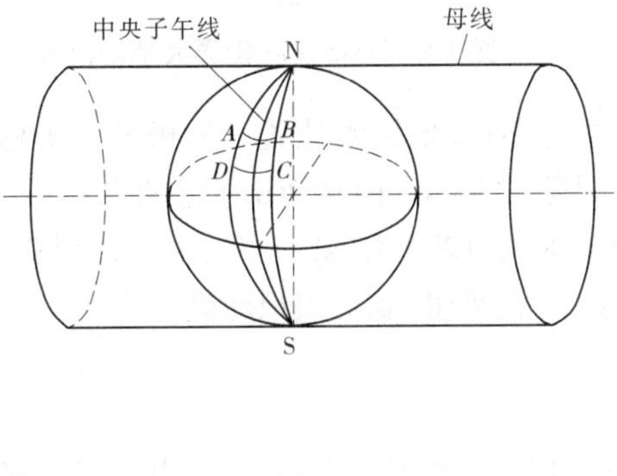

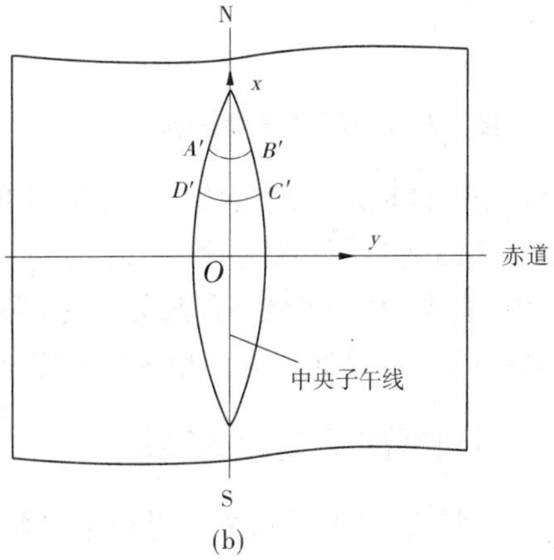

图 1-6　高斯投影示意图

我国位于北半球，x 坐标均为正值，而 y 坐标值有正有负。如图 1-7(a)所示，A、B 两点的横坐标分别为：$y_A = 137\ 680$ m，$y_B = -274\ 240$ m。为避免横坐标 y 出现负值，规定把坐标纵轴向西平移 500 km，如图 1-7(b)所示。此时 $Y_A = 137\ 680 + 500\ 000 = 637\ 680$ (m)，$Y_B = -274\ 240 + 500\ 000 = 225\ 760$ (m)。

由于不同投影带内相同位置点的投影坐标值都相同，无法使得地面点与其坐标值一一对应。因此，还应在其横坐标值前冠以带号，以便根据点的横坐标值就能区别该点位于哪个 6°带内。例如，A 点位于 6°带的第 20 带内，则其横坐标为 $Y_A = 20\ 637\ 680$ m。

（三）WGS－84 世界大地坐标系

随着卫星定位技术的发展，采用 WGS－84 世界大地坐标系表示空间任意一点的位置已经得到广泛的应用，WGS－84 世界大地坐标系是一个三维直角坐标系，其几何定义是：原点是地球质心，z 轴指向 BIH1984.0 定义的协议地球极（CTP）方向，x 轴指向 BIH1984.0 的零子午面和 CTP 赤道的交点，y 轴与 z 轴、x 轴构成右手坐标系，如图 1-8 所示。

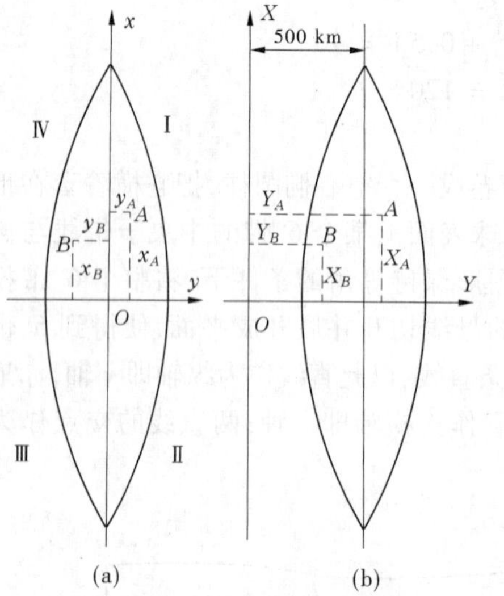

图 1-7　高斯平面直角坐标系

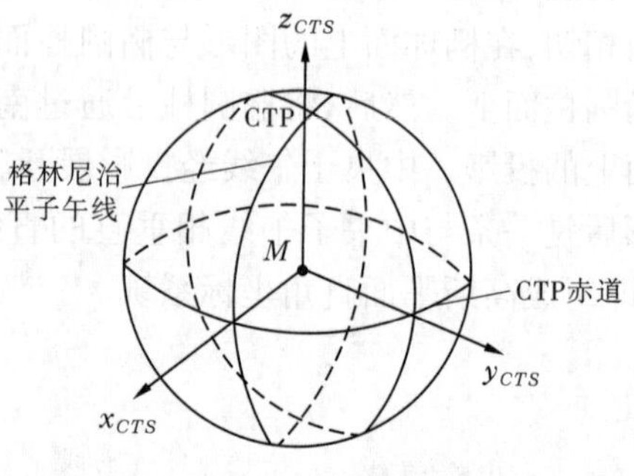

图 1-8　WGS－84 世界大地坐标系

CTP 是协议地球极的简称。由于极移现象的存在，地极的位置在地极平面坐标系中是一个连续的变量，其瞬时坐标（x_P，y_P）由国际时间局（简称 BIH）定期向用户公布。WGS－84 世界大地坐标系就是以国际时间局 1984 年第一次公布的瞬时地极（BIH1984.0）作为基准建立的地极瞬时坐标系，严格来讲，属协议地球坐标系。

三、不同基准下坐标的转换

工程测量实践中，常常需要进行不同基准下坐标的转换。如上所述，我国常用的不同基准下的坐标系统主要有 54 北京坐标系、80 国家大地坐标系、WGS－84 世界大地坐标系、地方独立坐标系四种。

54 北京坐标系是采用克拉索夫椭球，并与苏联 1942 年普尔科沃坐标系进行联测，高程基准采用 1956 年高程基准，主要计算参数见表 1-1。

80 国家大地坐标系三轴具体定义是：z 轴平行于由地球地心指向 1968.0 地极原点方向，大地起始子午面平行于格林尼治天文台首子午面，x 轴在大地起始子午面内与 z 轴垂直指向经度零方向，y 轴与 z 轴、x 轴构成右手坐标系。采用的地球椭球数据是 1975 年第 16 届国际大地测量与地球物理协会联合推荐的数据。高程基准与 54 北京坐标系相同。

三种坐标系的主要计算参数见表 1-1。

根据地区或工程需要建立的地方独立坐标系应与上述三种坐标系实现转换，通常可利用已知重合点的对应坐标量按 3 参数(2 个平移变量、1 个旋转变量)或 7 参数(3 个平移变量、3 个旋转变量、1 个尺度系数)求解出转换系数后进行转换,具体可参考相关书籍。

实际工作中,有时需要在地理坐标(L,B)与高斯平面坐标(x,y)、国家大地坐标与 WGS-84 世界大地坐标间的转换。具体转换可使用相关软件进行。

表 1-1　不同坐标系的主要计算参数

参数名称	地球椭球	参考椭球	
	WGS-84 世界大地坐标系	80 国家大地坐标系	54 北京坐标系
长半轴 a(m)	6 378 137	6 378 140	6 378 245
短半轴 b(m)	6 356 752. 314 2	6 356 755. 288 2	6 356 863. 018 8
扁率 α	1/298. 257 223 563	1/298. 257	1/298. 3
第一偏心率平方 e^2	0. 006 694 379 990 13	0. 006 694 384 999 59	0. 006 693 421 622 966
第二偏心率平方 e'^2	0. 006 739 496 742 227	0. 006 739 501 819 47	0. 006 738 525 414 683

第三节　确定地面点位的方法

实际测量工作中,地面点的坐标和高程一般不能直接测定,而是通过间接观测求出待定点与已知点间的几何位置关系,从而利用已知点坐标推算出待定点的坐标和高程。

一、确定地面点平面坐标的方法

确定地面点平面坐标的常用方法有极坐标法和直角坐标法。

(一)极坐标法

传统测量仪器通常采用极坐标法进行测量。如图 1-9 所示,已知地面点 A、B 的平面坐标,P_1、P_2 为待定点。选择 A 点为极点(测站点),A、B 的连线为极轴(即零方向线),观测水平角 β_1 和水平距离 D_1 后,则待求点 P_1 的极坐标为 $\rho(D_1,\beta_1)$;同理,选择 P_1 点为极点,P_1、A 的连线为极轴,继续观测水平角 β_2 和水平距离 D_2,则待求点 P_2 的极坐标为$\rho(D_2,\beta_2)$。

从上述分析可知,测定地面点平面坐标的主要工作是水平角测量和水平距离测量。

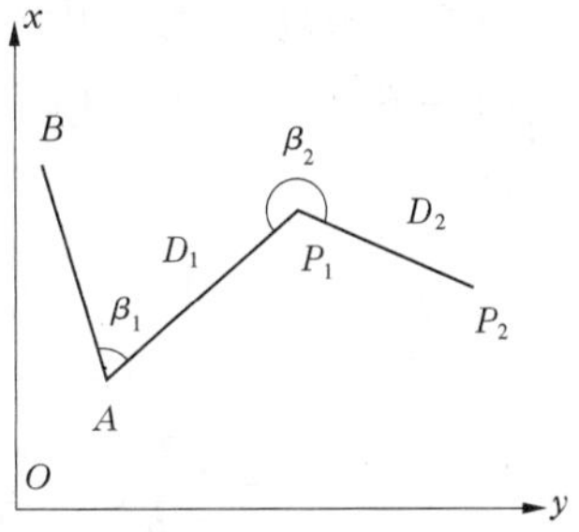

图 1-9　极坐标法

(二)直角坐标法

对于使用全站仪或 GPS 等现代测量仪器,一般可直接测定地面点的三维坐标。因此,使用这些仪器确定地面点位时,一般采用直角坐标法。为计算机绘图需要,可按下式将待测点的极坐标转换成直角坐标:

$$\begin{cases} x_{P_1} = x_A + D_1\cos(\alpha_{AB} + \beta_1) \\ y_{P_1} = y_A + D_1\cos(\alpha_{AB} + \beta_1) \end{cases} \tag{1-7}$$

式中　α_{AB}——在直角坐标系中，极轴 AB 与 x 轴的夹角，又称 AB 方向的坐标方位角（参见第四章第四节）。

（三）交会法

设 $A(x_A, y_A)$、$B(x_B, y_B)$ 为坐标已知且互相通视的地面两点，$P(x_P, y_P)$ 为坐标未知的待定点，根据测量设备和测量方法不同，可使用下列交会法确定 P 点坐标。

1. 角度交会法

如图 1-10(a) 所示，用仪器分别在已知点 A、B 上瞄准 P 点观测 $\angle PAB$、$\angle PBA$ 的水平角 α、β，则按下式计算 P 点坐标：

$$\begin{cases} x_P = \dfrac{x_A\cot\beta + x_B\cot\alpha + \Delta y_{AB}}{\cot\alpha + \cot\beta} \\ y_P = \dfrac{y_A\cot\beta + y_B\cot\alpha - \Delta x_{AB}}{\cot\alpha + \cot\beta} \end{cases} \tag{1-8}$$

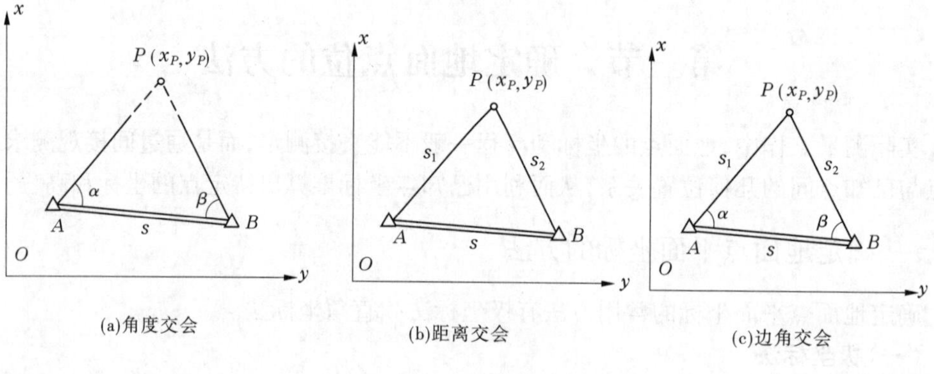

图 1-10　交会法

2. 距离交会法

如图 1-10(b) 所示，用仪器分别测得 PA、PB 的水平距离为 s_1、s_2，已知 AB 的水平距离为 s，则按下式计算 P 点坐标：

$$\begin{cases} x_P = x_A + \dfrac{q\Delta x_{AB} + h\Delta y_{AB}}{s} \\ y_P = y_A + \dfrac{q\Delta y_{AB} + h\Delta x_{AB}}{s} \end{cases} \tag{1-9}$$

式中　$q = \dfrac{s^2 + s_1^2 - s_2^2}{2s}$，$h = \pm\sqrt{s_1^2 - q^2}$（当 $\triangle APB$ 顺时针编号时取正，反之取负）。

3. 边角交会法

如图 1-10(c) 所示，已知 AB 的水平距离为 s，用仪器测得 AP 边的水平距离为 s_1，$\angle PAB$ 的水平角为 α，则可按下式推算出 β：

$$\beta = \operatorname{arccot}\frac{s - s_1\cos\alpha}{s_1\sin\alpha} \tag{1-10}$$

代入角度交会计算公式(1-8)可求出 P 点坐标。

(四)摄影测量法

摄影测量是利用影像点坐标(x,y)的相机相关参数,通过一定的数学手段(如式(1-11)将其转换成大地坐标(X,Y,Z)的方法:

$$\begin{cases} X = f_1(x,y) \\ Y = f_2(x,y) \\ Z = f_3(x,y) \end{cases} \tag{1-11}$$

式(1-12)为摄影测量中描述两种坐标关系的基本数学模型:

$$\begin{cases} x - x_0 = -f\dfrac{a_1(X - X_0) + b_1(Y - Y_0) + c_1(Z - Z_0)}{a_3(X - X_0) + b_3(Y - Y_0) + c_3(Z - Z_0)} \\ y - y_0 = -f\dfrac{a_2(X - X_0) + b_2(Y - Y_0) + c_2(Z - Z_0)}{a_3(X - X_0) + b_3(Y - Y_0) + c_3(Z - Z_0)} \end{cases} \tag{1-12}$$

式中 f——摄影机焦距;

(x_0,y_0)——像片主点坐标;

$(a_i \quad b_i \quad c_i)$——与像片空间定向元素有关的系数矩阵;

(X_0,Y_0,Z_0)——摄影机中心大地坐标;

具体内容可参阅相关书籍。

二、确定地面点高程的方法

(一)几何水准测量法

几何水准测量是根据已知点高程,利用仪器给出的一条与高程基准面平行的水平视线测定已知点与未知点间高差的方法,详见第二章。

(二)三角高程测量法

当地面两点间地形起伏较大、不便于进行水准测量时,可运用三角高程测量方法。三角高程测量是利用两点的水平距离和竖直角运用三角函数计算两点间的高差。详见第七章第五节。

此外,还可使用物理手段测量高程,如利用气压、液体水准等方法测量。

综上所述,距离、角度和高差是确定地面点位置的三个基本要素,距离测量、角度测量和高程测量是测量的三项基本工作。

第四节　地球曲率对测量工作的影响

如前所述,将地面点投影到球面后,再按一定的法则描绘在水平面上,这个过程比较复杂。实际测量工作中,如能直接用水平面代替水准面,则计算和绘图工作量都会大大减少。用水平面代替水准面必然给测量带来误差,影响高程和距离测量的精度。因此,我们必须知道在多大范围内测量时,用水平面代替水准面所产生的误差可以忽略不计。

一、地球曲率对距离测量的影响

如图 1-11 所示，用该地区中心点的切平面代替大地水准面，则地面点 A、B、C 在大地水准面上的投影分别是 a、b、c，在水平面上的投影分别为 a'、b'、c'，则 A、B 在球面上的弧长 D 及在水平面上的距离 D' 分别为

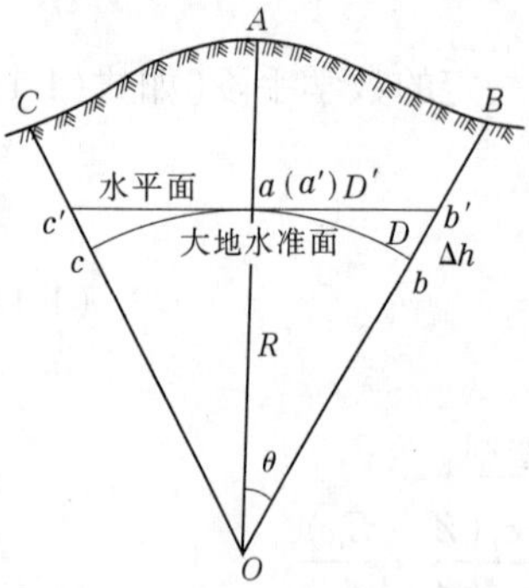

图 1-11 用水平面代替水准面

$$D = R\theta \qquad D' = R\tan\theta \tag{a}$$

则用水平面代替水准面对距离的影响值为

$$\Delta D = D' - D = R\tan\theta - R\theta = R(\tan\theta - \theta) \tag{b}$$

将 $\tan\theta$ 按级数展开并略去高次项得

$$\Delta D = R\left[\left(\theta + \frac{1}{3}\theta^3 + \cdots\right) - \theta\right] = \frac{R\theta^3}{3} \tag{c}$$

将 $\theta = D/R$ 代入式(c)得

$$\Delta D = \frac{D^3}{3R^2} \tag{1-13}$$

或

$$\frac{\Delta D}{D} = \frac{D^2}{3R^2} \tag{1-14}$$

取地球半径 R 为 6 371 km，对不同的水平距离 D 值，代入式(1-14)，可得表 1-2 中数据。

表 1-2 用水平面代替水准面对距离的影响值

距离 D(km)	距离误差 ΔD(mm)	相对误差 $\Delta D/D$
1	0.008	1/121 760 000
2.5	0.128	1/19 480 000
5	1.0	1/4 870 000
10	8.2	1/1 210 000
25	128	1/194 000
50	1 026	1/48 000
100	8 212	1/12 000

从表 1-12 可以看出，当距离 D 为 10 km 时，其对距离测量的影响为 1/1 210 000，而目前最精密的距离测量也只能精确到 1/1 000 000，因此在半径为 10 km 的范围内进行距离测量工作时，可以用水平面代替水准面。在一般的测量工作中，即使半径在 25 km 范围内，用水平面代替水准面时的距离误差也可忽略不计。

二、地球曲率对高程测量的影响

如图 1-11 所示，不在同一水平面上的 A、B 两点的高差 Δh 不为 0，当 B 点投影到过 a 点的水平面上得到投影点 b' 时，bb'（即 Δh）就是水平面代替水准面所产生的高程误差，从图 1-11 可知：

$$\Delta h = Ob - Ob' = R\sec\theta - R = R(\sec\theta - 1) \tag{a}$$

将 $\sec\theta$ 按级数展开并略去高次项得

$$\Delta h = R\left[\left(1 + \frac{1}{2}\theta^2 + \cdots\right) - 1\right] = \frac{R\theta^2}{2} \tag{b}$$

将 $\theta = \dfrac{D}{R}$ 代入式(b)得

$$\Delta h = \frac{D^2}{2R} \tag{1-15}$$

R 取 6 371 km,用不同的 D 值代入式(1-15),计算结果见表 1-3。

表 1-3　用水平面代替水准面对高差的影响值

D(km)	0.1	0.2	0.4	0.6	0.8	1	2	4	6	8	10
Δh(mm)	0.8	3.1	13	28	50	80	310	1 260	2 830	5 020	7 850

从表 1-3 可知,Δh 随距离平方的增加而增加。当距离为 200 m 时,就有 3.1 mm 的高程误差,这是不允许的。因此,进行高程测量时,即使距离很近,也要考虑地球曲率对高程的影响,采取相应的技术措施或计算改正加以削弱。

三、地球曲率对角度测量的影响

由球面三角学知,空间面积为 P_S 的多边形地球面上投影的各内角和比在平面上投影的内角和大一个球面角超值 ε'',即

$$\varepsilon'' = \rho'' \frac{P_S}{R^2} \tag{1-16}$$

式中　R——地球半径,取 6 371 km;

$\rho'' = \dfrac{180}{\pi} \times 3\,600 = 206\,265''$(一弧度的秒值)。

对于由三点组成的面积为 100 km^2 的多边形,其角度误差仅为 0.5″。因此,对普通测量和一般的工程测量而言,可以不考虑地球曲率对角度的影响。

第五节　测量工作的原则与程序

地球表面错综复杂的各种形态称为地形,地形包括地物与地貌两大类。地面上固定性的自然和人工物体称为地物,地物一般可分为两大类:一类是自然地物,如河流、湖泊、森林、草地、独立岩石等;另一类是经过改造的人工地物,如房屋、高压输电线、铁路、公路、水渠、桥梁等。地面上高低起伏的形态称为地貌,如山岭、谷地、悬崖与陡壁等。

图 1-12(a)的中前部有两幢并排的房屋,其平面位置由房屋的轮廓线组成,如能测定每幢房屋 4 个屋角点的平面位置,这两幢房屋的位置也就确定了;对于地貌,其地势起伏变化虽然复杂,仍可看成是由许多不同方向、不同坡度的平面相交而成的几何体,相邻平面的交线就是方向变化线和坡度变化线,只要测定这些方向变化线和坡度变化线交点的

坐标,则地貌的形状和大小也基本反映出来了。因此,不论地物或地貌,它们的形状和大小都是由一些特征点的位置所决定的,这些特征点也叫碎部点。地形测图就是通过测定这些碎部点的平面坐标和高程来绘制地形图的。

测量工作不可避免地会产生误差,为防止误差的传递与积累,保证测区内地面点位置的测量精度,测量工作必须按一定的程序和原则进行。如图 1-12 所示,下面以如何将地物与地貌测绘到图纸上为例,介绍测定工作的原则和程序。

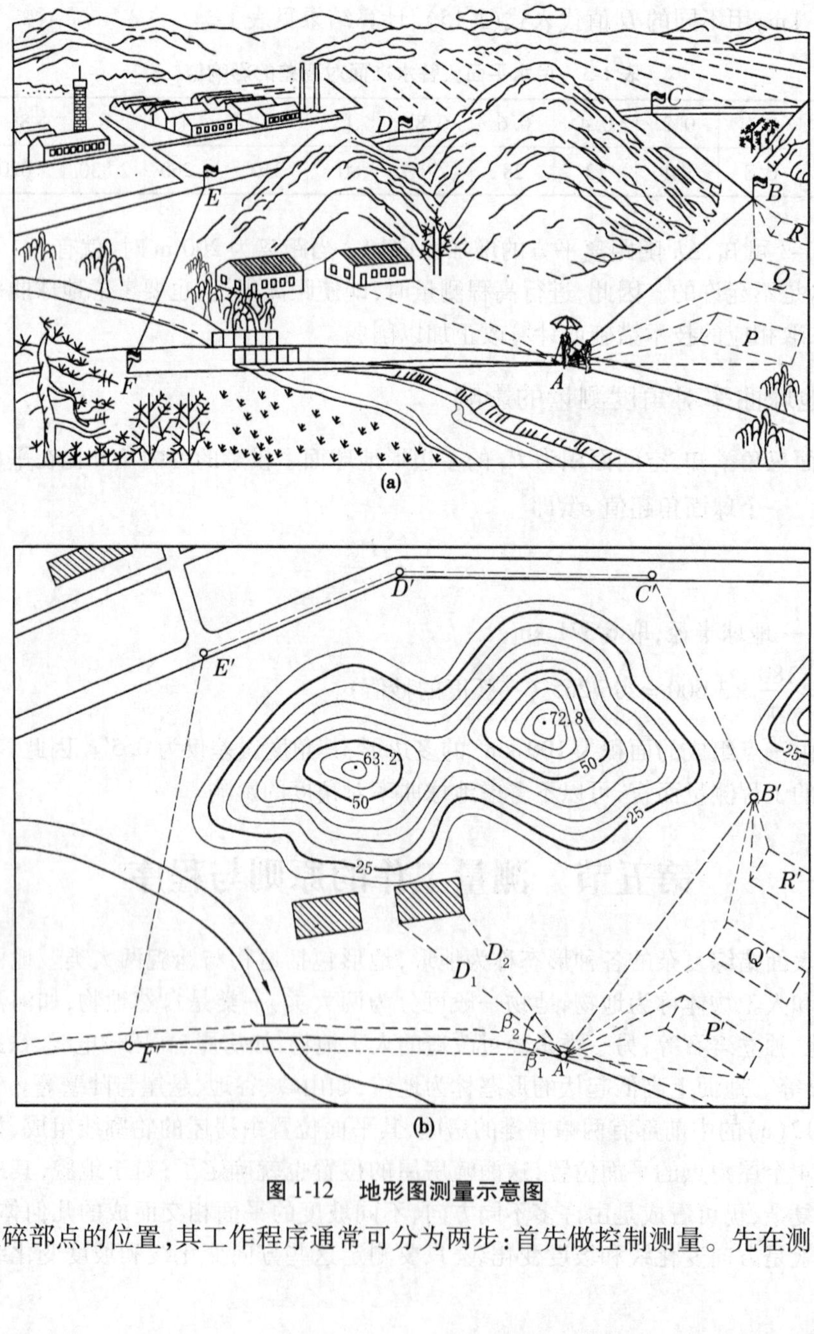

图 1-12　地形图测量示意图

测定碎部点的位置,其工作程序通常可分为两步:首先做控制测量。先在测区内选择若干个具有控制意义的点 A、B、C、D、E、F 作为控制点，用比较精确的方法测定其位置，这些控制点就可以控制误差传递的范围和大小；其次进行碎部测量。即在控制点基础上，用稍低一些精度的测量方法（即碎部测量）测定地面各碎部点的位置（坐标及高程），例如在控制点 A 上测定其周围的碎部点 1、2、3、…。最后根据这些碎部点的坐标与高程按一定的比例尺将整个测区缩小绘制成地形图，如图 1-12（b）所示。

从上述分析可知，测量工作必须遵循的原则是：布局上"从整体到局部"，精度上"先高级后低级"，程序上"先控制后碎部"。测量工作的这些重要原则，不但可以保证减少测量误差的积累，还可使测量工作同时在几个控制点上进行，从而加快测量工作的进度。另外，为防止和检查测量工作中出现的错误，提高测量工作效果，测量工作必须重视检核工作，"边工作边检核"是测量工作的又一个原则。

上述测量工作的原则和程序，不仅适用于测定工作，也适用于测设工作。如图 1-12（b）所示，欲将图纸上设计好的建筑物 P'、Q'、R' 测设于实地，作为施工的依据，必须先在实地进行控制测量，然后安置仪器于控制点 A 和 B 上，进行建筑物的测设。在测设工作中也要步步进行检验，以防出错。

习　题

一、填空题

1. 测量学可分为________、________、________、________、________、________等分支学科。

2. 测量的三项基本工作是________、________、________。

3. 测量上使用的平面直角坐标是以________为坐标原点，________为 x 轴，________为 y 轴。

4. 用地理坐标表示地面点位的元素为________、________和________。

二、单项选择题

1. 地面点到高程基准面的垂直距离称为该点的（　　）。

A. 相对高程　　B. 绝对高程　　C. 高差

2. 地面点的空间位置是用（　　）来表示的。

A. 地理坐标　　B. 平面直角坐标　　C. 坐标和高程

3. 绝对高程的起算面是（　　）。

A. 水平面　　B. 大地水准面　　C. 假定水准面

4. 地面上某点在高斯平面直角坐标系（6°带）的坐标为 $X = 3\ 430\ 152$ m，$Y = 20\ 637\ 680$ m，则该点位于第（　　）投影带，中央子午线经度是（　　）。

A. 3　116°　　B. 20　116°　　C. 20　117°　　D. 34　116°　　E. 34　117°

5. 北京地区的地理坐标为北纬 39°54′，东经 116°28′。按高斯 6°带投影，该地区位于第（　　）投影带，所在投影带中央子午线的经度为（　　）。

A. 19　116°　　B. 19　117°　　C. 20　116°　　D. 20　117°　　E. 20　120°

三、问答题

1. 什么叫测量学？测定和测设有何区别？

2. 测量工作的基准面和基准线是什么？

3. 水准面、大地水准面和大地体这几个概念有什么不同？水准面有何特性？

4. 什么是绝对高程、相对高程、高差？

5. 测量上的平面直角坐标系与数学上的平面直角坐标系有何区别？

6. 高斯平面直角坐标系是如何建立的？

7. 确定地面点平面的位置和高程一般有哪些方法？试分析比较其各自的优缺点。

8. 用水平面代替水准面时，地球曲率对距离和高差有何影响？

9. 测量工作应遵循哪些原则？为什么要遵循这些原则？

10. 设我国某点 A 的横坐标为 $Y = 19\,689\,513.12$ m，试问该坐标值是按几度带投影计算而得的？A 点位于第几带？A 点是在中央子午线的东侧还是西侧？距中央子午线多远？

四、计算题

1. 根据 1956 年黄海高程系，测算得 A 点高程为 213.464 m，B 点高程为 214.529 m，试计算改用 1985 年国家高程基准后 A、B 两点的高程及其高差。

2. 某点的经度为 118°50′，试计算它所处的 6°带和 3°带的带号，相应 6°带和 3°带的中央子午线的经度是多少？

第二章　水准测量

测定地面点高程的测量工作称为高程测量。按所使用测量仪器和方法的不同，高程测量可分为水准测量、三角高程测量和 GPS 高程测量等。其中，水准测量的精度最高。

第一节　水准测量原理

水准测量是利用仪器提供的水平视线测定地面已知高程点与未知点间的高差，推算未知点高程的一种方法。如图 2-1 所示，已知 A 点高程为 H_A，要测定 B 点高程 H_B。在 A、B 两点间安置一架能提供水平视线的仪器——水准仪，并在 A、B 两点上分别竖立水准尺，利用水平视线分别读出 A、B 点水准尺上的读数 a、b，则 A、B 两点的高差为

$$h_{AB} = a - b \tag{2-1}$$

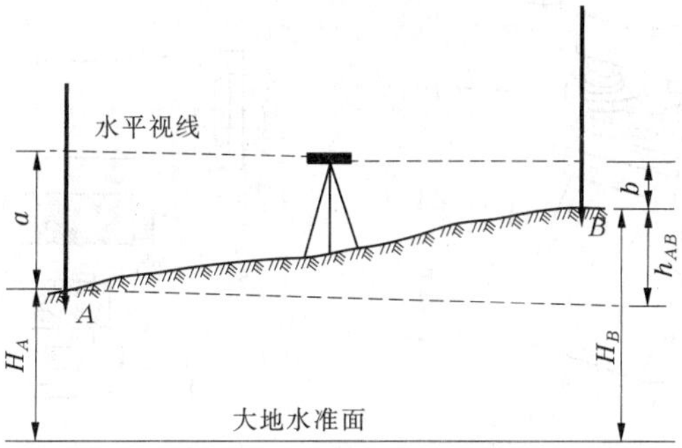

图 2-1　水准测量原理

测量是从已知点向未知点方向进行的，即由 A(后)→B(前)，A 点为后视点，a 为后视读数；B 为前视点，b 为前视读数；h_{AB}为 B 点对 A 点的高差，它总是等于后视读数减去前视读数。

计算高程的方法有高差法和视线高法两种。高差法由高差计算高程，即

$$H_B = H_A + h_{AB} \tag{2-2}$$

视线高法利用仪器的视线高程计算高程。由图 2-1 可知，A 点的高程加后视读数就是仪器的视线高程，用 H_I 表示，即

$$H_I = H_A + a$$

由此得 B 点的高程为

$$H_B = H_I - b = H_A + a - b \tag{2-3}$$

后一种计算方法在工程测量中应用比较广泛。

由上述可知，水准测量的核心是测定高差，目的是推算高程，关键是视线水平。

第二节　水准测量的仪器与工具

水准仪按其精度不同分四个等级，有 DS_{05}、DS_1、DS_3、DS_{10}。“D”为大地测量仪器的总代号，“S”是水准仪的代号，05、1、3、10 是指各等级水准仪每千米往返测高差中数的中误差，以 mm 计。其中 DS_{05} 型和 DS_1 型一般用于精密水准测量，DS_3 型和 DS_{10} 型一般用于普通水准测量。工程水准测量，一般使用 DS_3 型水准仪。

一、微倾式水准仪的构造

如图 2-2 所示，DS_3 型水准仪由望远镜、水准器与基座三部分构成。

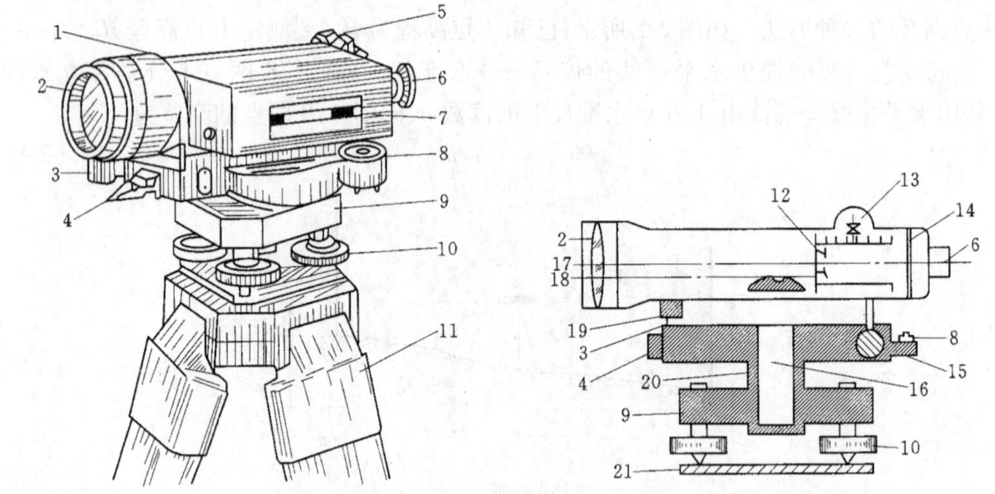

(a) 外形图　　　　(b) 结构图

1—准星；2—物镜；3—微动螺旋；4—制动螺旋；5—缺口；6—目镜；7—管水准器；8—圆水准器；9—基座；10—脚螺旋；11—三角架；12—调焦透镜；13—调焦螺旋；14—十字丝分划板；15—微倾螺旋；16—竖轴；17—视准轴；18—水准管轴；19—微倾轴；20—轴套；21—底板

图 2-2　DS_3 水准仪

（一）望远镜

1. 望远镜的构造

望远镜是照准目标、提供视线并进行读数的设备。图 2-3(a)为望远镜的结构图。它由物镜、调焦透镜、十字丝分划板及目镜等组成。在目镜与物镜之间安装调焦透镜，旋转调焦螺旋，可使透镜前后移动，从而使目标的影像落在十字丝分划板上。十字丝分划板装在十字丝环上(见图 2-3(b))，通过压环螺钉固定在望远镜内。瞄准目标应以十字丝交点为准。中央两根垂直相交的丝构成十字丝，其中，横丝又称中丝。上下两根短丝为视距丝，又称上丝和下丝。十字丝交点和物镜光心的连线称为视准轴(*CC*)，也称视线。

2. 望远镜的使用

用望远镜瞄准目标时，十字丝及目标成像都必须清晰稳定。为此，首先进行目镜调

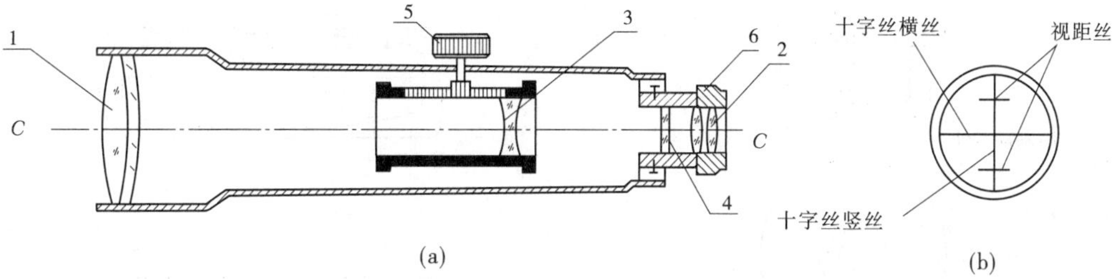

(a)　　　　(b)

1—物镜;2—目镜;3—调焦透镜;4—十字丝分划板;5—物镜调焦螺旋;6—目镜调焦螺旋

图 2-3　望远镜

焦:将望远镜对着明亮的背景,调节目镜调焦螺旋,使十字丝清晰。其次进行物镜调焦:先对准目标,调节物镜调焦螺旋,使物像清晰。同时使眼睛相对目镜微微上下移动,检查十字丝横丝与物像是否存在相对移动的现象,若物像正好成像在十字丝平面上,十字丝与物像不会相对移动(见图 2-4(a))。反之,物像与十字丝平面不重合的相对移动现象称为视差(见图 2-4(b))。消除视差的办法是交替调节目镜和物镜的调焦螺旋,使上述两个平面重合,直至成像稳定为止。

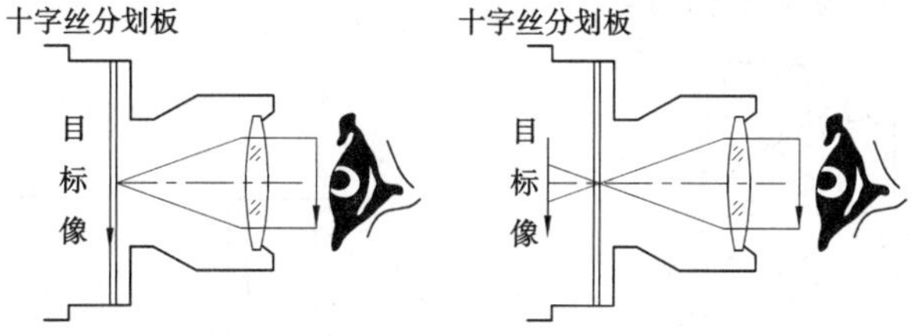

(a) 没有视差现象　　(b) 有视差现象

图 2-4　十字丝视差

(二)水准器

1. 圆水准器

如图 2-5 所示,圆水准器是用一个玻璃圆盒制成的,装在金属外壳内。玻璃的内表面磨成球面,中央刻有一小圆圈,圆圈中点与球心的连线叫做圆水准器轴($L'L'$)。当气泡位于小圆圈中央时,圆水准器轴处于铅垂位置。圆水准器分划值一般为 8′/2 mm。圆水准器轴线与仪器的竖轴互相平行,所以当圆水准器气泡居中时,表明仪器的竖轴已基本处于铅垂位置。由于圆水准器的精度较低,它只能用于水准仪的粗略整平。

2. 管水准器

管水准器亦称水准管,是用一个内表面磨成圆弧的玻璃管制成的(见图 2-6),一般以圆弧 2 mm 长度所对的圆心角 τ($\tau = \frac{2\ \text{mm}}{R}\rho''$,$R$ 为曲率半径)表示水准管的分划值。分划值越小,灵敏度越高,DS_3 型水准仪的水准管分划值 τ 一般为 20″/2 mm。水准管内盛有酒精和乙醚的混合液,仅留一个气泡。管内圆弧中点处的水平切线,称为水准管轴,用 LL 表示。当气泡两端与圆弧中点对称时,称为气泡居中,表示水准管轴处于水平位置(见图 2-6)。

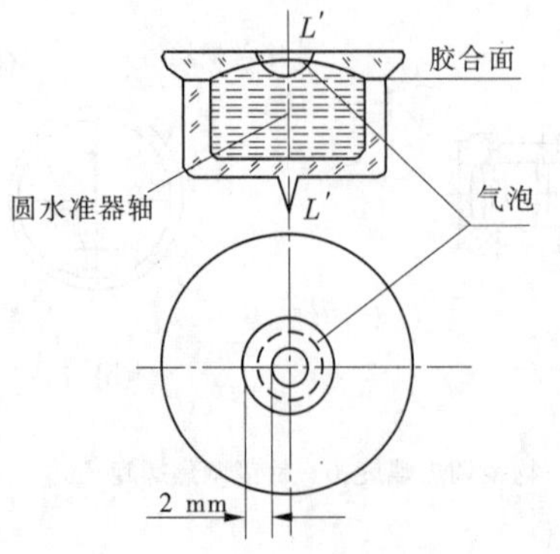

图 2-5　圆水准器

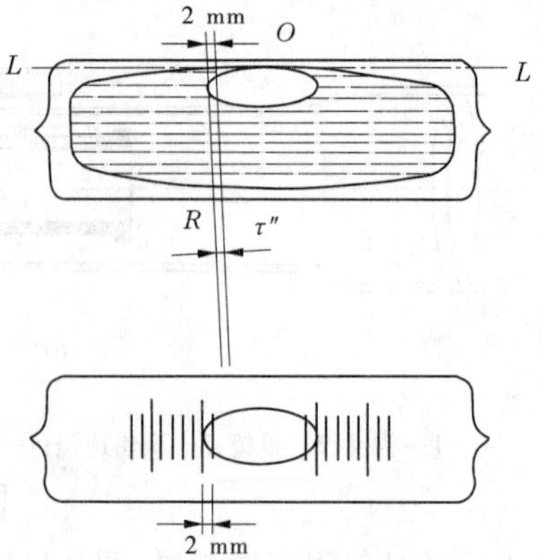

图 2-6　管水准器

为了提高水准管气泡居中的精度，一般在水准管上方设置一组棱镜，利用棱镜的反射作用，使气泡两端的像反映在直角棱镜上，如图 2-7 所示。从望远镜旁的气泡观察窗中可看到气泡两端的影像，当两半个气泡的像错开时，表明气泡未居中，如图 2-8(b)所示。当两半个气泡像吻合时，则表示气泡居中，见图 2-8(a)。这种具有棱镜装置的水准管称为符合水准器，它可以提高安平精度。

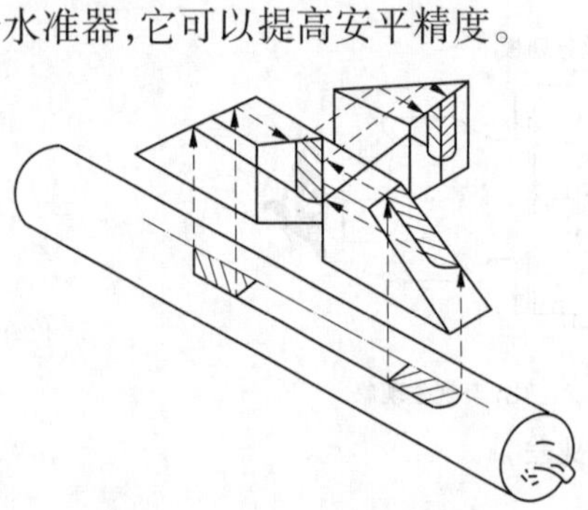

图 2-7　符合棱镜系统

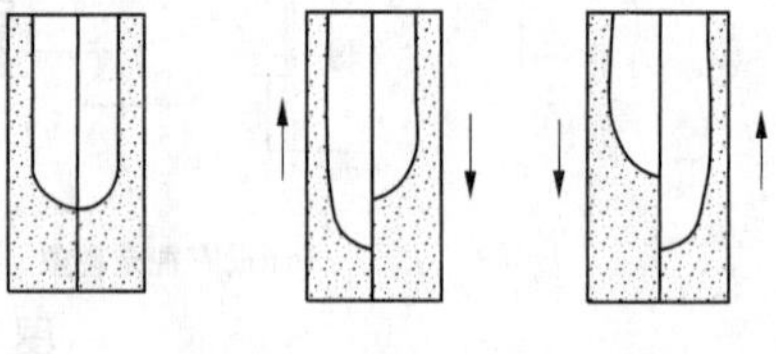

图 2-8　符合气泡

符合水准器同望远镜固连在一起。转动微倾螺旋，可以调节符合水准器连同望远镜一起在竖直方向上作微小倾斜，以使水准管气泡居中，获得水平视线。制动螺旋和微动螺旋用来控制望远镜在水平方向的转动，拧紧制动螺旋将望远镜固定后，旋转微动螺旋能使望远镜作微小的转动。

(三)基座

基座部分由轴座、脚螺旋和连接板组成，配合圆水准器，用以粗略整平仪器。仪器竖轴插入轴座内，由基座承托。脚螺旋用来调节圆水准器，使圆水准气泡居中。利用基座下部连接板中央的螺孔和中心螺旋，可使仪器与三脚架相连。

二、水准尺和尺垫

(一)水准尺

普通水准尺是木制或铝合金的，精密水准尺是用铟钢制成的。水准尺样式很多，有 3 m 的整尺、折尺，5 m 的塔尺等(如图 2-9 所示)。尺底从零开始，尺面每隔 1 cm 或 0.5 cm

涂有黑白或红白相间的分格，每分米有数字注记。精度较高的水准测量常用双面水准尺。它的一面为黑白相间分划，另一面为红白相间分划。双面尺必须成对使用，两根水准尺黑面底部的起始数均为零，红面底部的起始数分别为 4. 687 m 及 4. 787 m，起始数相差为 0. 1 m，以供测量校核用。

（二）尺垫

尺垫是供支承水准标尺和传递高程所用的工具，为三角形的铸铁块（见图 2-10），中央有一突起的半球顶，以便放置水准尺。下有三尖脚，可踩入土中，以固稳防动。

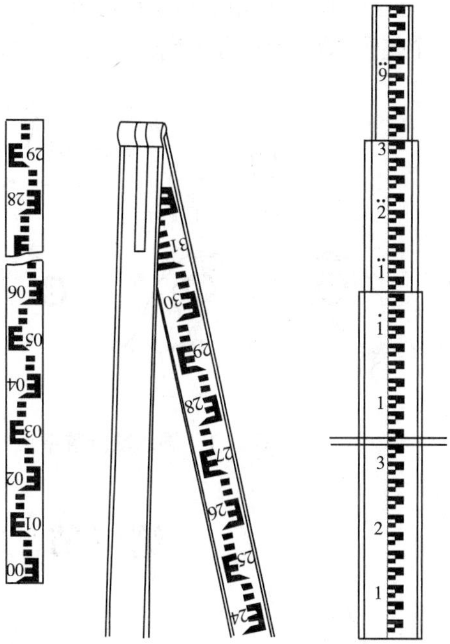

直尺　　折尺　　塔尺

图 2-9　水准尺

三、微倾式水准仪的使用

打开并固定三脚架，使其高度适中（约在观测者的胸部），用中心螺旋将水准仪连接到三脚架上，踩实脚架，并使架头大致水平。水准仪的使用步骤为：粗平→瞄准→精平→读数。

（一）粗平

粗平即粗略整平仪器，旋转脚螺旋使圆水准气泡居中。如图 2-11（a）所示，先调两个脚螺旋，按气泡运行方向与左手拇指旋转方向一致的规律，用两手同时反向转动两个脚螺旋，使气泡沿两个脚螺旋连线的方向平行移动到图 2-11（b）所示的位置，然后转动第三个脚螺旋，使气泡居中。

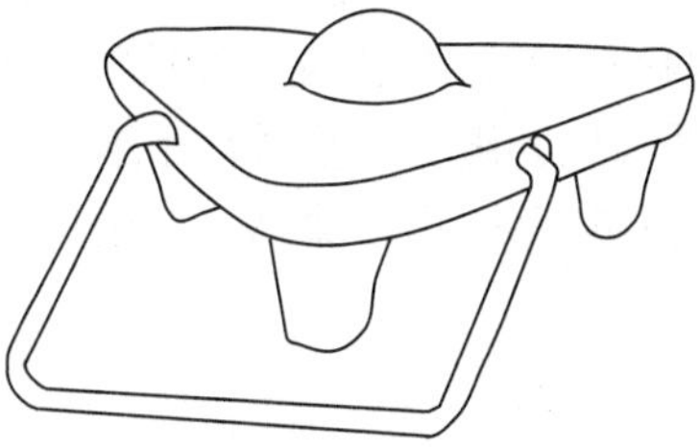

图 2-10　尺垫

（二）瞄准

（1）目镜调焦：调节目镜调焦螺旋，使十字丝成像清晰。

（2）粗略瞄准：放松制动螺旋，转动望远镜使准星照门对准目标，拧紧制动螺旋。

（3）物镜调焦：调节物镜调焦螺旋，使目标成像清晰。

（4）消除视差：交替调节目镜调焦螺旋和物镜调焦螺旋直至目标成像稳定。

（5）精确瞄准：调节水平微动螺旋，使竖丝处于水准尺的中央。

（三）精平

为了使视线精确地处于水平位置，读数前应调节微倾螺旋使水准管气泡居中，即使符合水准管气泡两端影像对齐，方可在水准尺上读数。

（四）读数

精平后，应立即读取中丝在尺上的读数，读数时应估读到 mm。图 2-12 的中丝读数为

0858，记为 0.858 m。精平和读数是两项不同的操作步骤，但在测量过程中，常把这两项操作视为一个整体，即边看符合气泡边读数，一旦发现气泡偏离应重新精平后才能读数。

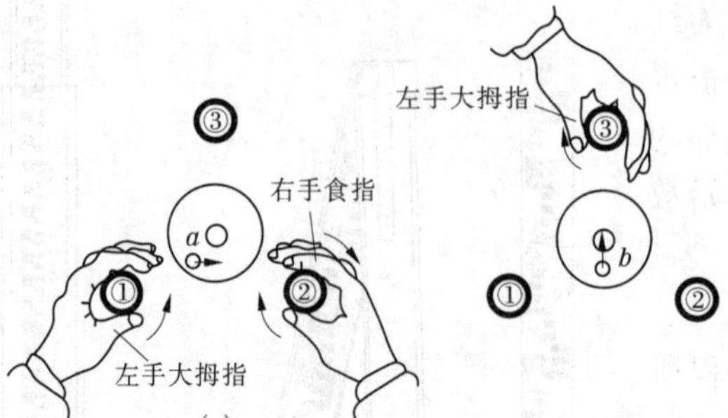

(a)　　(b)

图 2-11　圆水准器整平

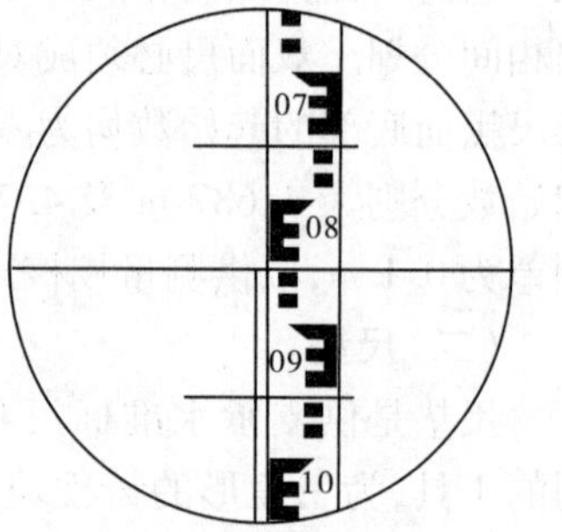

图 2-12　水准尺读数

第三节　普通水准测量

一、水准点

沿水准路线每隔一定距离布设的高程控制点称为水准点（见图 2-13）。通常用水准测量的方法测定这些控制点的高程，以此作为引测其他点高程的依据。水准点一般用 BM（Bench Mark）表示。水准点按等级及保存时间长短分为临时性水准点和永久性水准点两种。永久性水准点由混凝土或石料制成，桩顶嵌入顶面为半球形的金属标志，桩面上标明等级和编号。临时性水准点可选用地面上突出的坚硬岩石，或固定建筑物的墙脚、阶石、桥墩等处，用红漆画一标记作为点位。水准点的高程是指半球顶或红漆标记中心的高程。

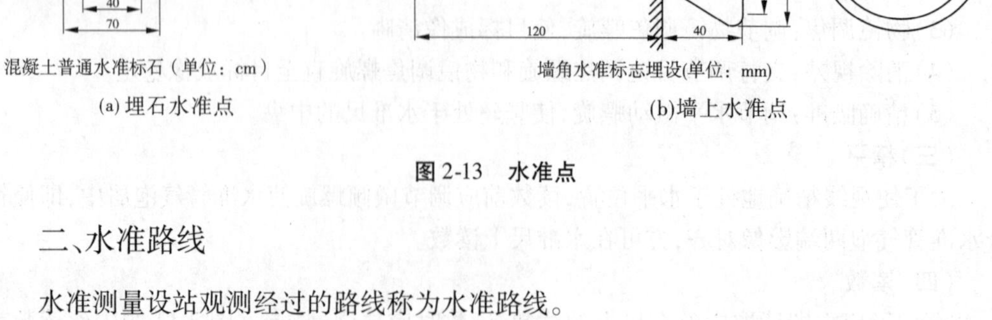

混凝土普通水准标石（单位：cm）　　墙角水准标志埋设(单位：mm)

(a) 埋石水准点　　(b)墙上水准点

图 2-13　水准点

二、水准路线

水准测量设站观测经过的路线称为水准路线。

(一)闭合水准路线

如图 2-14(a)所示,起止于同一已知水准点的环形水准路线叫闭合水准路线。

(二)附合水准路线

如图 2-14(b)所示,起止于两已知高级水准点间的水准路线称为附合水准路线。

(三)支水准路线

如图 2-14(c)所示,从一已知水准点出发,终点既不闭合也不附合于另一已知水准点的路线叫支水准路线。

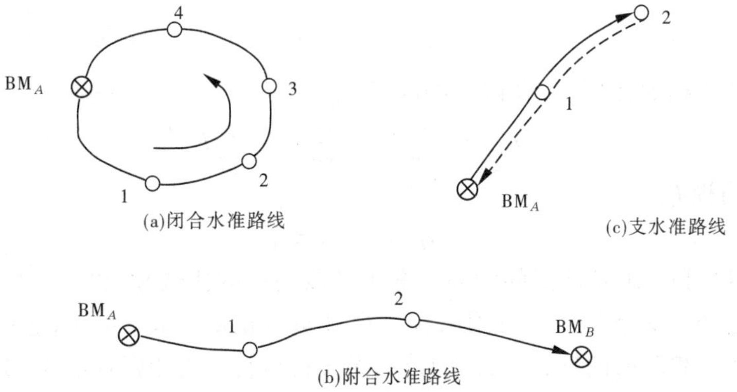

图 2-14　水准路线

三、水准测量的一般方法

当地面两点间的距离较远或地势起伏较大时,仅安置一次仪器不能直接测得两点间的高差,此时可连续分段测量,将各段高差累计,可得两点间的高差值。如图 2-15 所示,已知 A 的高程 $H_A = 20.032$ m,欲测定 B 点高程,其施测步骤如下:

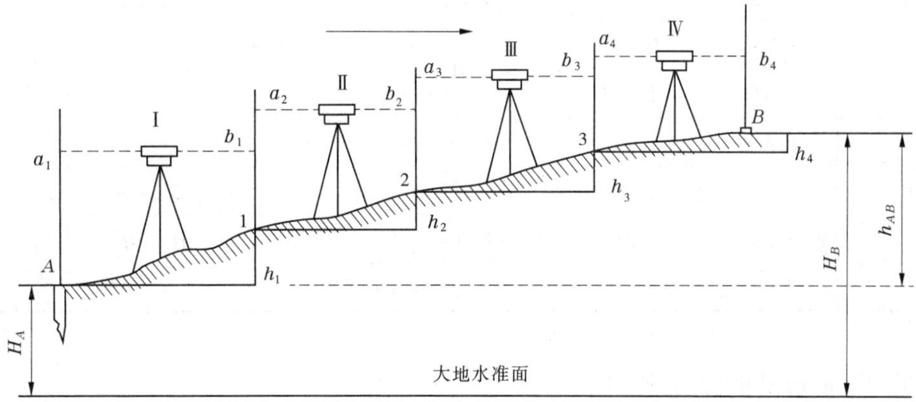

图 2-15　水准测量的一般方法

在离 A 点适当距离处选 1 点,在 A 点和 1 点上立水准尺,将 A 点作为后视点,1 点作为前视点。在与 A、1 距离大致相等且合适的地方安置水准仪并整平,瞄准后视标尺,使符合气泡居中，读取后视读数 a_1，记入表 2-1 的后视栏内。再瞄准前视标尺，气泡居中后，读取前视读数 b_1，记入表 2-1 的前视栏内。后视读数 a_1 减去前视读数 b_1，即得高差 h_1，记入表 2-1 的高差栏内。测站Ⅰ的工作结束后，1 点处的标尺不动，A 点处的标尺移到沿前进方向所选的 2 点处，仪器搬至测站Ⅱ，将 1 点作为测站Ⅱ的后视点，2 点作为前视点，按前述方法继续进行观测、记录与计算。这样，每安置一次仪器，就测得一个高差，即

$$h_1 = a_1 - b_1$$
$$h_2 = a_2 - b_2$$
$$\vdots$$
$$h_n = a_n - b_n$$

将上列各式相加，即得 A、B 两点的高差 h_{AB}，即

$$h_{AB} = \sum h = \sum a - \sum b \tag{2-4}$$

则 B 点高程 H_B 为

$$H_B = H_A + h_{AB} \tag{2-5}$$

由式(2-4)可见，A、B 两点间的高差等于各段高差的代数和，也等于后视读数之和减去前视读数之和。这个关系式可用来校核计算是否正确。表 2-1 中，$\sum h = +1.377$ m，$\sum a - \sum b = +1.377$ m，两项相等，说明计算无误；否则，说明计算有错，需要重算。必须指出，此法只能检查计算是否有误，不能发现观测中的错误。立尺点 1、2、3 称为转点，它既有前视读数，又有后视读数，是水准路线中传递高程的链接点。在测量过程中转点不能移动，否则高程传递在此中断。

表 2-1　普通水准测量手簿

测点	后视读数(m)	前视读数(m)	高差(m) +	高差(m) −	高程(m)	备注
A	1.725				20.032	已知
			+0.738			
1	1.762	0.987				
			+0.519			
2	0.674	1.243				
				−0.327		
3	1.428	1.001				
			+0.447			
B		0.981			21.409	
$\sum$	5.589	4.212	+1.704	−0.327	$H_B - H_A$	
校核计算	$\sum a - \sum b = +1.377$		$\sum h = +1.377$		$= +1.377$	

四、水准测量的结果整理

(一)高差闭合差的计算

在水准测量中不可避免地产生误差。为了使观测结果达到预期的精度，必须采取有效措施进行校核。

1. 测站校核

1）变动仪器高法

在每个测站上观测一次高差后，在原地升高或降低仪器高度 10 cm 以上，再测一次高差，两次高差应相等，等外水准测量其不符值应≤5 mm，取两次高差的平均值作为最后的结果。

2）双面尺法

采用双面水准尺，在每个测站上分别读取后视尺的黑、红面读数和前视尺的黑、红面读数。使用黑面读数，得高差为

$$h_{黑} = a_{黑} - b_{黑}$$

若为红面读数，则高差为 $h_{红} = a_{红} - b_{红}$

因两根水准尺底部的红面刻画分别为 4.687 和 4.787，故算得的红面高差应先 ±0.100 m，再与黑面高差进行比较，若

$$\Delta h = h_{黑} - (h_{红} \pm 0.100) \leqslant 5(\text{mm})$$

则

$$h = [h_{黑} + (h_{红} \pm 0.100)]/2$$

测站校核可以校核一个测站测量结果是否符合要求，但整个路线测量结果是否符合要求甚至有错，则不能判定。因此，还需要进行路线校核。

2. 路线校核

1）闭合水准路线校核

闭合水准路线如图 2-14（a）所示。闭合水准路线测得的高差总和，在理论上应等于零，即$\sum h_{理} = 0$。由于测量存在误差，$\sum h_{测} \neq 0$，则高差闭合差

$$f_h = \sum h_{测} \tag{2-6}$$

由于高差闭合差是不可避免的，为了保证精度，必须规定一容许限值。超过限值时，必须检查原因，返工重测。等外水准测量高差闭合差的容许值为

$$\left.\begin{aligned} &\text{平坦地区} \quad f_{h容} = \pm 40\sqrt{D}(\text{mm}) \\ &\text{山区} \quad f_{h容} = \pm 12\sqrt{n}(\text{mm}) \end{aligned}\right\} \tag{2-7}$$

式中 n——测站数；

D——路线长度，以 km 计。

2）附合水准路线校核

附合水准路线如图 2-14（b）所示。从理论上来说，测得的高差总和应等于两个已知水准点间的高差，即 $\sum h_{测} = \sum h_{理} = H_{BMB} - H_{BMA} = H_{终} - H_{始}$。

由于测量存在误差，两者往往不相等，其差值f_h 即为高差闭合差，即

$$f_h = \sum h_{测} - \sum h_{理} = \sum h_{测} - (H_{终} - H_{始}) \tag{2-8}$$

式中 $H_{始}$、$H_{终}$——附合水准路线起点与终点的高程。

闭合差的容许值见式（2-7）。

3）支水准路线校核

支水准路线如图 2-14（c）所示。为了对测量成果进行校核，支水准路线必须进行往返测量。往返观测的高差绝对值应相等、符号应相反，即往返观测高差的代数和应等于零。如不为零，则产生高差闭合差，即

$$f_h = \sum h_{往} + \sum h_{返} \tag{2-9}$$

闭合差容许值$f_{h容}$应根据不同的地形情况采用式(2-7)计算,但此时式中D为水准路线单程长度的千米数,n为单程测站数。

(二)高差闭合差的分配与待定点高程的计算

水准测量经路线校核后,可进行闭合差的调整。在内业计算前,必须复查外业手簿中的各项记录与计算,若检查无误,且$f_h \leqslant f_{容}$,再进行高差的调整,然后根据改正后的高差计算各点高程。

附合水准路线和闭合水准路线高差闭合差调整的方法是相同的。现以附合水准路线为例,说明具体计算方法。如图 2-16 所示,各项数据如表 2-2 所示。

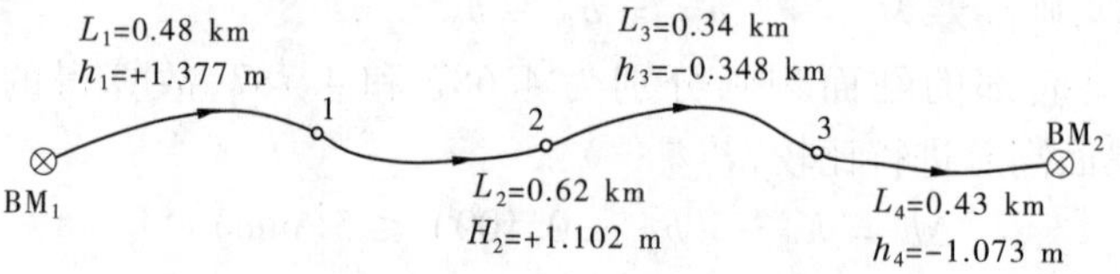

图 2-16　附合水准路线高程计算

按式(2-8)及式(2-7)得 $f_h = \sum h_{测} - (H_{终} - H_{始}) = -0.015$ m,$f_{h容} = \pm 40\sqrt{D} = \pm 40\sqrt{1.87} = \pm 0.055$(m)。$f_h < f_{h容}$,精度符合要求,可对$f_h$进行调整。

在同一水准路线的观测中,可以认为各测站的观测条件是相同的,故各站产生误差的可能性相等。因此,闭合差的调整原则是:将闭合差反符号,按与测站数或距离成正比进行分配。各测段的高差改正数δ_{hi}按式(2-10)计算

$$\delta_{hi} = -\frac{f_h}{[n]}n_i \quad 或 \quad \delta_{hi} = -\frac{f_h}{[D]}D_i \tag{2-10}$$

式中　$[n]$——测站数总和;

n_i——某测段的测站数;

$[D]$——水准路线总长度,以 km 计;

D_i——某测段的距离,以 km 计。

表 2-2　附合水准路线测量高差误差配赋表

点号	距离(km)	高差 观测值(m)	高差 改正数(m)	高差 改正后高差(m)	高程(m)	备注
BM_1					20.032	已知高程
	0.48	1.377	+0.004	+1.381		
1					21.413	
	0.62	1.102	+0.005	+1.107		
2					22.520	
	0.34	-0.348	+0.003	-0.345		
3					22.175	
	0.43	-1.073	+0.003	-1.070		
BM_2					21.105	已知高程
Σ	1.87	1.058	+0.015	+1.073		

$f_{h容} = \pm 40\sqrt{D} = \pm 40\sqrt{1.87} = \pm 0.055$(m)　$f_h = \sum h_{测} - (H_{终} - H_{始}) = -0.015$ m　$f_h < f_{h容}$

各测段高差观测值与改正数的代数和，即为该测段改正后的高差。

将起始点 BM_1 的高程与沿线各测段改正后的高差，逐一累加即得各未知点高程。最后算得的 BM_2 的高程应与已知高程相等，以此校核。

对于支水准路线，采用往返观测，当闭合差 $f_h \leqslant f_{h容}$ 时，可取往返高差的平均数作为最后结果，高差的符号与往测相同。即

$$h = \frac{1}{2}(h_{往} - h_{返}) \tag{2-11}$$

第四节　水准仪的检验与校正

水准仪主要部分的关系可用其轴线之间的几何关系来表示，如图 2-17 所示。水准仪各轴线应满足下列条件，才能提供水平视线：

（1）圆水准轴平行于仪器的竖轴，即 $L'L' /\!/ VV$。

（2）十字丝横丝垂直于竖轴。

（3）水准管轴平行于视准轴，即 $LL /\!/ CC$（主要条件）。

所以在进行测量之前，必须对仪器进行检验校正，使仪器各部分满足正确关系，才能保证测量精度。

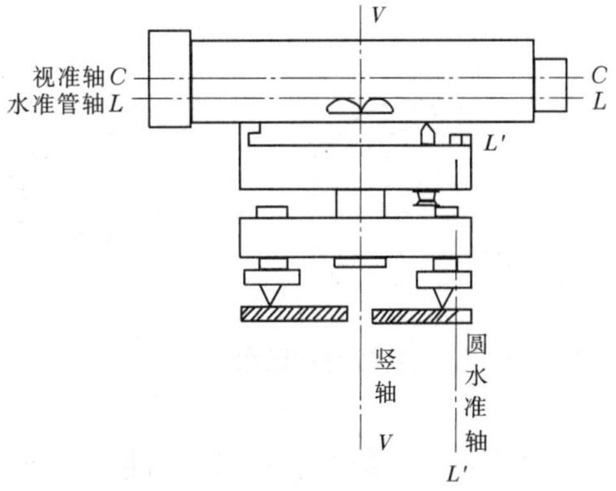

图 2-17　水准仪的轴线关系

一、圆水准轴平行仪器竖轴的检验和校正

圆水准器是用来粗略整平水准仪的，如果圆水准轴 $L'L'$ 与仪器竖轴 VV 不平行，当圆水准器气泡居中时，仪器竖轴不在竖直位置。若竖轴倾斜过大，可能导致转动微倾螺旋到极限位置还不能使水准管气泡居中，因此做好此项校正，才能较快地使符合水准气泡居中。

（一）检验

转动三颗脚螺旋使圆水准器的气泡居中，然后将望远镜旋转 180°，如果仍然居中，说明满足此条件。如果气泡偏离中央位置，则需校正。

（二）校正

如图 2-18 所示，设望远镜旋转 180°后气泡不在中心而在 a 位置，这表示校正螺丝 1 的一侧偏高。校正时，转动脚螺旋使气泡从 a 位置朝圆水准器中心方向移动偏离量的一半，到图示 b 的位置，这时仪器竖轴基本处于竖直位置，然后用三颗校正螺丝旋进旋出（圆水准器一侧升高或降低）使气泡居中。应反复检验和校正，直至仪器转至任何位置气泡始终位于中央为止。

由于圆水准器及校正螺丝装置的不同，校正螺旋旋进旋出的作用也不同。如图 2-19(a) 所示，圆水准器在底部由一小圆珠支承在外壳上，三颗校正螺丝穿过外壳底板与圆水准器

底部的螺孔连接，如将某颗校正螺丝旋进，则该侧的圆水准器降低，气泡向相反方向移动。如图 2-19(b)所示，圆水准器底部由一固定螺丝与金属外壳连接，而三颗校正螺丝穿过金属外壳将圆水准器顶住，因此旋进某颗校正螺丝，就将圆水准器顶高，气泡向着校正螺丝移动。因此，在校正时首先应弄清圆水准器的装置情况，掌握校正螺丝转动方向与气泡移动的关系。校正时应按先松后紧的原则，即要旋紧一校正螺丝，必先略松其相对的一螺丝，防止旋紧时导致螺丝滑丝或断裂。再次，校正完毕，应拧紧各校正螺丝，使校正好的圆水准器固定不动。

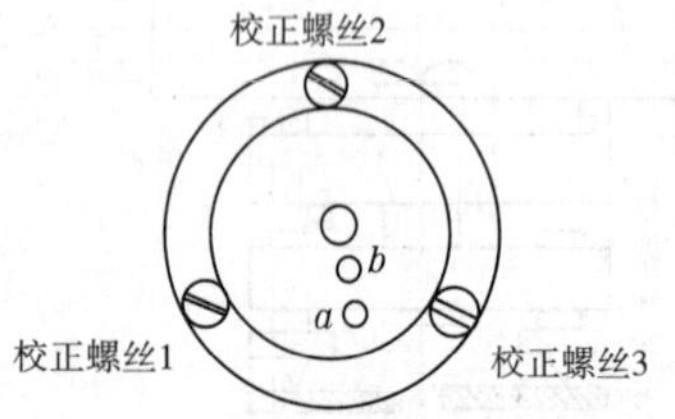

图 2-18　圆水准器的校正图

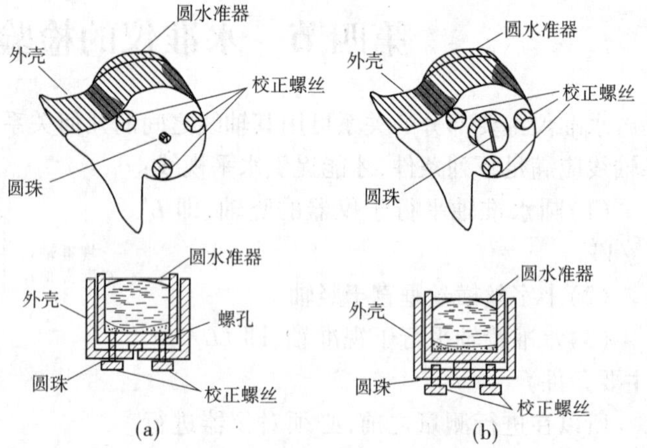

图 2-19　圆水准器的校正设备

二、十字丝横丝垂直于竖轴的检验和校正

水准测量是利用十字丝中横丝来读数的。如图 2-20(a)所示，当竖轴处于铅垂位置时，如果横丝不水平，这时按横丝的左侧或右侧读数都将产生误差。

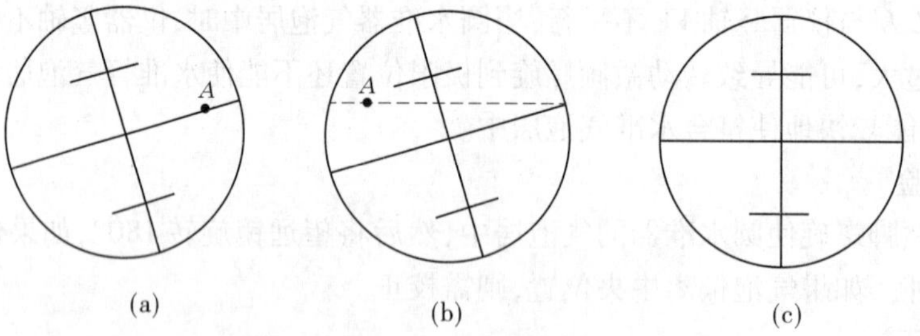

图 2-20　十字丝横丝的检验

(一)检验

如图 2-20(a)所示，用望远镜中横丝一端对准某一固定标志 A，旋紧制动螺旋，转动微动螺旋，使望远镜左右移动，检查 A 点是否在横丝上移动，若偏离横丝(见图 2-20(b))，则需校正。

此外，也可采用挂垂球的方法进行检验，即将仪器整平后，观察十字丝纵丝是否与垂球线重合，如不重合，则需校正。

（二）校正

不同设备的校正方法不同。图 2-21（a）为拧开目镜护盖后的仪器结构，这时松开十字丝分划板座上的四颗固定螺丝，轻轻转动分划板座，使横丝水平，然后拧紧四颗螺丝，盖上护盖。图 2-21（b）为另一种仪器，在目镜端镜筒上有三颗固定十字丝分划板座的埋头螺丝，校正时松开其中任意两颗，轻轻转动分划板座，使横丝水平，再将埋头螺丝拧紧。

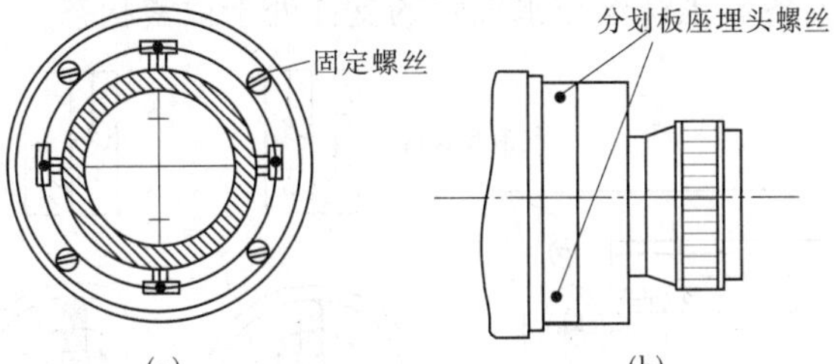

图 2-21　十字丝分划板校正设备

三、水准管轴平行于视准轴的检验和校正

（一）检验

在比较平坦的地面上，相距 40 m 左右的地方打两个木桩或放两个尺垫作为固定点 A 和 B。检验时先将水准仪安置在距两点等距离处（见图 2-22），在符合气泡居中的情况下，分别读取 A 和 B 点上水准尺的读数 a_1 和 b_1，求得高差 $h_1 = a_1 - b_1$。这时即使水准管轴与视准轴不平行有一夹角 i，视线是倾斜的，由于仪器到两水准尺的距离相等，误差也相等，即 $x_1 = x_2(D_1\tan i = D_2\tan i)$，因此求得的高差 h_1 还是正确的。然后将仪器搬至 B 点附近（相距 3 m 左右），在符合气泡居中的情况下，对远尺 A 和近尺 B 分别读得读数 a_2 和 b_2，求得第二次高差 $h_2 = a_2 - b_2$。若 $h_2 = h_1$，说明仪器的水准管轴平行于视准轴，无需校正。若 $h_2 \neq h_1$，则水准管轴不平行于视准轴，h_2 与 h_1 的差值大于 3 mm，需要校正。

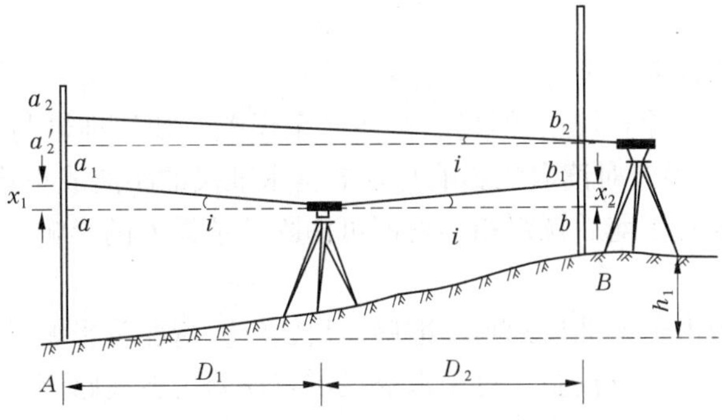

图 2-22　水准管轴的检验

（二）校正

当仪器安置于 B 点附近时，水准管轴 LL 不平行于视准轴 CC 的误差对近尺 B 的读数 b_2 的影响很小，可以忽略不计，而对远尺读数 a_2 的影响较大。校正前先算出远尺的正确读数 $a'_2 = h_1 + b_2$。校正方法是：转动微倾螺旋，令远尺 A 上读数恰为 a'_2，此时视线已水

平，而符合气泡不居中，用校正针拨动水准管校正螺丝使气泡居中，这时水准管轴就平行于视准轴。如图 2-23 所示，校正时，先稍微松开左、右两个校正螺丝中的任一个，然后利用上、下两螺丝进行校正。松上紧下，则把该处水准管支柱升高，气泡向目镜方向移动；松下紧上，则把水准管支柱降低，气泡向相反方向移动。校正时，也应遵守先松后紧的原则，校正要细心，用力不能过猛，所用校正针的粗细要与校正孔的大小相适应，否则容易损坏仪器。校正完毕，应使各校正螺丝与水准管的支柱处于顶紧状态。

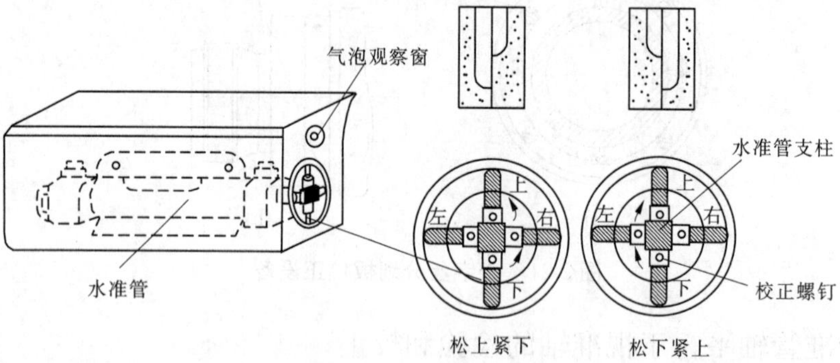

图 2-23　水准管的校正

为了检查校正是否完善，必须在 B 点附近重新安置仪器，分别读取远尺 A 及近尺 B 的读数 a_3 和 b_3，求得 $h_3 = a_3 - b_3$，若 $h_3 \neq h_1$，如相差在 3 mm 以内时，表明已校正好。

第五节　水准测量误差分析

一、水准测量

水准测量的误差主要有仪器误差、观测误差和外界条件影响的误差三大类。

（一）仪器误差

1. 仪器校正后的残余误差

水准仪虽然经过检验和校正，但仍然存在残余误差。如视准轴与水准管轴不平行所产生的 i 角误差。i 角误差对读数的影响与仪器至水准尺的距离成正比，观测时只要限制距离的长度并将仪器置于前后视距相等处即可消除该项误差的影响。

2. 水准尺误差

水准尺误差是指由于水准尺刻画不准确、尺长变化、弯曲等影响导致的测量误差。观测前必须对水准尺误差进行校验。对于水准尺零点误差可在线路测量中设置偶数站的方法来加以消除。

（二）观测误差

1. 水准管气泡居中误差

居中误差一般为 0.15τ，采用符合水准器时，居中误差可提高 1 倍，则居中误差 m_τ 为

$$m_\tau = \pm \frac{0.15\tau}{2\rho''} D \tag{2-12}$$

式中 τ——水准管分划值；

D——水准仪至水准尺的距离；

ρ''——206 265″。

2. 读数误差

读数误差的大小与人眼的分辨力、望远镜的放大倍数 V、视线长度 D 及仪器操作有关，通常按式(2-13)估算：

$$m_v = \pm \frac{60''}{V} \frac{D}{\rho''} \tag{2-13}$$

式中 60″——人眼的分辨力。

3. 立尺不竖直误差

水准尺不竖直会造成读数增大，如水准尺倾斜 3°30′，则在水准尺 1 m 处读数时会产生 2 mm 的误差，若读数大于 1 m，则误差更大；且倾斜程度越大，误差愈大。

(三)外界条件影响的误差

1. 仪器和尺垫下沉误差

如果在松软的土地上测量，仪器下沉将使视线降低，从而引起高差误差。若采用“后、前、前、后”的观测顺序，可减弱其影响。

如在转点处发生尺垫下沉，将使下一站后视读数增大，引起高差误差。采用往返观测并取平均值可减弱其影响。

2. 地球曲率和大气折光影响

用水平面代替水准面时，水平视线在水准尺上读数所产生的误差即为地球曲率的影响，此项误差参见第一章式(1-15)，此处用 C 代替 Δh，则 $C = \frac{D^2}{2R}$。

光线通过不同密度的介质后产生折射现象叫大气折光，由于大气折光的影响，视线不是水平的，而是一条曲线，曲线曲率半径约为地球半径的 7 倍，其折光量大小对水准尺读数产生的影响为

$$r = \frac{D^2}{2 \times 7R}$$

地球曲率和大气折光的共同影响为

$$f = C - r = \frac{D^2}{2 \times R} - \frac{D^2}{2 \times 7R} = 0.43 \frac{D^2}{R} \tag{2-14}$$

当前后视距离相等时，前后视引起的 f 值相等，地球曲率和大气折光的误差将由于前后视测值的相减而被抵消或大大消除。

二、水准测量的注意事项

(1)作业前，水准仪要进行严格检验与校正。

(2)测站地面要坚实，脚架应踩稳，防止碰动。

(3)前后视线要大致相等，视线不宜过长。

(4)瞄准标尺时，注意消除视差。每次读数前符合气泡务必严格居中。

(5)水准尺应竖直，尺垫应踩实，转点要牢固。在固定标志点不得使用尺垫。

(6)记录要工整,计算要无误,并及时进行校核计算。

(7)读数要准确,严格按照限差要求,边施测边计算。若误差超限,必须重测。

第六节　自动安平水准仪与数字水准仪

一、自动安平水准仪

(一)自动安平水准仪的原理与构造

1. 自动安平水准仪的构造

在一定的竖轴倾斜范围内,通过补偿器自动安平望远镜视准轴的水准仪称为自动安平水准仪。其特点是用补偿器取代符合水准器。使用时,只要用圆水准器粗略整平仪器,便可读得水平视线的读数。目前,各种精度的自动安平水准仪已普遍使用于各级水准测量中。图 2-24 为国产 DSZ_3 型自动安平水准仪外貌。

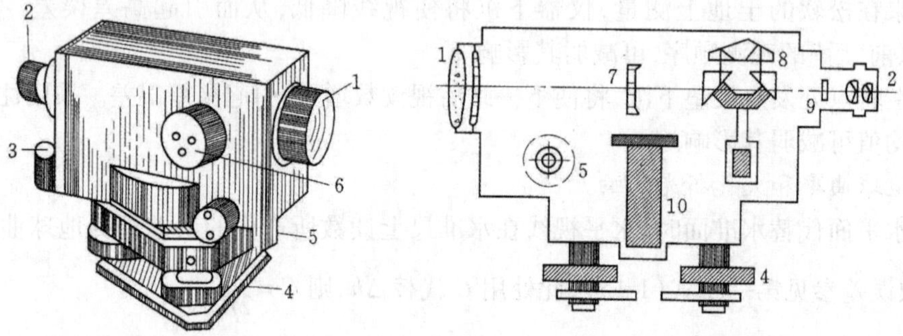

(a)外形图　　(b)结构图

1—物镜;2—目镜;3—圆水准器;4—脚螺旋;5—微动螺旋;6—调焦螺旋;

7—调焦透镜;8—补偿器;9—十字丝分划板;10—竖轴

图 2-24　自动安平水准仪

2. 自动安平水准仪的补偿原理

自动安平水准仪的视线安平原理如图 2-25 所示。当视准轴水平时,设在水准尺上的正确读数为 a,因为没有管水准器和微倾螺旋,依据圆水准器将仪器粗平后,视准轴相对于水平面将有微小的倾斜角 α,如果没有补偿器,此时在水准尺上的读数设为 a'。当在物镜和目镜之间设置补偿器后,进入十字丝分划板的光线将全部偏转 β 角,使来自正确读数 a 的光线经过补偿器后正好通过十字丝分划板的横丝,从而读出视线水平时的正确读数。

(二)自动安平水准仪的使用

首先把仪器安置好,使圆水准气泡居中,即可用望远镜瞄准水准尺读数。为了检查补偿器是否起作用,有的仪器安置一个按钮,按此钮触动补偿器,待补偿器稳定后,看尺上读数是否有变化。如无变化,说明补偿器正常。如仪器没有此装置,可稍微转动一下脚螺旋,如尺上读数没有变化,说明补偿器起作用,仪器正常,否则应进行检查修理。

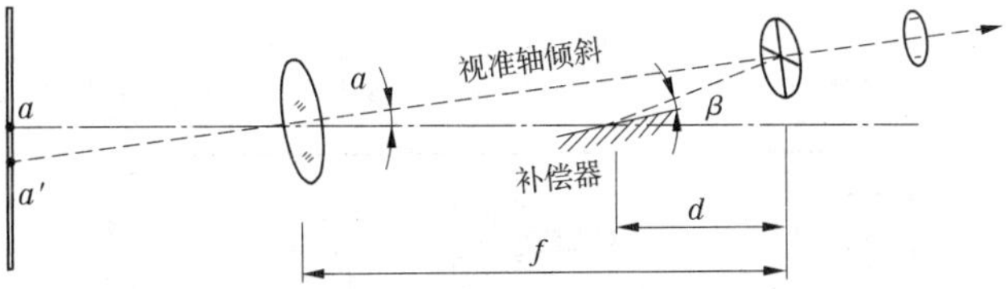

图 2-25　**自动安平水准仪补偿原理**

二、电子水准仪简介

(一)电子水准仪的原理

电子水准仪是应用影像相关技术测取标尺读数的精密仪器,如图 2-26 所示,它是在自动安平水准仪的基础上发展起来的。它采用条码标尺(见图 2-27),各厂家标尺编码的条码图案不相同,不能互相使用。目前照准标尺和调焦仍需人工目视进行。人工完成照准和调焦之后,标尺条码一方面被成像在望远镜分划板上,供目视观测;另一方面通过望远镜的分光镜,标尺条码又被成像在光电传感器(又称探测器)上,即线阵 CCD 器件上,供电子读数。

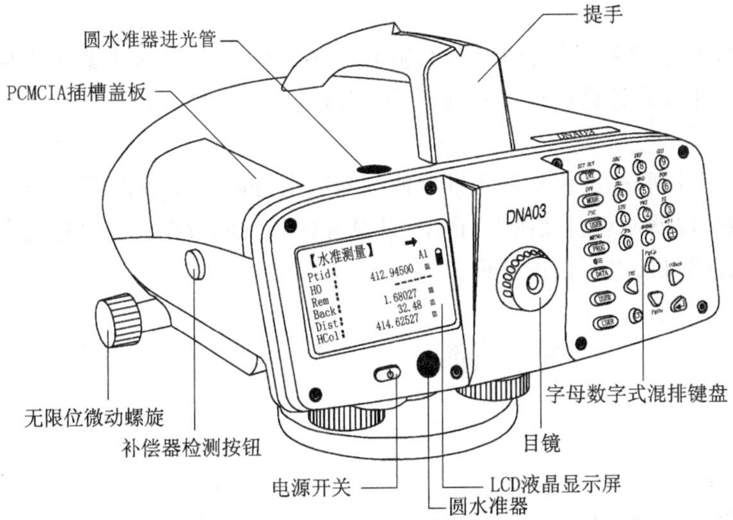

图 2-26　**电子水准仪**

图 2-27　**条码水准尺**

当前电子水准仪按读数原理不同可分为三种:①相关法,如徕卡 NA3002/3003;②几何法,如蔡司 DiNi10/20;③相位法,如拓普康 DL－100C/102C。上述电子水准仪的测量原理各有奥妙,但均实现了电子自动读数,能胜任精密水准测量作业。

(二)电子水准仪的特点

如图 2-28 所示,电子水准仪是以自动安平水准仪为基础,在望远镜中增加了分光镜和探测器,并采用条码标尺和图像处理电子系统构成的光机电测量一体化的精密仪器。采用普通标尺时,又可像普通自动安平光学水准仪一样使用。它与传统光学水准仪相比具有以下特点:

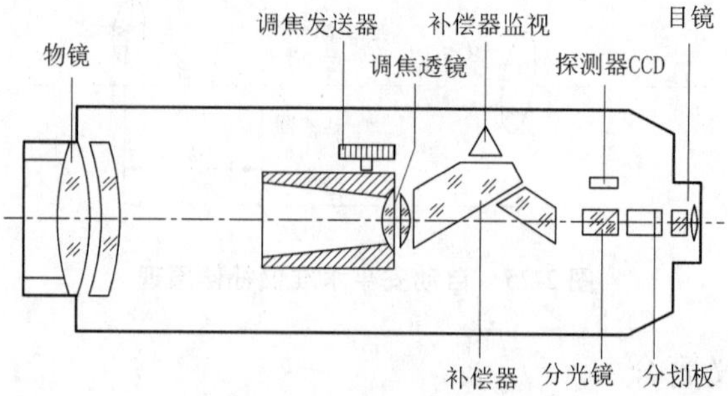

图 2-28　电子水准仪测量原理

(1)读数客观。不存在误读、误记问题,没有人为读数误差。

(2)精度高。视线高和视距读数都是采用大量条码分划图像经处理后取平均得出来的,因此削弱了标尺分划误差的影响。多数仪器都有进行多次读数取平均的功能,可以削弱外界条件影响。不熟练的作业人员也能进行高精度测量。

(3)速度快。仪器内置功能强,菜单功能丰富,操作界面友好,有各种提示信息,大大方便了实际操作。由于省去了报数、听记、现场计算以及人为出错的重测数量,测量时间大为节省。

(4)效率高。只要调焦和按键就可以自动读数,减轻了劳动强度。观测数据还能自动记录、计算、检核、处理并能输入计算机进行后处理,可实现内外业一体化。

(三)电子水准仪的使用

电子水准仪操作简单,先用脚螺旋调整圆水准器使气泡居中,再用望远镜照准条码标尺并调焦后,按相应测量键,仪器便可自动读取、记录、计算和校核观测数据。还可通过专用电缆把观测数据下载到计算机,进行数据处理。

习　题

一、填空题

1. 水准仪的主要轴线有________、________、________、________。

2. 水准测量中,转点的作用是________,在同一转点上,既有________,又有________读数。

3. 水准仪上圆水准器的作用是使仪器________,管水准器的作用是使仪器________。

4. 转动物镜调焦螺旋的目的是使________影像________。

5. 水准测量的测站校核一般用________法或________法。

6. 为了消除 i 角误差,每站前视、后视距离应________,每测段水准路线的前视距离和后视距离之和应________。

7. 水准测量中丝读数时,不论是正像或倒像,应由________到________,并估读到________。

二、单项选择题

1. 绝对高程的起算面是(　　　)。

A. 水平面　　B. 大地水准面　　C. 假定水准面

2. 水准测量中,同一测站,当后尺读数大于前尺读数时说明后尺点(　　　)。

A. 高于前尺点　　B. 低于前尺点　　C. 高于测站点

3. 视准轴是指(　　　)的连线。

A. 物镜光心与目镜光心　B. 目镜光心与十字丝中心　C. 物镜光心与十字丝中心

4. 支水准路线往返高差平均值的正负号是以(　　　)的符号为准。

A. 往测高差　　B. 返测高差　　C. 往返测高差的代数和

5. 自动安平水准仪的特点是(　　　)使视线水平。

A. 用安平补偿器代替管水准仪　　B. 用安平补偿器代替圆水准器

C. 用安平补偿器和管水准器

6. 转动目镜调焦螺旋的目的是(　　　)。

A. 看清十字丝　　B. 看清远处目标　　C. 消除视差

7. 转动三颗脚螺旋使水准仪圆水准气泡居中的目的是(　　　)。

A. 使仪器竖轴处于铅垂位置　　B. 提供一条水平视线

C. 使仪器竖轴平行于圆水准轴

8. 水准仪安置符合棱镜的目的是(　　　)。

A. 易于观察气泡的居中情况　　B. 提高管气泡居中的精度

C. 保护管水准气泡

三、多项选择题

1. 设后视点 A 的高程为 202.016 m,B 为前视点,测得后视读数 1.24 m,前视读数 1.428 m,则(　　　)。

A. $h_{AB}=-0.304$ m　　B. 后视点比前视点高　　C. 视线高程为 203.140 m

D. 前视点高程为 202.320 m　　E. 后视点比前视点低

2. 在 A、B 两点之间进行水准测量,得到满足精度要求的往、返测高差为 $h_{AB}=+0.005$ m,$h_{BA}=-0.009$ m。已知 A 点高程 $H_A=417.462$ m,则(　　　)。

A. B 点高程为 417.460 m　　B. B 点高程为 417.469 m

C. 往、返测高差闭合差为 +0.014 m　　D. B 点的高程为 417.467 m

E. 往、返测高差闭合差为 −0.004 m

3. 高差闭合差调整的原则是将闭合差反其符号后,按(　　　)成比例分配。

A. 高差大小　　B. 测站数　　C. 水准路线长度　　D. 水准点间的距离

E. 往返测站数总和

4. 水准测量中,使前后视距大致相等,可以消除或削弱(　　　)。

A. 水准管轴不平行视准轴的误差　　B. 地球曲率产生的误差

C. 大气折光产生的误差　　D. 阳光照射产生的误差　E. 估读数差

5. 在水准测量时,若水准尺倾斜时,其读数值(　　　)。

A. 当水准尺向前或向后倾斜时增大　　B. 当水准尺向左或向右倾斜时减少

C. 总是增大　　D. 总是减少　　E. 不论水准尺怎样倾斜，其读数值都是错误的

6. 微倾式水准仪应满足如下几何条件(　　　)。

A. 水准管轴平行于视准轴　　B. 横轴垂直于仪器竖轴

C. 水准管轴垂直于仪器竖轴　　D. 圆水准器轴平行于仪器竖轴

E. 十字丝横丝应垂直于仪器竖轴

四、问答题

1. 水准测量的基本原理是什么？

2. 什么叫视准轴？什么叫视差？视差如何形成，怎样消除？

3. 水准管分划值与仪器整平精度有何关系？水准仪上圆水准器与水准管各起什么作用？

4. 如何利用脚螺旋与圆水准器整平仪器？

5. 转点在水准测量中起什么作用？它的特点是什么？

6. 为什么要把水准仪安置在与两尺距离大致相等处进行观测？

7. 水准仪应满足哪些条件？其中哪些是主要条件？为什么？

8. 水准仪应进行哪些校核？各有什么作用？采用什么方法校核？

五、计算题

1. 如图 2-29 所示，在水准点 BM_1 至 BM_2 间进行水准测量，试根据测量结果在水准测量记录表中进行记录与计算，并做计算校核（已知 $H_{BM_1}=138.952$ m，$H_{BM_2}=142.110$ m）。

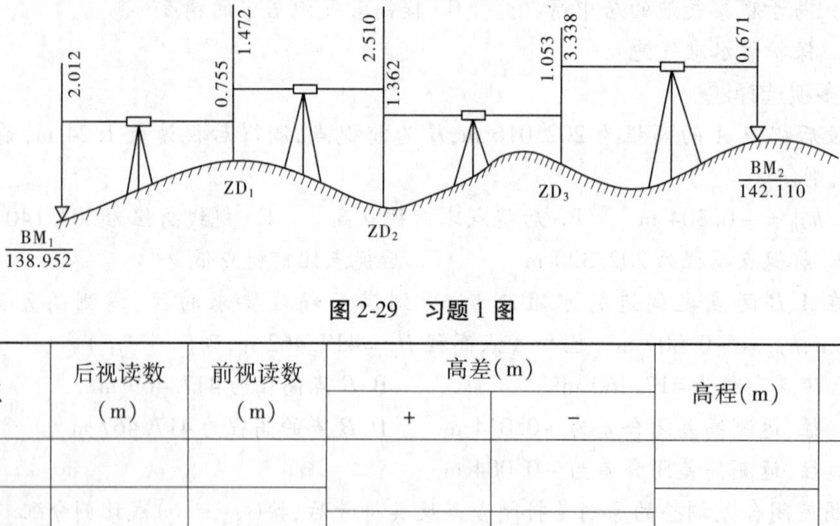

图 2-29　习题 1 图

测点	后视读数(m)	前视读数(m)	高差(m) +	高差(m) −	高程(m)	备注
Σ						

2. 在水准点 BM_a 和 BM_b 之间进行水准测量，所测各段高差和水准路线长如图 2-30 所示。已知 BM_a 的高程为 5.612 m，BM_b 的高程为 5.400 m。试将有关数据填在水准测量高差调整表中，并计算水准点 1 和 2 的高程。

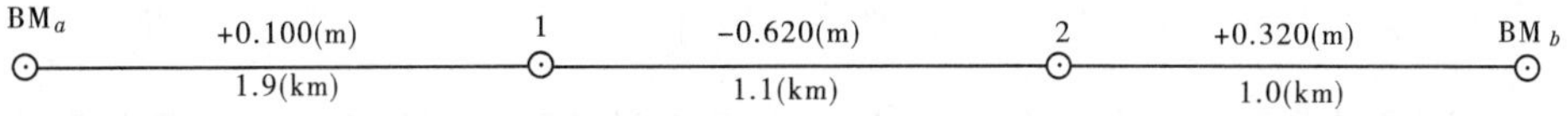

图 2-30　习题 2 图

点号	路线长(km)	实测高差(m)	改正数(mm)	改正后高差(m)	高程(m)
BM_a					5.612
1					
2					
BM_b					5.400
Σ					

$H_{BM_b} - H_{BM_a} =$

$f_H =$

$f_{H允} =$

每千米改正数 =

第三章　角度测量

角度测量是测量的基本工作之一，包括水平角测量和竖直角测量。水平角是确定地面点平面位置的基本要素之一，竖直角是测定地面点间高差的重要要素。

第一节　角度测量原理

如图 3-1 所示，设 A、O、B 是地面上不同高程的任意三个点，a、o、b 是这三点沿铅垂线在同一水平面 P 上的投影。可以看出，水平面上的 oa 与 ob 之间的夹角 β 即为地面上 OA 与 OB 两方向之间的水平角。由此可见，由一点到两个目标的方向线垂直投影在水平面上所构成的角度，称为水平角。

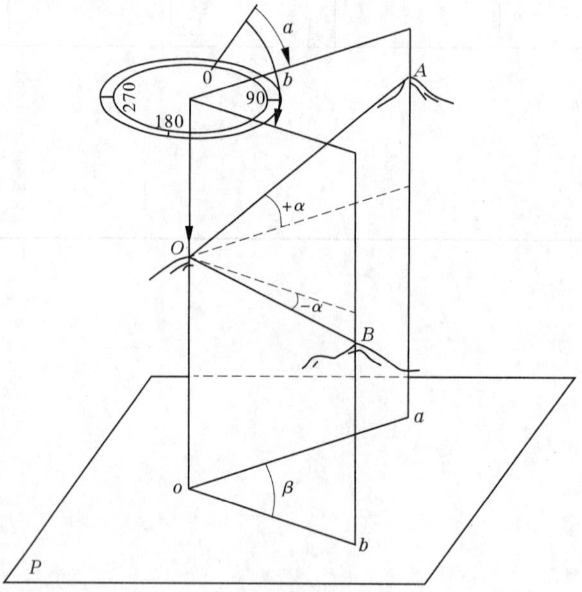

图 3-1　角度测量原理

为了测出水平角的大小，在 O 点水平地安置一个度盘，度盘顺时针刻有 0°～360°分划，度盘圆心就在 O 点上，并且用一个既能在竖直面内上下转动，又能沿水平方向旋转的望远镜，依次从 O 点瞄准目标 A 和 B，则通过望远镜瞄出的方向线 OA、OB 的两个竖直面与度盘的交线分别为 a 和 b，水平角 β 就等于右边目标读数 b 减去左边目标读数 a，即

$$\beta = b - a \tag{3-1}$$

如图 3-1 所示，在同一竖面内，视线方向与水平线的夹角称为竖直角，用 α 表示，其角值在 0°～90°，视线在水平线上方的为仰角，α 取正号，在水平线下方的为俯角，α 取负号。

由此可知,观测角度的仪器应具备以下条件:

(1)仪器要能安置在角顶上,而仪器的中心必须位于角顶的铅垂线上。

(2)有能安置成水平位置的刻度圆盘,用来测读角值。

(3)有能在竖直和水平方向转动的瞄准设备及指示读数的设备。

经纬仪就是依照上述要求制造并能完成水平角和竖直角测量的仪器。

第二节　DJ_6 光学经纬仪及其使用

经纬仪有光学经纬仪和电子经纬仪。光学经纬仪按其精度不同,可分为普通光学经纬仪和精密光学经纬仪两种。本章主要介绍一般工程测量中常用的普通光学经纬仪 DJ_6,“D”和“J”分别是“大地测量”和“经纬仪”的汉语拼音第一个字母,数字“6”代表该仪器一测回方向观测中误差的秒数。

一、DJ_6 经纬仪的构造

图 3-2(a)是 DJ_6 经纬仪的外形结构图。经纬仪由照准部、水平度盘和基座三大部分组成,如图 3-2(b)~(d)所示,分述如下。

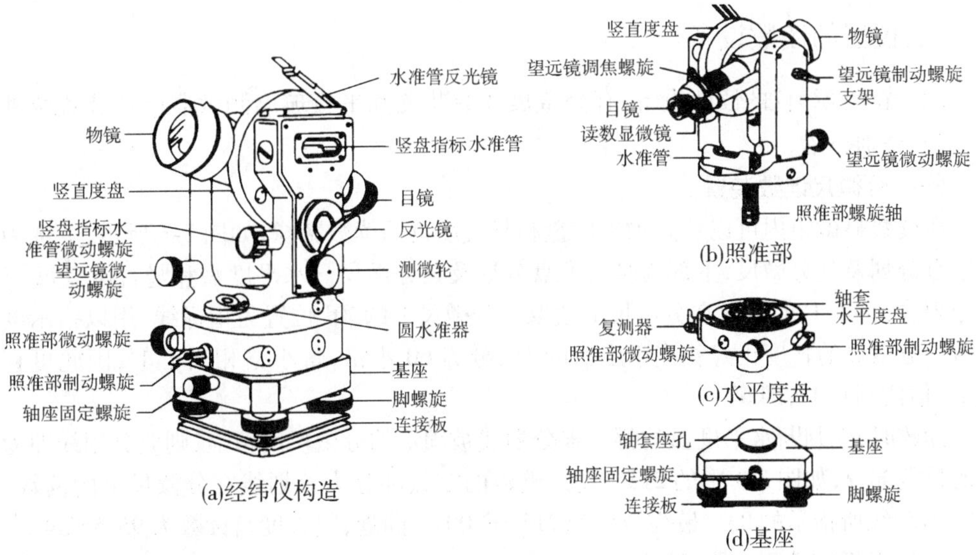

图 3-2　DJ_6 光学经纬仪

(一)照准部

照准部是基座和水平度盘上方能转动部分的总称,包括望远镜、照准部水准管、支架、横轴、竖直度盘及读数设备等部件,如图 3-2(b)所示。望远镜由物镜、目镜、十字丝环和调焦螺旋组成,安置在两侧支架间,通过望远镜制动螺旋和微动螺旋可控制望远镜的上下转动。望远镜侧面装有竖直度盘,该盘的中心和望远镜的旋转轴(横轴)中心是一致的,随着望远镜的转动而转动,用以测量竖直角。

照准部以其竖轴的外轴与基座上的轴套连接,并用轴座固定螺旋与基座固紧。竖轴由内轴与水平度盘的外轴套合而成,它们的中心均一致。通过照准部制动螺旋和照准部微动螺旋可控制照准部绕竖轴作水平方向转动。

(二)水平度盘

水平度盘是测量水平角的主要读数设备,是一个光学玻璃圆环,如图 3-2(c)所示。当照准部靠其内轴转动时,水平度盘并不转动。若需要将水平度盘安置在某一个读数位置时,可拨动仪器的专门装置。主要有以下两种形式:

(1)度盘变换手轮:按下度盘手轮下的保险手柄,将度盘手轮推进并转动,就可将度盘转到需要的读数上。有的仪器装有一小轮叫位置轮,与水平度盘相连,转动位置轮度盘也随之转动,但照准部不动。

(2)复测扳手:将复测扳手扳下,则水平度盘与照准部结合一起转动,扳上时则水平度盘与照准部脱开,用以改变水平度盘读数位置。

(三)基座

基座是支撑整个仪器的底座,如图 3-2(d)所示。仪器插入竖轴轴孔后,必须拧紧基座侧面的轴座固定螺旋,否则将可能造成严重事故。

利用基座的中心螺母和三角架上的连接螺旋,将仪器与三角架固定在一起。基座上有三颗脚螺旋,用来整平仪器,使仪器竖轴安置在竖直位置。

二、仪器的读数设备

DJ_6 光学经纬仪的读数设备,有分微尺读数装置和平板玻璃测微器读数装置两种情况,下面分别介绍。

(一)分微尺读数装置

在读数显微镜内可以看到水平度盘和竖直度盘的读数影像,如图 3-3 所示,上部为水平度盘分划及其分微尺,下部为竖直度盘分划及其分微尺。水平度盘和竖直度盘每 1°有一分划线,小于 1°的读数在分微尺上读取。分微尺上的“0”位置为指标线,用以指示度盘读数。分微尺的长度正好相当于度盘的 1°,分为 60 小格,每小格相当于 1′,因此可直读至 1′,估读到 0.1′,即 6″。

读数时,先判断水平度盘的哪一根分划线被固定的分微尺所覆盖,则此分划线即为读数的整数部分,如图 3-3 中的 215°;超过整数的零数部分为分划线在分微尺上的读数,如图中 215°线所指示的 03′,最终结果为 215°03′00″。同理,竖直度盘读数为 95°55′54″。

(二)平板玻璃测微器读数装置

在光学系统的光路中设置一平板玻璃,光线以一定入射角穿过平板玻璃后,会发生平行移动现象。移动量的大小取决于玻璃的厚度、折射率和光线的入射角。平板玻璃测微器正是利用这一原理设计的。平板玻璃和测微尺用金属机构连接在一起,转动测微轮时,平板玻璃和测微尺绕同一轴转动,度盘分划线的影像因此而移动的量就可在测微尺上读出。在读数显微镜中可同时看到三个读数窗口,如图 3-4 所示,上为测微尺分划影像,并有单指标线,中为竖直度盘影像,下为水平度盘影像,均有双指标线。度盘分划值为 30′,测微尺共分 30 大格,每大格又分 3 小格。当转动测微轮使测微尺分划由 0′移至 30′时,则度盘的分划也正好移动1格(30′)。故测微尺大格的分划值为1′,小格为20″,每5′注记一数字,测微尺可估读到0.1小格(即2″)。

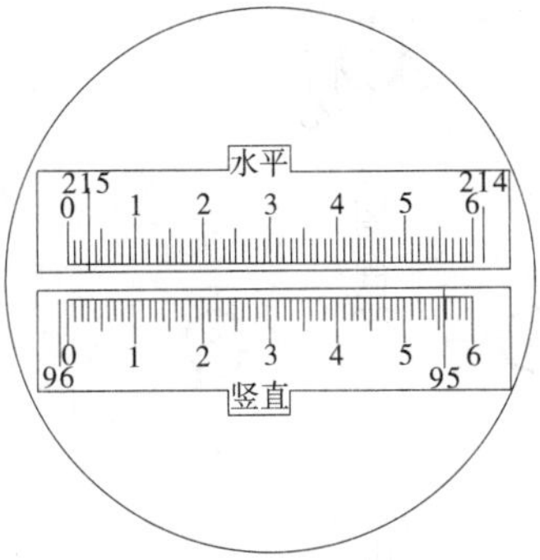

图3-3　分微尺读数

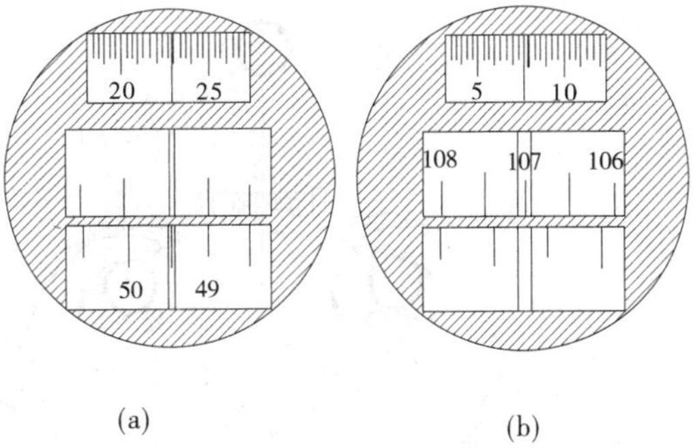

图3-4　平板玻璃测微器读数

读数时,首先转动测微轮使双指标线准确地夹住某度盘分划线(使度盘分划线精确地平分双指标线),按双指标线所夹的度盘分划读出度数和30′的整数,不足30′的数从测微尺窗中读出。如图3-4(a)所示,读得水平度盘读数为49°30′+22′54″=49°52′54″。图3-4(b)中竖直度盘读数为107°00′+07′40″=107°07′40″。

三、经纬仪的安置与使用

经纬仪安置包括对中和整平两项工作。对中的目的是使仪器中心与地面点标志的中心在同一铅垂线上,整平的目的是使水平度盘处于水平位置。

(一)对中

首先张开三角架,并调节脚架高度约在观测者胸部,目估架头水平,使架头中心初步对准测站点标志。然后安上仪器,旋紧中心连接螺旋,挂上垂球,使垂球尖对准标志,踩紧脚架。若仍稍有偏差,可再稍松中心连接螺旋,让经纬仪在脚架头上稍作移动,使垂球尖准确对中,再拧紧中心螺旋。对中误差≤3 mm。

装有光学对点器的仪器是利用直角棱镜将光线折射90°来观察对中情况,其光轴与仪器竖轴中心一致。若地面点标志中心与光学对点器分划板中心(即光轴中心)的小圆圈或十字相重合,则说明仪器竖轴中心已位于角顶点的铅垂线上。

(二)整平

首先放松照准部制动螺旋,使照准部水准管与任意两个脚螺旋的连线平行,如图3-5(a)所示,两手相对旋转这两个脚螺旋使水准管气泡居中(气泡移动方向与左手大拇指移向一致),然后将照准部旋转90°,转动第三个脚螺旋使水准管气泡居中,如图3-5(b)所示。这样反复几次,直到水准管气泡在任何位置均居中为止。

仪器的对中与整平正确与否,直接影响到测角的精度。因此,对中误差一般不允许大于3 mm,整平时水准管气泡偏离中心的误差不允许超过1格。

(三)瞄准与读数

测角的瞄准标志一般是地面点上的标杆、测钎或觇牌的中心,标志设置要垂直。仪器瞄准目标前,要将望远镜先对向天空或明亮处,调节目镜并消除视差,使十字丝最清晰。

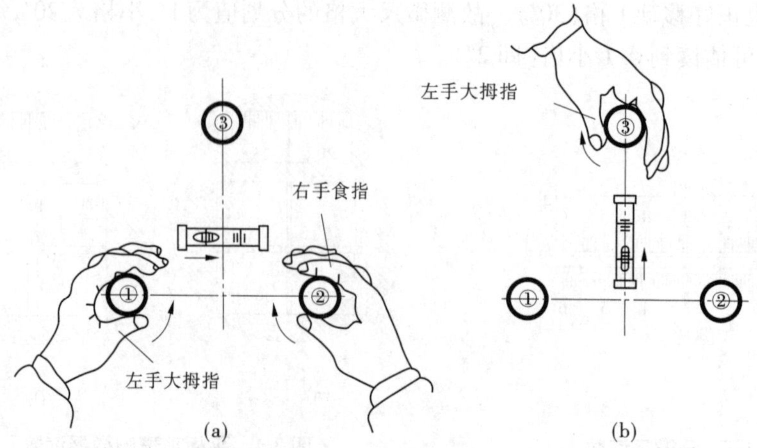

图 3-5　经纬仪整平

然后用望远镜“先外后内”对向目标，进行物镜调焦，使成像清晰。最后固定照准部和望远镜的制动螺旋，用相应的微动螺旋使十字丝精确对准目标。测水平角时以竖丝精确切准目标中心或底部。测竖直角时用中横丝精确切准目标点，然后读取水平度盘或竖直度盘读数。

第三节　水平角测量

水平角测量应根据观测目标的多少而采用不同的方法，常用的观测方法有测回法和全圆测回法（方向观测法）。为了抵消仪器的某些误差，通常都采用盘左和盘右两个位置进行观测。所谓盘左，就是观测者对着望远镜目镜，竖盘在望远镜左侧，亦称正镜。反之，若竖盘在右边称为盘右或倒镜。

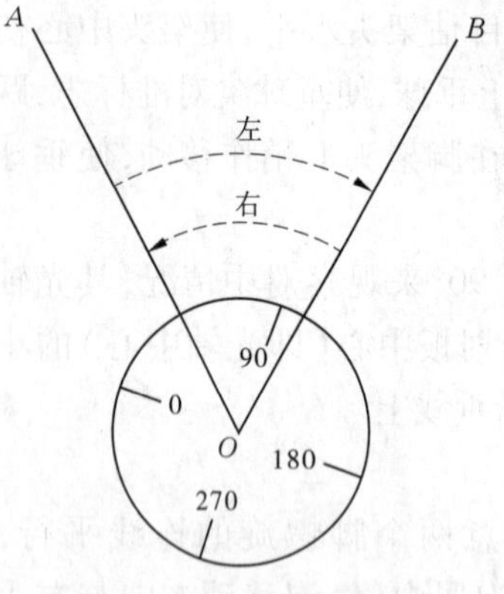

图 3-6　测回法测量水平角

一、测回法

测回法是测角的基本方法，用于测定两个目标方向之间的水平角。如图 3-6 所示，仪器置于 O 点，观测目标为 A、B，即欲测定 $\angle AOB$。其步骤如下。

（一）盘左位置

（1）松开照准部和望远镜的制动螺旋，精确瞄准左目标 A，读取水平度盘读数 $a_{左}$，记入观测手簿（见表 3-1）。

（2）松开照准部和望远镜的制动螺旋，顺时针转动照准部，精确瞄准右目标 B，读数 $b_{左}$ 并记入观测手簿。则盘左半测回水平角 $\beta_{左}$ 为

$$\beta_{左} = b_{左} - a_{左} \tag{3-2}$$

（二）盘右位置

先瞄准右目标 B，读数 $b_{右}$，逆时针转动照准部再瞄准左目标 A，读数 $a_{右}$，则盘右半测

回的水平角 $\beta_{右}$ 为

$$\beta_{右} = b_{右} - a_{右} \tag{3-3}$$

当右目标读数不够减去左目标读数时，右目标读数应先加 360°然后再减。

表 3-1　测回法观测手簿

测站	目标	竖盘位置	水平度盘读数 ° ′ ″	半测回角值 ° ′ ″	一测回角值 ° ′ ″	各测回平均角值 ° ′ ″
O	A	左	0 02 00	65 36 24	65 36 30	
	B		65 38 24			
	A	右	180 01 54	65 36 36		
	B		245 38 30			

（三）水平角计算

盘左、盘右两个半测回合在一起称为一个测回，若两个半测回角值之差不超过 40″，则取其平均值作为一测回的水平角值，即

$$\beta = \frac{1}{2}(\beta_{左} + \beta_{右}) \tag{3-4}$$

（四）各测回间度盘位置的变换

为提高测角精度，往往需要对某角观测几个测回。而为了减少度盘刻划不均匀对测角的影响，每一测回盘左的第一个方向应变换度盘位置，变换的数值按 $180°/n$ 计算，其中 n 为测回数。$n=3$ 时，各测回盘左起始方向（又称零方向）读数应分别为 0°、60°、120°。变换度盘由度盘变换手轮或复制扳手完成。各测回平均角值之间的互差不应超过 24″。

二、方向观测法（全圆测回法）

（一）盘左位置

如图 3-7 所示，将水平度盘读数配置在稍大于 0°的位置，选择一明显目标作起始方向（或称零方向），例如以 A 为起始方向，则先观测 A，读取水平度盘读数，记入手簿（如表 3-2 所示）；然后按顺时针方向依次瞄准 B、C、D 各方向值，计数并记入手簿；继续按顺时针方向回到起始方向 A 并再读取读数，这一步叫归零，目的是检核观测过程中水平度盘的位置有无变动。A 方向的两次水平度盘读数差称为半测回归零差。以上观测称为盘左半测回，或叫上半测回。

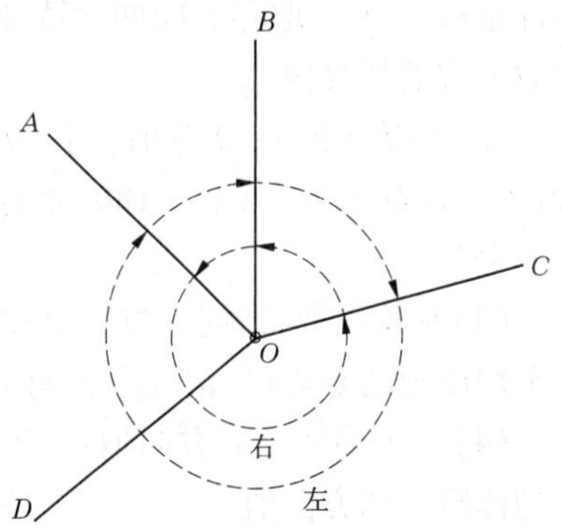

图 3-7　方向观测法

（二）盘右位置

倒转望远镜成盘右位置后，同样瞄准起始方向 A，读取水平度盘读数，并记入手簿，然后按逆时针方向依次瞄准 D、C、B、A 各目标，读取各目标水平度盘读数并记入手簿，求出半测回归零值。以上是

盘右半测回，或叫下半测回。

至此，就完成了一个测回的观测工作。根据精度要求不同，有时要观测几个测回，则各测回间起始方向水平度盘的变换度数与测回法相同。算例见表3-2。

表3-2 方向观测法记录手簿

测回	目标	水平度盘读数 盘左 (° ′ ″)	水平度盘读数 盘右 (° ′ ″)	2C=左-(右±180°)(″)	平均读数 (° ′ ″)	一测回归零后方向值 (° ′ ″)	各测回归零平均方向值 (° ′ ″)	角值
第一测回		(18)	(12)		(00 00 20)			
	A	0 00 12	180 00 12	0	0 00 12	0 00 00	0 00 00	
	B	60 41 12	240 41 18	-6	60 41 15	60 40 55	60 40 56	
	C	144 15 42	324 15 36	+6	144 15 39	144 15 19	144 15 19	
	D	266 50 06	86 50 12	-6	266 50 09	266 49 49	266 49 56	
	A	0 00 30	180 00 24	+6	0 00 27			
第二测回		(06)	(12)		(90 01 20)			
	A	90 01 24	270 01 24	0	90 01 24	0 00 00		
	B	150 42 18	330 42 18	0	150 42 18	60 40 58		
	C	234 16 42	54 16 36	+6	234 16 39	144 15 19		
	D	356 51 32	176 51 16	+16	356 51 24	266 50 04		
	A	90 01 18	270 01 12	+6	90 01 15			

(1)半测回归零差：即半测回中起始方向两次读数之差。DJ_6型经纬仪半测回归零差不许超过±18″。取零方向两次读数的平均值作为A方向的方向值，分别记入零方向观测读数上方的括号内。

(2)两倍视准差(2C)值：同一方向盘左读数和盘右读数±180°之差称为两倍视准差(2C)。即2C=左-(右±180°)，对DJ_6经纬仪，此项无要求；DJ_2经纬仪2C变动范围应小于18″。

(3)平均读数：即同一方向盘左、盘右读数的平均数。零方向的平均读数是两个零方向平均读数的平均值，记入零方向平均读数上方的括号内。

(4)一测回归零后方向值：一测回归零后方向值就是各方向平均读数减去零方向的平均读数后的方向值。

(5)各测回归零平均方向值：如果观测了若干测回，还应检查各测回同一方向值的互差，对DJ_6型经纬仪来讲，互差不应超过24″，然后取各测回方向值的平均数作为该方向的最后方向值。各目标点间方向值之差即为所需要的水平角。

第四节 竖直角测量

一、竖盘与读数系统

图 3-8 是 DJ_6 光学经纬仪竖盘与读数系统的示意图。竖盘的分划线通过一系列棱镜和透镜所组成的光具组与分微尺一起成像于显微镜的读数窗内。光具组和竖盘指标水准管固定在竖盘指标水准管微动架上,必须使竖盘指标水准管轴垂直于光具组的光轴。

当望远镜视线水平、竖盘指标水准管气泡居中时,指标线所指的读数称为竖盘的始读数,一般为 90°的整倍数,如 90°、270°等。

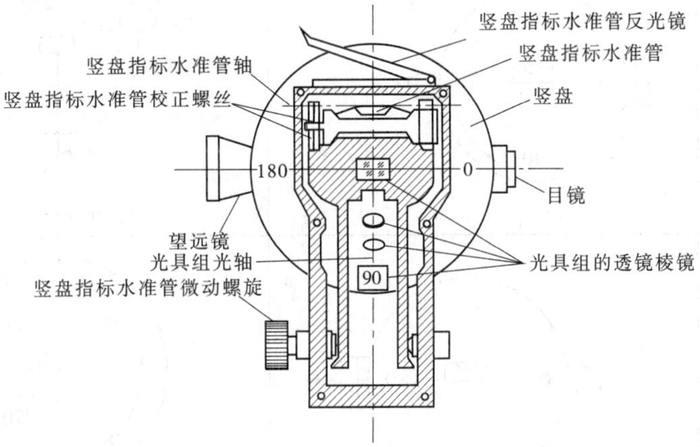

图 3-8 DJ_6 光学经纬仪竖盘与读数系统示意图

带有竖盘指标自动补偿装置的经纬仪,没有竖盘指标水准管。当仪器稍有微量倾斜时,补偿装置自动调整光路,使读数相当于水准管气泡居中时的读数。其原理与自动安平水准仪相似。使用这种仪器观测竖直角,只要将照准部水准管整平,瞄准目标即可读取读数。

二、竖直角计算

竖盘注记形式不同,则根据竖盘读数计算竖直角的公式也不同,图 3-9 为常见的两种形式。本节仅以图 3-9(a)所示的顺时针注记的竖盘形式为例,加以说明。

由图 3-10 看出:盘左位置时,望远镜视线向上(仰角)瞄准目标,读数减小,竖盘水准管气泡居中,其竖盘正确读数为 L,则盘左位置时竖直角 $\alpha_{左}$ 为

$$\alpha_{左} = 90° - L \tag{3-5}$$

同理,盘右位置时,读数增大,竖盘正确读数为 R,则盘右位置时竖直角 $\alpha_{右}$ 为

$$\alpha_{右} = R - 270° \tag{3-6}$$

将盘左、盘右位置的两个竖直角取平均值,即得竖直角 α 计算公式为

$$\alpha = \frac{1}{2}(\alpha_{左} + \alpha_{右}) = \frac{1}{2}[(R - L) - 180°] \tag{3-7}$$

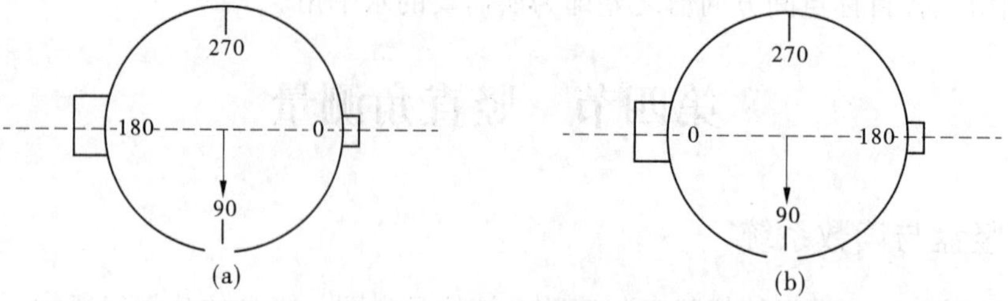

图 3-9　竖盘注记形式

式(3-5)、式(3-6)和式(3-7)同样适用于视线向下(俯角)时的情况,此时 α 为负。

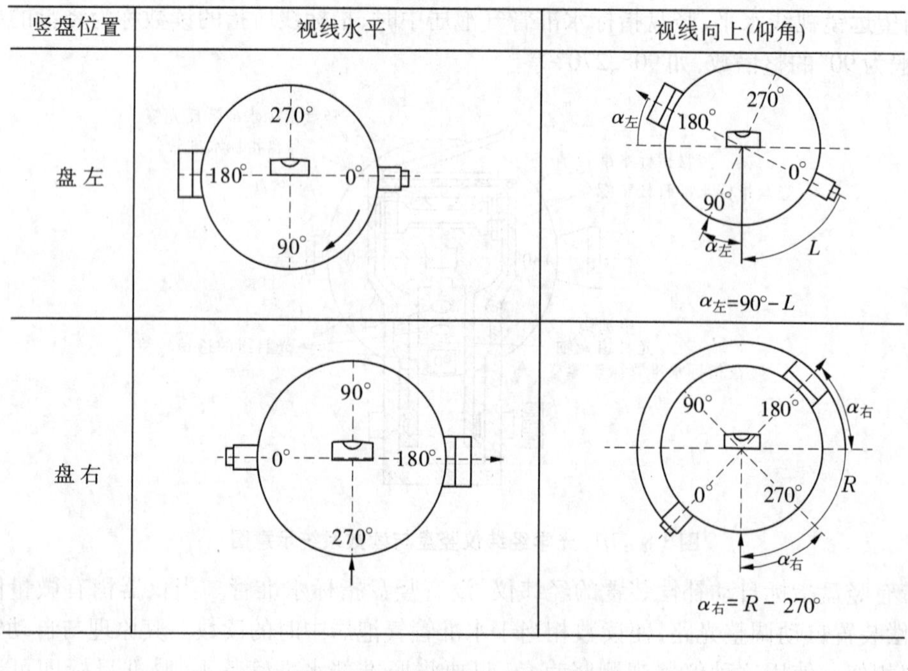

图 3-10　竖盘读数与竖直角计算

在测量工作中,可以按照以下两条规则确定任何一种竖盘注记形式(盘左或盘右)的竖直角计算公式:

(1)若抬高望远镜时竖盘读数增加,则竖直角为

$$\alpha = 瞄准目标的竖盘读数 - 视线水平时的竖盘读数$$

(2)若抬高望远镜时竖盘读数减少,则竖直角为

$$\alpha = 视线水平时的竖盘读数 - 瞄准目标的竖盘读数$$

三、竖盘指标差

由上述可知,望远镜视线水平且竖盘水准管气泡居中时,竖盘指标的正确读数应是90°的整倍数。但是由于仪器构造上的不完善和仪器运输使用等原因,当视线水平且竖盘水准管气泡居中时的竖盘读数与应有的正确读数(即90°的整倍数)有一个小的角度差 x,称为竖盘指标差,即竖盘指标偏离正确位置引起的角值。竖盘指标差 x 本身有正负号,一

般规定当竖盘读数指标偏移方向与竖盘注记方向一致时,x 取正号,反之 x 取负号。如图 3-11所示的竖盘注记与指标偏移方向一致,竖盘指标差 x 取正号。

如图 3-11 所示,对于顺时针方向注记的竖盘,顾及竖盘指标差 x 的盘左、盘右竖直角计算公式为

$$\alpha = 90° - (L - x) = (90° - L) + x = \alpha_{左} + x \tag{3-8}$$

$$\alpha = (R - x) - 270° = (R - 270°) - x = \alpha_{右} - x \tag{3-9}$$

取平均值得竖直角 α 为

$$\alpha = \frac{1}{2}(\alpha_{左} + \alpha_{右}) = \frac{1}{2}[(R - L) - 180°] \tag{3-10}$$

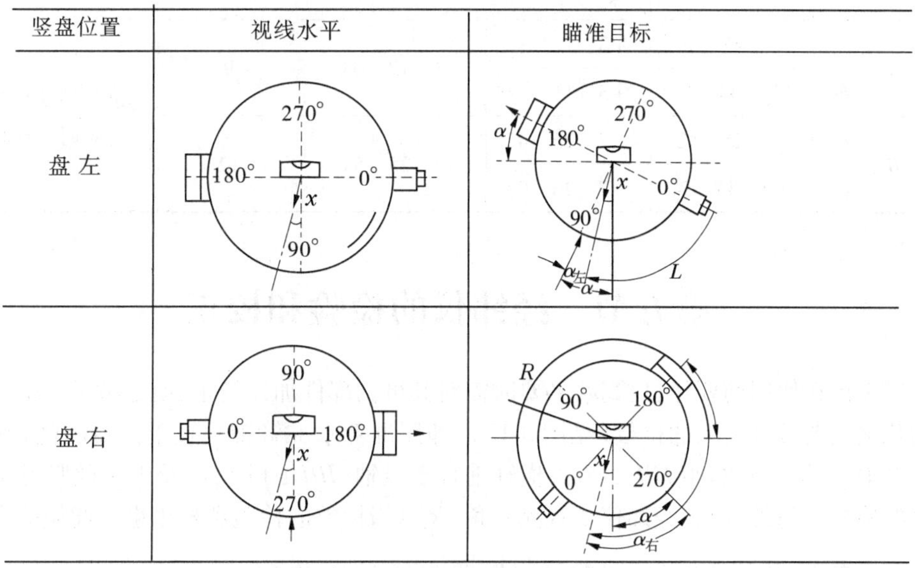

图 3-11　竖盘指标差

式(3-10)与式(3-7)计算竖直角 α 的公式相同,说明采用盘左、盘右位置观测取竖直角平均值,其角值可以消除竖盘指标差的影响。

将式(3-8)减去式(3-9),得

$$x = \frac{1}{2}[(L + R) - 360°] \tag{3-11}$$

式(3-11)为不同竖盘注记形式的竖盘指标差通用计算公式。

四、竖直角观测的方法

DJ_6 光学经纬仪观测竖直角的方法主要是中丝法,步骤如下:

(1)在测站点 P 安置仪器,对中、整平。

(2)盘左位置:用望远镜十字丝的中丝切于目标 A 某一位置,转动竖盘水准管微动螺旋使竖盘水准管气泡居中,读取竖盘读数 L。

(3)盘右位置:方法同第(2)步,读取竖盘读数 R。

(4)根据竖盘注记形式,确定竖直角和指标差的计算公式,并将结果填入表3-3中。

同一台仪器在某一段时间内连续观测时,竖盘指标差 x 值的变化很小,可以视为定值。但由于仪器误差及外界条件的影响,竖盘指标差会发生变化。通常规范规定了指标差变化的容许范围,如城市测量规范规定 DJ_6 型仪器竖盘指标差变化范围的容许值为25″,若超限,则应重测。

表3-3 竖直角观测记录手簿

测站	目标	竖盘位置	竖盘读数 (° ′ ″)	竖直角 半测回 (° ′ ″)	竖直角 一测回 (° ′ ″)	竖盘指标差 (″)	备注
P	A	左	86 47 48	+3 12 12	+3 12 03	-9	读数估读至0.1′ 记录时写作秒数
		右	273 11 54	+3 11 54			
	B	左	97 25 42	-7 25 42	-7 25 54	-12	
		右	262 33 54	-7 26 06			

第五节 经纬仪的检验和校正

经纬仪在使用前要经过检验,必要时需对其可调部件加以校正,使之满足要求。经纬仪的几项主要轴线关系的检校(见图3-12),即照准部水准管轴垂直于仪器的竖轴($LL\perp VV$);横轴垂直于视准轴($HH\perp CC$);横轴垂直于竖轴($HH\perp VV$),以及十字丝竖丝垂直于横轴的检校。另外,由于经纬仪要观测竖角,竖盘指标差的检验和校正也在此做一介绍。

一、照准部水准管轴应垂直于仪器竖轴的检验和校正

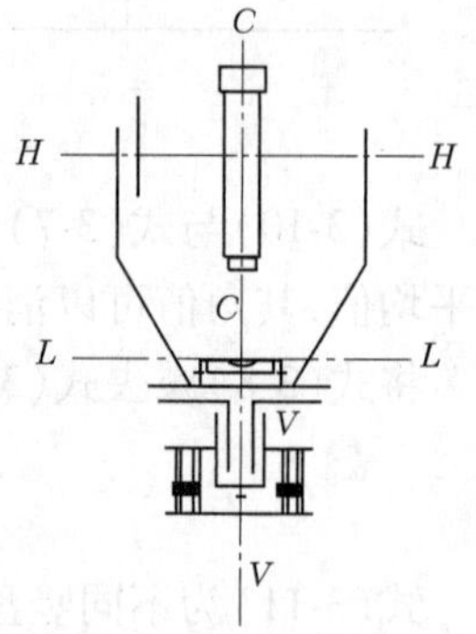

图3-12 经纬仪轴线关系

检验:将仪器大致整平,转动照准部使水准管平行于一对脚螺旋的连线,调节脚螺旋使水准管气泡居中。转动照准部180°,此时如气泡仍然居中则说明条件满足,如果偏离量超过一格,应进行校正。

校正:如图3-13所示,水准管轴水平,但竖轴倾斜,设其与铅垂线的夹角为 α(见图3-13(a))。将照准部旋转180°,竖轴位置不变,但气泡不再居中,水准管轴与水平面的交角为 2α(见图3-13(b),通过气泡中心偏离水准管零点的格数表现出来。改正时,先用拨针拨动水准管校正螺丝,使气泡退回偏离量的一半(等于 α),如图3-13(c)所示,再用脚螺旋调节水准管气泡居中,这时水准管轴水平,竖轴竖直,此时几何关系即得满足(见图3-13(d))。

此项检验校正需反复进行,直到照准部转至任何位置,气泡中心偏离零点均不超过一格为止。

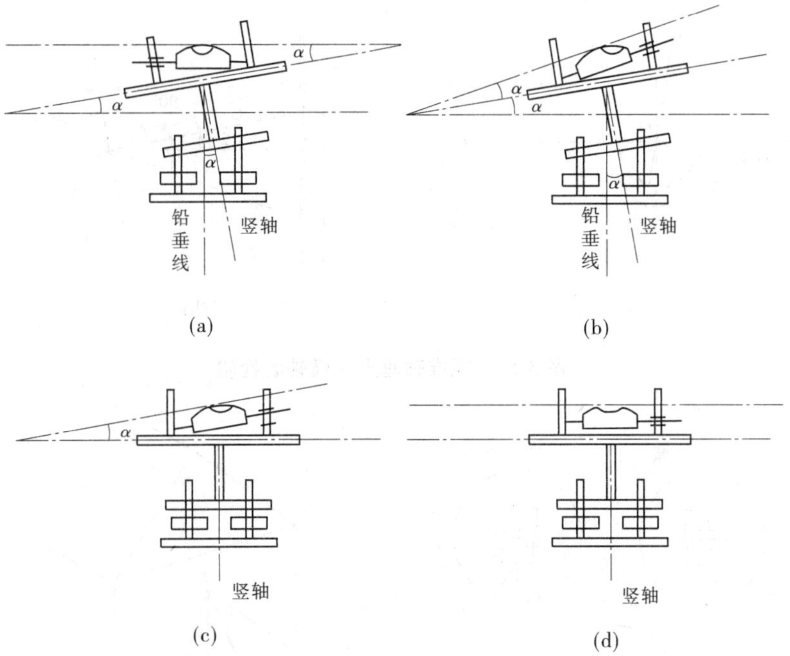

图 3-13　照准部水准管的检验与校正

二、十字丝竖丝应垂直于仪器横轴的检验校正

由于十字丝环的校正螺丝松动，使十字丝分划板平面转动。其检验校正方法与水准仪十字丝相同。只是水准仪是用横丝检验，经纬仪按竖丝进行检验。

三、视准轴应垂直于横轴的检验和校正

检验：J_6 经纬仪的检验常用四分之一法。如图 3-14(a)所示，在一平坦场地选择相距 60～100 m 的 A、B 两点，安置仪器于中点 O，在 A 点立一标志，在 B 点横置一根刻有毫米分划的小尺，使尺子与 OB 垂直。标志、小尺应大致与仪器同高。先用盘左瞄准 A 点标志，纵转望远镜在 B 点直尺上读数 B_1。盘右再瞄准 A 点，纵转望远镜，又在 B 点小尺上读数 B_2（见图 3-14(b)）。若 B_1 与 B_2 重合，表示视准轴垂直于横轴。否则，需要校正。

校正：在直尺上由 B_2 点向 B_1 方向量取 $B_1B_2/4$ 的长度，标定出 B_3，此时 OB_3 便和横轴 HH 垂直。用校正针拨动左右两个十字丝校正螺丝，一松一紧，左右移动十字丝分划板，直至十字丝交点与 B_3 点影像重合。这项检校也需反复进行。

四、横轴垂直于竖轴的检验和校正

检验：在距一高目标约 50 m 处安置仪器，如图 3-15 所示。盘左瞄准高处一点 P，然后将望远镜放平，由十字丝交点在墙上定出一点 P_1。盘右再瞄准 P 点，再放平望远镜，在墙上又定出一点 P_2，若 P_1、P_2 两点重合，表明条件满足，否则需要校正。

校正：定出 P_1、P_2 的中点 P_0，旋转照准部微动螺旋令十字丝交点对准 P_0 点，抬高望

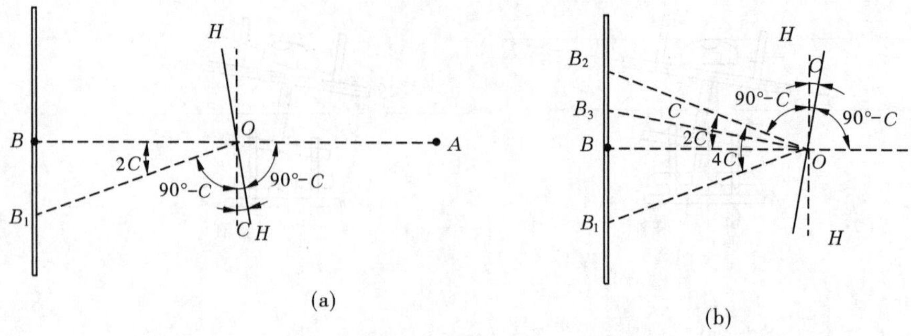

图 3-14　视准轴垂直于横轴的检验

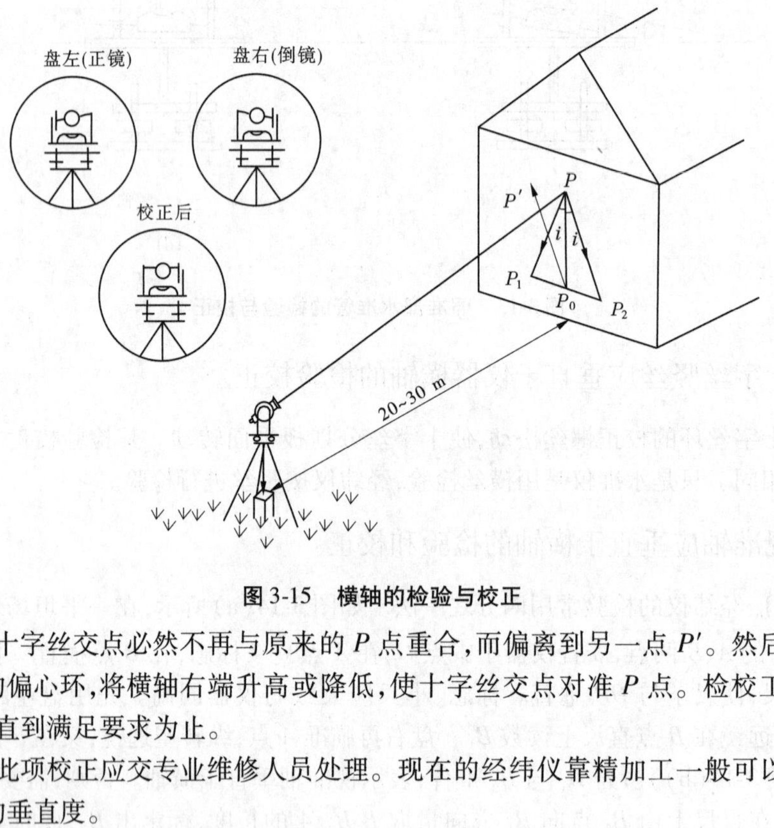

图 3-15　横轴的检验与校正

远镜,此时十字丝交点必然不再与原来的 P 点重合,而偏离到另一点 P'。然后调整望远镜右支架的偏心环,将横轴右端升高或降低,使十字丝交点对准 P 点。检校工作同样应反复进行,直到满足要求为止。

校正:此项校正应交专业维修人员处理。现在的经纬仪靠精加工一般可以保证其竖轴与横轴的垂直度。

五、竖盘指标差的检验和校正

检验:安置仪器,分别用盘左、盘右观测同一目标点,待竖盘指标水准管气泡居中后读取竖盘读数 L 和 R,用式(3-11)计算指标差 x。如 x 超出 $\pm 1'$的范围,则需改正。

校正:经纬仪位置不动(此时为盘右,且照准目标点),不含指标差的盘右读数应为 $R-x$。转动竖盘指标水准管微动螺旋,使竖盘读数为 $R-x$,这时指标水准管气泡必然不再居中,可用拨针拨动指标水准管校正螺旋使气泡居中。这项检验校正也需反复进行。

第六节　角度测量误差分析

一、水平角测量误差

影响水平角测量精度的因素很多，主要有仪器误差、观测误差和外界条件的影响等。

（一）仪器误差

仪器误差是指仪器制造不完善的误差和仪器检校不完善的残余误差。

仪器制造不完善的误差有度盘刻划误差和度盘偏心差等。前者可采用变换度盘不同位置进行观测加以削弱；后者采用盘左盘右取平均值予以消除。竖盘指标差可采用盘左盘右取平均值予以消除。

仪器检校不完善的残余误差，如视准轴不垂直于横轴和横轴不垂直于竖轴的误差，可采用盘左盘右取平均值予以消除；但照准部水准管轴不垂直于竖轴的误差，不能用盘左盘右的观测方法消除。因为，水准管气泡居中时，水准管轴虽水平，竖轴却与铅垂线间有一夹角，瞄准目标的俯仰角越大，误差影响也越大，因此测量水平角时观测目标的高差较大时，更应注意整平。

（二）观测误差

1. 对中误差

观测时若仪器对中不准确，致使度盘中心与测站中心不重合，产生对中误差。误差的大小与实际对中点偏离测站点的偏心距成正比，与边长成反比。故当边长较短时，应认真对中，以减少对中误差的影响。

2. 整平误差

观测时仪器未严格整平，竖轴将处于倾斜位置，这种误差与上面分析的水准管轴不垂直于竖轴的误差性质相同。由于此种误差不能采用适当的观测方法加以消除，当观测目标的竖直角越大，其误差影响也越大，故观测目标的高差较大时，应特别注意仪器的整平。当有太阳时，必须打伞，避免阳光照射水准管，影响仪器的整平。

3. 目标偏心误差

若供照准的花杆或测钎倾斜，而又没有照准标杆底部，则产生目标偏心误差。这种误差与对中误差的性质相同，故当边长较短时应特别注意减小目标的偏心，若观测目标有一定高度，应尽量瞄准目标的底部，以减小目标偏心的影响。

4. 照准误差

人眼的分辨力为60″，用放大率为 V 的望远镜观测，则望远镜照准误差一般以 $60''/V$ 来计算。照准误差还与其他因素有关，诸如目标的大小、形状、颜色、亮度、背景的衬度，以及空气的透明度等。因此，在进行角度观测时，要尽量减少以上情况对观测成果的影响。

5. 读数误差

读数误差的影响大小，主要取决于仪器的读数设备。对于 J_6 级经纬仪按测微器读数，一般可估读至分微尺最小格值的1/10，一般不超过 ±6″。

（三）外界条件的影响

外界条件的影响比较复杂，风力、日晒、温度等都对水平角测量产生影响，尤其当视线接近地面或障碍物时，其辐射出来的热量往往使影像跳动，严重影响照准目标的准确度。为了提高测角的精度，应选择有利的观测时间；视线要与障碍物保持一定的距离；晴天要用测伞给仪器遮住阳光；以使外界条件的影响降低到最小限度。

二、竖直角测量误差

竖直角测量同样受到仪器误差、观测误差和外界条件的影响。

（一）仪器误差

仪器误差主要是指竖盘指标差。用盘左盘右取平均值予以消除。

（二）观测误差

观测误差主要有竖盘指标水准管整平误差、照准误差和读数误差。每次读数时，要十分注意竖盘指标水准管气泡是否居中；照准误差和读数误差与水平角测量误差分析相同。

（三）外界条件的影响

除具有与水平角观测共同的因素外，地面的大气竖直折光对竖直角测量也会产生影响。

三、水平角观测注意事项

(1)观测前必须检验仪器，如发现仪器有误差应及时进行校正，或采用正确的观测方法减少或消除其对观测结果的影响。

(2)仪器安置的高度要合适，脚架要踩实，观测时手不得扶摸三角架和基座，走动时要防止碰动脚架。在半测回观测中要防止碰动度盘变换器。

(3)对中要严格，对中误差≤3 mm。整平误差在1格以内。

(4)应选择目标清晰、背景明亮、易于照准的目标点作起始方向。

(5)目标要竖直，每次照准应尽量瞄准目标花杆下部或木桩上的小钉。

(6)观测结束后应立即进行手簿计算，并检查有无漏测方向及各项观测误差是否在限差以内。确认本站工作已全部结束无误后，方可离开测站，以免造成不必要的返工重测。

第七节　电子经纬仪简介

电子经纬仪测角精度高，能自动显示角度值。电子测角虽然仍采用度盘，但测角时是将角度这个模拟量转换为数字，并以数字形式显示、贮存。其测角原理是通过度盘取得光电信号，再将光电信号转换为角值。目前，根据取得信号的方式不同，可分为编码度盘测角、光栅度盘测角和动态测角系统。本节只介绍常见的光栅度盘测角原理。

一、光栅度盘测角原理

如图3-16(a)所示，在玻璃圆盘的径向均匀地按一定的密度刻划有交替的透明与不透明的辐射状条纹，条纹与间隙的宽度均为a，这就构成了光栅度盘。如图3-16(b)所示，如果将两块密度相同的光栅重叠，并使它们的刻线相互倾斜一个很小的角度θ，就会出现明暗相间的条纹,称莫尔条纹。莫尔条纹的特性是:两光栅的倾角 θ 越小,相邻明暗条纹间的间距 ω(简称纹距)就越大,其关系为

$$\omega = \frac{d}{\theta}\rho' \tag{3-12}$$

式中 θ 的单位为('),$\rho' = 3\,438'$。当 $\theta = 20'$时,$\omega = 172d$,即纹距 ω 比栅距 d 大 172 倍。这样,就可以对纹距进一步细分,以达到提高测角精度的目的。

当两光栅在与其刻线垂直的方向相对移动时,莫尔条纹将作上下移动。当相对移动一条刻线距离时,莫尔条纹则上下移动一周期,即明条纹正好移到原来邻近的一条明条纹的位置上。

如图 3-16(a)所示,为了在转动度盘时形成莫尔条纹,在光栅度盘上安装有固定的指示光栅。指示光栅与度盘下面的发光管和上面的光敏接收二极管固连在一起,不随照准部转动。光栅度盘与经纬仪的照准部固连在一起,当光栅度盘与经纬仪照准部一起转动时,即形成莫尔条纹。随着莫尔条纹的移动,光敏二极管将产生按正弦规律变化的电信号。将电信号整形,变成矩形脉冲信号,对矩形脉冲信号计数即可求得度盘旋转的角值。测角时,在望远镜瞄准起始方向后,可使仪器中心的计数器为0(度盘归零)。在度盘随望远镜瞄准第二个目标的过程中产生脉冲计数,并通过译码器划算为度、分、秒显示出来。

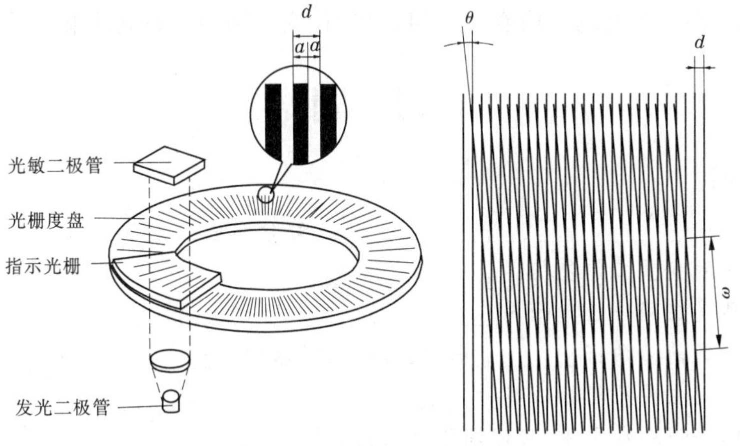

(a)　　(b)

图 3-16　光栅度盘测角原理

二、电子经纬仪的使用

电子经纬仪的安置、对中和整平与光学经纬仪相同。现就常用仪器操作按键功能及使用说明如下,如图 3-17 所示。

(一)操作键功能

[R/L]——右旋/左旋水平角切换键。连续按此键,两种角值交替显示。

[HOLD]——水平角锁定键。双击此键,水平角锁定;再按一次则解除。

[OSET]——水平角置零键。双击此键,水平角置零。

[V%]——竖直角和坡度角百分比显示转换键。

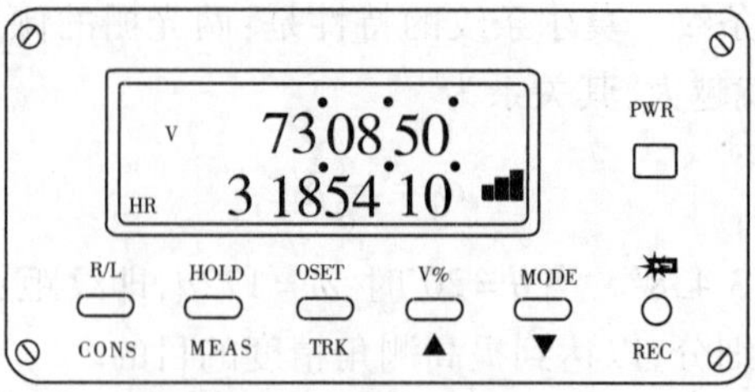

图 3-17　电子经纬仪操作键

[MODE]——模式转换键。

[PWR]——电源开关。

(二)角度测量

采用盘左、盘右观测。如欲测∠*AOB*,在 *O* 点对中、整平。

(1)设置水平角右旋(HR)测量方式,照准左目标 *A*,双击[OSET]键。目标 *A* 的读数设置为 0°00′00″,作为水平角起算的零方向。

(2)顺时针方向转动照准部,照准右目标 *B*,显示 *B* 方向的读数,如 78°45′25″,即为上半测回角值。

(3)倒转望远镜成盘右位置,照准 *B* 目标读数 78°45′35″,即为下半测回角值。符合精度要求时,取盘左与盘右的平均值为 78°45′30″,作为一测回的观测结果。

习　题

一、填空题

1. 经纬仪由________、________、________三部分组成。
2. 经纬仪的安置工作包括________、________。
3. 竖直角是在同一竖直面内________与________之夹角。
4. 竖盘读数前必须将________居中,否则该竖盘读数________。
5. 经纬仪的主要几何轴线有________、________、________、________。
6. 用测回法观测水平角,可以消除仪器误差中的________、________、________。
7. 竖盘指标差是指当________水平,指标水准管气泡居中时,________没指向________所产生的读数差值。
8. 经纬仪在检、校中,视准轴应垂直于横轴的检验有两种方法。它们分别为________和________。

二、单项选择题

1. 当经纬仪的望远镜上下转动时,竖直度盘(　　)。

A. 与望远镜一起转动　　B. 与望远镜相对运动　　C. 不动

2. 当经纬仪竖轴与目标点在同一竖面时,不同高度的水平度盘读数(　　)。

A. 相等　　B. 不相等　　C. 有时不相等

3. 经纬仪安置时,整平的目的是使仪器的(　　)。

A. 竖轴位于铅垂位置,水平度盘水平　　B. 水准管气泡居中

C. 竖盘指标处于正确位置

4. 测定一点竖直角时，若仪器高不同，但都瞄准目标同一位置，则所测竖直角(　　)。

A. 相同　　B. 不同　　C. 可能相同也可能不同

5. 用测回法观测水平角，测完上半测回后，发现水准管气泡偏离2格多，在此情况下应(　　)。

A. 继续观测下半测回　　B. 整平后观测下半测回　　C. 整平后全部重测

6. 采用盘左、盘右的水平角观测方法，可以消除(　　)误差。

A. 对中　　B. 十字丝的竖丝不铅垂　　C. $2C$

7. 采用盘左、盘右观测竖直角，其目的之一是可以消除(　　)误差的影响。

A. 对中　　B. 视准轴不垂直于横轴　　C. 指标差

8. 用经纬仪观测水平角时，尽量照准目标的底部，其目的是为了消除(　　)误差对测角的影响。

A. 对中　　B. 照准　　C. 目标偏离中心

9. 竖直指标水准管气泡居中的目的是(　　)。

A. 使度盘指标处于正确位置　B. 使竖盘处于铅垂位置

C. 使竖盘指标指向90°

10. 若经纬仪的视准轴与横轴不垂直，在观测水平角时，其盘左、盘右的误差影响是(　　)。

A. 大小相等　　B. 大小相等，符号相同　　C. 大小不等，符号相同

11. 在经纬仪照准部的水准管检校过程中，大致整平后使水准管平行于一对脚螺旋，把气泡居中，当照准部旋转180°后，气泡偏离零点，说明(　　)。

A. 水准管不平行于横轴　　B. 仪器竖轴不垂直于横轴

C. 水准管轴不垂直于仪器竖轴

12. 用测回法观测水平角，若右方目标的方向值$\alpha_{右}$小于左方目标的方向值$\alpha_{左}$，水平角β的计算方法是(　　)。

A. $\beta=\alpha_{左}-\alpha_{右}$　　B. $\beta=\alpha_{右}-180°-\alpha_{左}$　　C. $\beta=\alpha_{右}+360°-\alpha_{左}$

13. 经纬仪的竖盘按顺时针方向注记，当视线水平时，盘左竖盘读数为90°。用该仪器观测一高处目标，盘左读数为75°10′24″，则此目标的竖角为(　　)。

A. 57°10′24″　　B. －14°49′36″　　C. 14°49′36″

14. 经纬仪在盘左位置时将望远镜大致置平，使其竖盘读数在90°左右，望远镜物镜端抬高时读数减少，其盘左的竖直角公式(　　)。

A. $\alpha_{左}=90°-L$　　B. $\alpha_{左}=0°-L$ 或 $\alpha_{左}=360°-L$　　C. $\alpha_{左}=180°-L$

三、多项选择题

1. 光学经纬仪应满足下列几何条件(　　)。

A. $HH\perp VV$　　B. $LL\perp VV$　　C. $CC\perp HH$　　D. $LL\perp CC$

2. 用测回法观测水平角，可以消除(　　)误差。

A. $2C$误差　　B. 指标差　　C. 横轴误差　　D. 大气折光误差　　E. 对中误差

3. 方向观测法观测水平角的测站限差有(　　)。

A. 归零差　　B. $2C$误差　　C. 测回差　　D. 竖盘指标差　　E. 阳光照射的误差

4. 下列误差中(　　)为偶然误差。

A. 估读误差　B. 照准误差　C. 2*C* 误差　D. 指标差　E. 横轴误差

5. 当经纬仪竖轴与仰视、平视、俯视的三条视线位于同一竖直面内时,其水平度盘读数值(　)。

A. 相等　B. 不等　C. 均等于平视方向的读数值

D. 仰视方向读数值比平视度盘读数值大　E. 俯视方向读数值比平视方向读数值小

6. 影响角度测量成果的主要误差是(　　)。

A. 仪器误差　B. 对中误差　C. 目标偏心误差

D. 竖轴误差　E. 照准及估读误差

四、问答题

1. 经纬仪是依据怎样的原理测量水平角和竖直角的?

2. 经纬仪上有哪些制动螺旋和微动螺旋?各起什么作用?如何正确使用?

3. 试述测回法和方向观测法测量水平角的步骤。

4. 用经纬仪瞄准同一竖直面内不同高度的两点,水平度盘上读数是否相同?在竖直度盘上的读数是否就是竖直角?为什么?

5. 对中与整平的目的是什么?简述其操作步骤。

五、计算题

1. 在 *B* 点上安置经纬仪观测 *A* 和 *C* 两个方向,盘左位置先照准 *A* 点,后照准 *C* 点,水平度盘的读数为 6°23′30″和 95°48′00″;盘右位置照准 *C* 点,后照准 *A* 点,水平度盘读数分别为 275°48′18″和 186°23′18″,试记录在下表中,并计算该测回角值是多少?

测站	盘位	目标	水平度盘读数 (°　′　″)	半测回角值 (°　′　″)	一测回角值 (°　′　″)	备注

2. 完成方向观测法的记录表(下表)中的计算工作。

测站	测回数	目标	水平度盘读数 盘左 (°　′　″)	水平度盘读数 盘右 (°　′　″)	2*C* (″)	平均读数 (°　′　″)	归零后方向值 (°　′　″)	角值 (°　′　″)
M	1	*A*	00　01　06	180　01　24				
		B	69　20　30	249　20　24				
		C	124　51　24	304　51　30				
		A	00　01　12	180　01　18				

3. 某经纬仪竖盘注记形式如下所述,将它安置在测站点 O,瞄准目标 P,盘左时竖盘读数是 112°34′24″,盘右时竖盘读数是 247°22′48″。试求:(1) 目标 P 的竖直角;(2) 判断该仪器是否有指标差存在?是否需要校正?(竖盘盘左的注记形式:度盘顺时针刻划,物镜端为 180°,目镜端为 0°,指标指向 90°位置)

4. 某台经纬仪的竖盘构造是:盘左位置当望远镜水平时,指标指在 90°,竖盘逆时针注记,物镜端为 0°。用这台经纬仪对一高目标 P 进行观测,测得其盘右的读数为 263°18′25″,试确定盘右的竖直角计算公式,并求出其盘右时的竖直角。

第四章　距离测量与直线定向

量测两点之间长度的工作称为距离测量。距离测量的最终目的与角度测量一样，都是确定地面点的位置。距离是指两点间的水平长度，若量测结果是两点间的倾斜距离，则需换算成水平距离。距离测量按使用的仪器和方法不同，分为钢尺量距、视距测量和电磁波测距，精度要求低时还可使用皮尺丈量。

第一节　钢尺量距

一、量距方法

钢尺是钢制的带尺，名义长度有 20 m、30 m 和 50 m 三种。一般钢尺在起点至第一分米间，甚至整个尺长内都刻有毫米分划。使用时，必须注意钢尺的零点位置。花杆和测钎是量距的辅助工具。花杆用于直线方向的标定，测钎用来标定丈量尺段的端点和计数尺段数。钢尺量距的内容如下。

（一）直线定线

当丈量距离较长，超过整尺长或地势起伏较大时，需要在待测直线上插入一些点，并使相邻点间的距离不超过所用尺子的长度，这项工作称为直线定线。一般量距用目估定线法，当精度要求较高时，可用经纬仪定线。

目估定线法：设对直线 AB 定线，在线段两端点上竖立标杆，测量员站在 A 点标杆后 1 ~ 2 m 处，瞄 B 点标杆，并指挥在线段中间持杆的测量员左右移动，直到三根标杆位于同一竖直面内，则中间测量员所持杆底的地面点即为所求的定线点，同法可定出其他点。

仪器定线法：在待测距离的一端点 A 安置经纬仪，然后照准另一端点花杆 B，固定照准部，望远镜在竖直面内转动，观测员指挥中间持杆测量员左右移动，直到标杆和十字丝竖丝重合为止，则杆底地面点为所求的定线点。

（二）距离测量

根据地面坡度不同，量距可分为平坦地面量距和倾斜地面量距两种。

1. 平坦地面量距方法

对于平坦地面，直接沿地面丈量水平距离，可先在地面进行直线定线，也可边定线边进行丈量。所求距离为各尺段之和。为了进行检核和提高丈量精度，要求往返测量。

2. 倾斜地面量距方法

（1）平量法。如图 4-1 所示，A、B 两点间地面坡度较大，采用目估定线，将尺一端抬起，使尺面水平，逐段丈量，最后累加求和即为所求距离。

（2）斜量法。如图 4-2 所示，A、B 两点间地面坡度较大且均匀时，可沿斜坡直接丈量出斜距 D'，再测出坡度角 α，或者测出 AB 两点高差 h，按下式计算水平距离：

$$D = D' \times \cos\alpha = \sqrt{D'^2 - h^2} \tag{4-1}$$

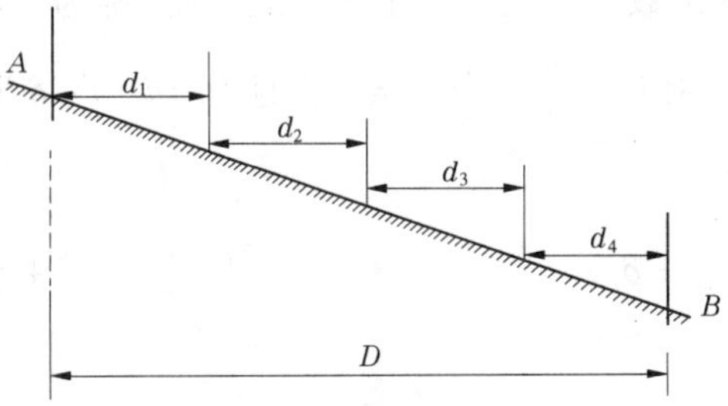

图 4-1　平量法

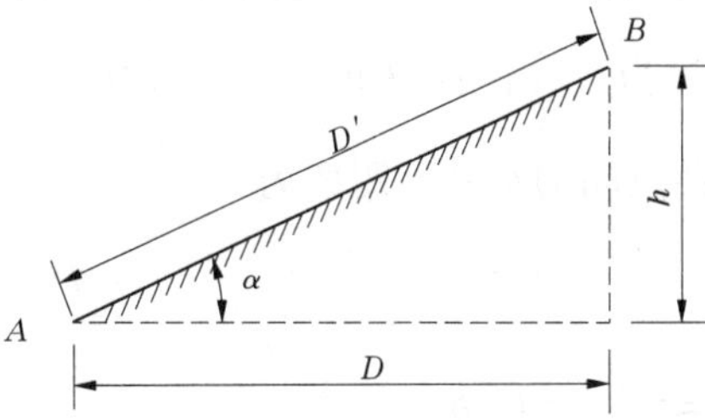

图 4-2　斜量法

二、量距精度及注意事项

(一)量距精度

为避免观测错误并提高量距精度,要求往返丈量,并用往返丈量距离的较差$|\Delta D|$与往返平均距离$D_{平}$之比衡量丈量精度,该比值用分子为 1 的分数表示,称为相对误差 K。如直线 A、B 往测长 235.66 m,返测长为 235.72 m,则相对误差为

$$K = \frac{|D_{AB} - D_{BA}|}{D_{平}} = \frac{0.06}{235.69} \approx \frac{1}{3\,900} \tag{4-2}$$

如相对误差在容许范围内,即 $K \leqslant K_{容}$,可取往返丈量的平均值作为最终成果。如果超限,则应重新丈量直到符合要求为止。图根钢尺量距导线的 $K_{容}$一般为 1/3 000。

钢尺丈量的量距精度一般能达到 1/1 000 ~ 1/5 000。当量距精度要求更高时,就应采用精密方法丈量。精密量距的主要工具为钢尺、拉力计、温度计等,钢尺应经过检验并得到检定的尺长方程式。随着测距仪的普及,钢尺精密量距已很少采用,关于这方面的内容可参考有关书籍。

在量距过程中,误差来源主要有温度变化误差、拉力变化误差、尺长误差、尺子不水平误差、定线不准误差、钢尺垂曲和反曲误差、对点读数误差等。

(二)注意事项

钢尺在使用前应认清零点位置;使用时不可扭曲,防止重物辗压,禁止在地面上拖拉钢尺,保证钢尺刻画面不受磨损;丈量时,每一尺段用力要均匀,做到把钢尺放平、拉直、读数记录准确无误。

第二节　视距测量

视距测量是利用望远镜内十字丝平面上的上丝和下丝配合视距尺,根据几何光学和三角学原理,同时测定两点间的水平距离和高差。此法操作方便,速度快,不受地形起伏限制,但测距精度较低,相对精度为 1/200 ~ 1/300,常用于低精度的测量工作中。

一、视准轴水平时的视距原理

如图 4-3 所示,欲测定 A、B 两点水平距离 D 及高差 h。在 A 点安置仪器,使望远镜视准轴水平，B 点竖立视距尺，此时视线与视距尺垂直。若尺上 M、N 点成像在十字丝分划板上的两根视距丝 m、n 处，那么上、下视距丝的读数之差就是尺上 MN 的长度(称为尺间隔)，设为 l。由图 4-3 可知，$\triangle m'n'F$ 与 $\triangle MNF$ 相似，故$\frac{d}{f}=\frac{l}{p}$，$d=\frac{f}{p}l$，且 $D=d+f+\delta$，则 A、B 两点间的水平面距离为

$$D=\frac{f}{p}l+f+\delta \tag{4-3}$$

令 $K=\frac{f}{p}$，$C=f+\delta$

则
$$D=Kl+C \tag{4-4}$$

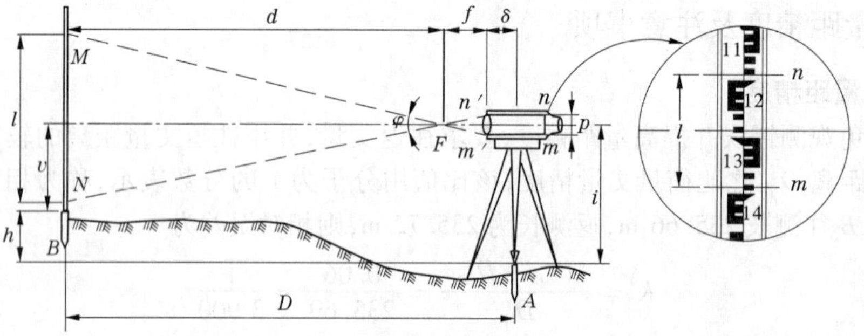

图 4-3　视线水平时视距原理

对于内调焦望远镜，经过调整物镜焦距、调焦透镜焦距及上、下丝间隔等措施后参数 $C=0$；K 为视距乘常数，通常取 100。则式(4-4)表示为

$$D=Kl \tag{4-5}$$

设仪器高为 i，十字丝中丝在尺上的读数为 v，则 A、B 间的高差为

$$h=i-v \tag{4-6}$$

二、视准轴倾斜时的视距原理

在地形起伏较大地区视距测量时，视准轴是倾斜的，如图 4-4 所示。设竖直角为 α，尺间隔为 l，此时视线不再垂直于视距尺。利用视线倾斜时的尺间隔 $l'(M'N')$ 求水平距离和高差，必须分两步进行：①根据 l 求出 l'后，计算斜距 L。从图 4-4 可得 $l'=l\times\cos\alpha$，$L=Kl'$；②将斜距 L 化为水平距 D。$D=L\cos\alpha$，即

$$D=Kl\cos^2\alpha \tag{4-7}$$

从图 4-4 中知 $h+v=i+h'$，而 $h'=D\tan\alpha$，故 A、B 间的高差为

$$h=D\tan\alpha+i-v \tag{4-8}$$

三、视距测量的观测与计算

(一)视距测量的观测

(1)安置仪器。测站点上安置经纬仪，量取仪器高 i 并记入手簿；待测点上竖立标尺。

(2)盘左读数。盘左位置瞄准标尺，读取下丝读数 a、上丝读数 b 和中丝读数 v。

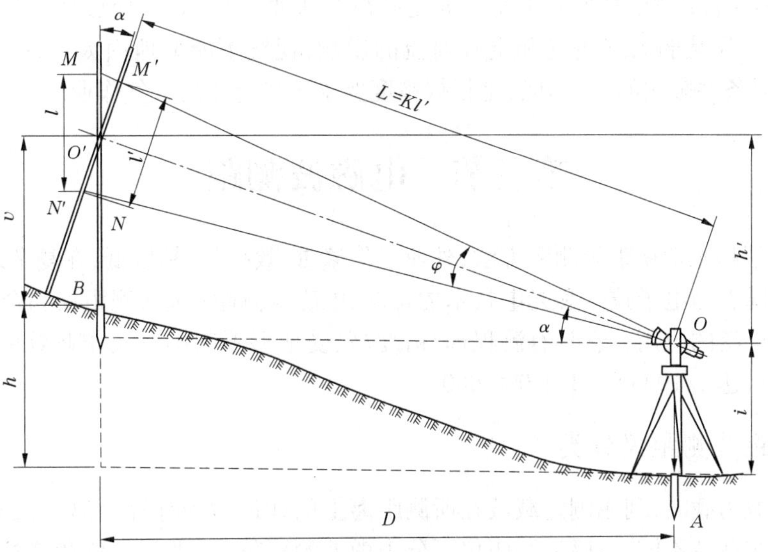

图 4-4　视线倾斜时视距原理

(3)竖盘读数。转动指标水准管微动螺旋,使竖盘指标水准管气泡居中后读取竖盘读数。

(4)盘右读数。倒转望远镜,用盘右位置瞄准标尺,重复(2)、(3)步骤的观测和记录。以上称为一个测回。若精度要求较高,可以增加测回数;若精度要求较低,一般只用盘左观测半个测回。

(二)视距测量的计算

视距测量的计算可直接按式(4-7)、式(4-8)用普通函数计算器或用编程计算器进行计算。为简化高差计算,观测中可使 v 等于高 i 或为比 i 大(或小)整米的数值,如 $i=1.58$ m,可使中丝读数 $v=1.580$ m,这样式(4-8)中 $i-v=0$,则高差 $h_{AB}=D\tan\alpha$。

(三)视距测量的误差来源

(1)尺间隔 l 读数误差:该项误差的大小应视具体使用的仪器及作业条件而定,但其对测量结果的影响较大,所以观测时应消除视差,使成像清晰,并估读到 mm。

(2)竖直角观测误差:由式(4-7)可知,此项误差对距离的影响不大。

(3)标尺分划误差:分划误差如果是系统性地增大或减小,其对视距测量产生的误差也为系统误差;若分划误差是偶然误差,对视距测量的影响也是偶然的。标尺分划误差一般为 ±0.5 mm,引起的距离误差为 0.071 m。

(4)常数 K 不准确误差:K 值的误差来自望远镜视距丝间隔误差、标尺分划的系统误差、外界温度影响使 K 值不稳定等。一般 K 值一经确定,即认为不再变化,所以它对视距的影响是系统性的。

(5)标尺竖立不直的影响:尺子倾斜对视距的影响是系统性的,且随距离增大而增大,所以在视距测量中不可忽视此项误差。为减小它的影响,标尺侧面安装有使其垂直竖立的圆水准器。

(6)外界条件影响:主要包括大气折光使视线弯曲、空气对流使成像不稳定、风力使尺子抖动等。为减弱大气折光和空气对流的影响,视线不能离地面太近,一般应超过 1 m。减少外界条件影响的唯一办法是根据精度要求选择合适的天气作业。

第三节　电磁波测距

钢尺量距和光学视距等测距方法,外业工作繁重,效率低,精度低,在复杂地形下甚至无法工作。随着微电子技术和光电技术的发展,电磁波测距(包括测距仪和全站仪)在生产中得到了广泛的应用。它具有测程远、精度高、受地形限制小以及作业效率高等优点,其测距精度可达 1/10 000 ~ 1/1 000 000。

一、电磁波测距仪分类

以电磁波为载波,利用测定载波在所测距离上的往返时间计算距离的仪器称为电磁波测距仪。按载波不同,电磁波测距仪可分为微波测距仪、激光测距仪和红外测距仪;按测程不同可分为短程测距仪(<5 km)、中程测距仪(5 ~ 15 km)和远程测距仪(>15 km);按测距精度 m_D 不同可分为 Ⅰ 级(≤5 mm)、Ⅱ 级(5 ~ 10 mm)、Ⅲ 级(≥10 mm);按测定时间的方法不同,电磁波测距的仪器又可分为脉冲式和相位式两种。

二、电磁波测距基本原理

如图 4-5 所示,电磁波测距的基本原理是通过测定电磁波束在待测距离上往返一次的时间 t_{2D},利用下式计算待测距离 D:

$$D = \frac{1}{2}Ct_{2D} \tag{4-9}$$

式中　C——电磁波在大气中的传播速度,其值为 299 792 458 m/s。

从式(4-9)知,距离测量精度主要取决于测定时间 t_{2D} 的精度,如要求测距精度达到 ±1 cm,则时间测定要准确到 $\pm 6.67 \times 10^{-11}$ s,这是很难做到的。

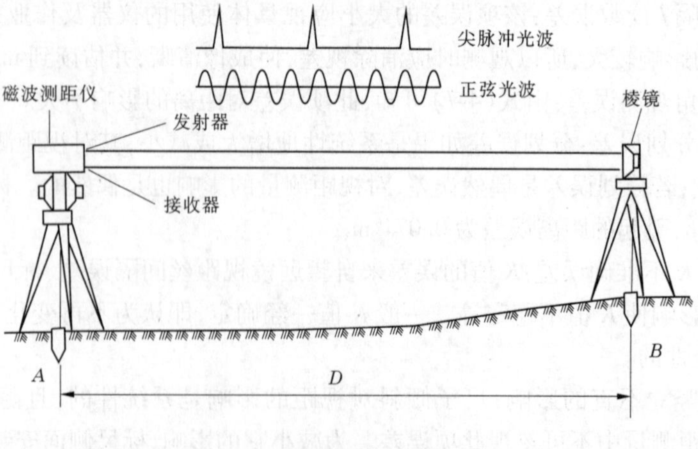

图 4-5　电磁波测距基本原理

脉冲式测距仪是通过直接测定电磁波在两点间往返传播时间计算距离，其测程可达几千米至几十千米，但精度相对较低，一般只能达到米级，因此短程测距不采用此法。

相位式测距仪是测定连续的调制波在被测距离间往返传播所产生的相位差，然后根据公式推算出两点间的距离。相位式测距仪精度可以达到毫米级，其应用范围更为广泛。

三、电磁波测距仪的使用

（一）安置

将测距仪和反射镜（见图 4-6）分别安置在测线两端，测距仪对中、整平后，接通电源，照准反射镜中心（见图 4-7），当经反射镜反射回的光强信号合乎要求后即可开始测距。

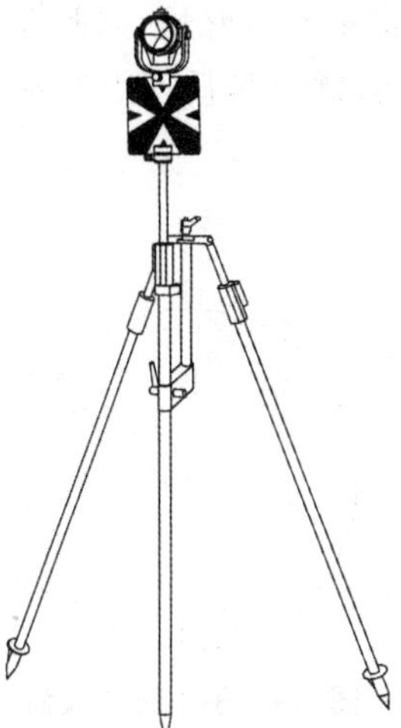

图 4-6　反射棱镜与对中杆

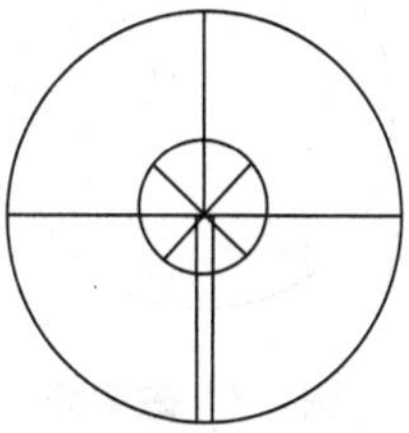

图 4-7　瞄准反射镜中心

（二）读数

将测距值记入手薄。测距时应测定大气温度值和气压值，观测完毕后，要根据气温和气压值进行气象改正，并根据测量的竖直角进行倾斜改正，最后求得测线的水平距离。现代的测距仪通过设置比例因子，在一定范围内可自动进行一些改正计算，得到改正后的水平距离。

第四节　直线定向

确定一条直线的方向称为直线定向。要确定直线的方向，首先要选定一个标准方向作为直线定向的依据，然后用该直线与标准方向线之间的水平角确定其方向。

一、标准方向

在测量中常以真子午线、磁子午线、坐标纵轴作为直线定向的标准方向。

（一）真子午线

通过地面上某点指向地球南北极的方向线，称为该点的真子午线。用天文观测的方法或陀螺经纬仪来测定。

（二）磁子午线

磁针在地球磁场的作用下自由静止时所指的方向，即为磁子午线方向。

由于地磁南北极与地球南北极并不重合，因此地面上某点的磁子午线与真子午线也不一致，它们之间的夹角称为磁偏角 δ（见图 4-8）。磁针北端所指的方向线偏于真子午线东的称为东偏，规定为正；偏于西的称为西偏，规定为负。磁偏角的大小随地点的不同而异，即使在同一地点，由于地磁经常变化，磁偏角的大小也有所变化。我国磁偏角的变化在 +6°（西北地区）和 -10°（东北地区）之间。北京地区的磁偏角约为 -6°。

（三）坐标纵轴

经过地球表面上各点的子午线收敛于地球两极。地面上两点子午线方向间的夹角称为子午线收敛角，用 γ 表示（见图 4-9）。它给计算工作带来不少麻烦，因此在测量上常采用高斯－克吕格平面直角坐标的坐标纵轴作为标准方向，优点是任何点的标准方向都平行于坐标纵轴。

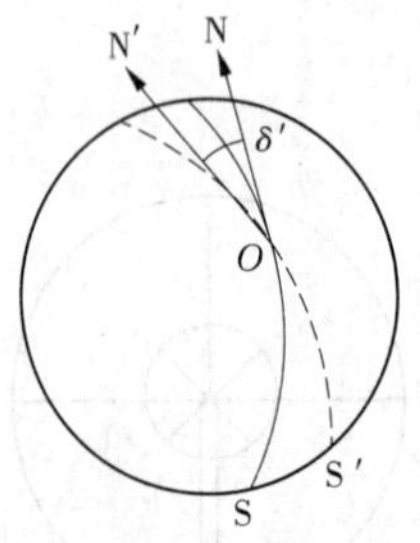

图 4-8　磁偏角

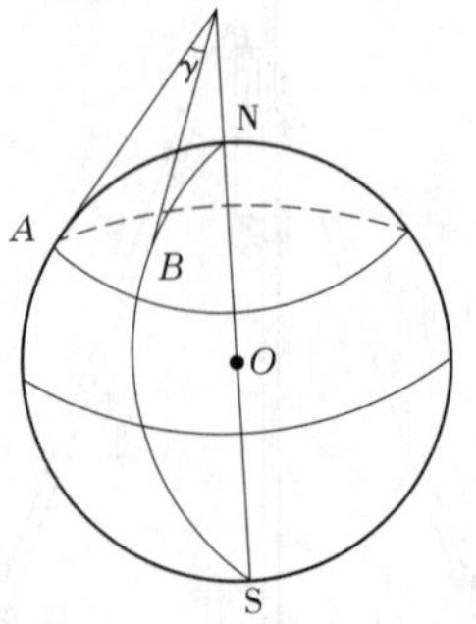

图 4-9　子午线收敛角

二、直线方向的表示方法

测量中常用方位角或坐标方位角来表示直线的方向。

（一）方位角

从直线一端的子午线北端开始顺时针至直线的水平角称为该直线的方位角，方位角的角值范围为 0°～360°。以真子午线为标准方向的方位角称为真方位角。如图 4-10 所示，A_{0-1}、A_{0-2}、A_{0-3}、A_{0-4} 分别为直线 01、02、03、04 的真方位角；以磁子午线为标准方向的方位角称为磁方位角，通常用 A' 表示。

同一条直线不同端点的方位角是不同的，如图 4-11 所示，在 A 点测的方位角为 A_{ab}，在 B 点测的方位角为 A_{ba}，则有

$$A_{ba} = A_{ab} + 180° \pm \gamma \tag{4-10}$$

测量中常以直线前进方向为正方向，反之则为反方向。设 A 点为直线的起始端，B 点为直线的终端，则 A_{ab} 为正方位角，A_{ba} 为反方位角。

（二）坐标方位角

由于地面上各点的真（磁）子午线方向都是指向地球真（磁）南北极，各点的真（磁）子午线都不平行，这给计算工作带来不便。而在一个直角坐标系中，纵坐标轴方向线均是相互平行的。在高斯投影带中，中央子午线为纵坐标轴，在其各处的纵坐标轴方向都与中

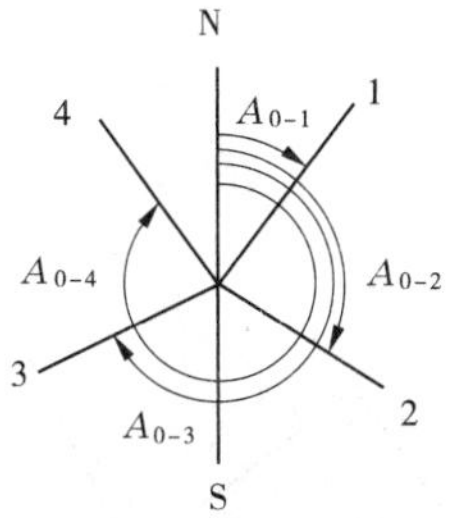

图 4-10　方位角

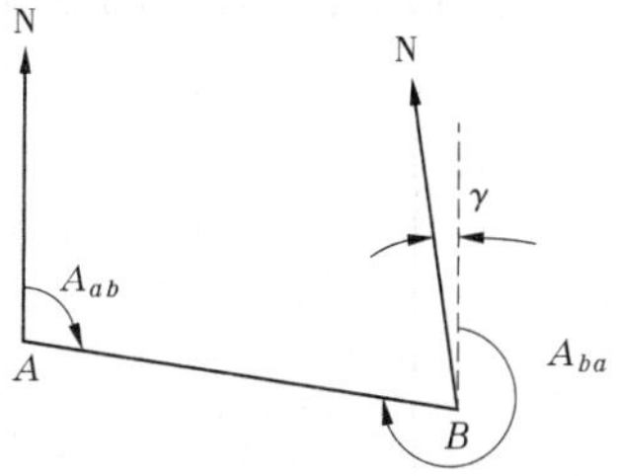

图 4-11　正、反方位角

央子午线平行。因此,普通测量工作中常以纵坐标轴方向作为标准方向,用坐标方位角表示直线的方向,在计算上就方便了。设直线 AB 的 α_{AB} 为正坐标方位角,则直线 BA 的 α_{BA} 为反坐标方位角,显然,正、反坐标方位角相差 180°,即

$$\alpha_{AB} = \alpha_{BA} \pm 180° \tag{4-11}$$

式中,当 α_{BA} 大于 180°时,取负号;当 α_{BA} 小于 180°时,取正号。

三、三种方位角之间的关系

(一)真方位角与磁方位角的关系

由于地球磁南北极与地球南北极并不重合,过地面上某点的磁子午线与真子午线也不重合,其夹角 δ 称为磁偏角,如图 4-12 所示。磁针北端偏于真子午线以东称东偏,偏于以西称西偏。直线的真方位角与磁方位角之间可用下式换算:

$$A_{AB} = A'_{AB} + \delta \tag{4-12}$$

式中,δ 东偏时取"+",西偏时取"-"。

(二)真方位角与坐标方位角的关系

由高斯分带投影可知,除中央子午线上的点外,投影带内其他各点的坐标轴方向与真子午线方向也不重合,其夹角 γ 称为子午线收敛角。真方位角与坐标方位角之间的关系可用式(4-13)换算:

$$A_{AB} = \alpha_{AB} + \gamma \tag{4-13}$$

式中,γ 东偏时取"+",西偏取"-"。

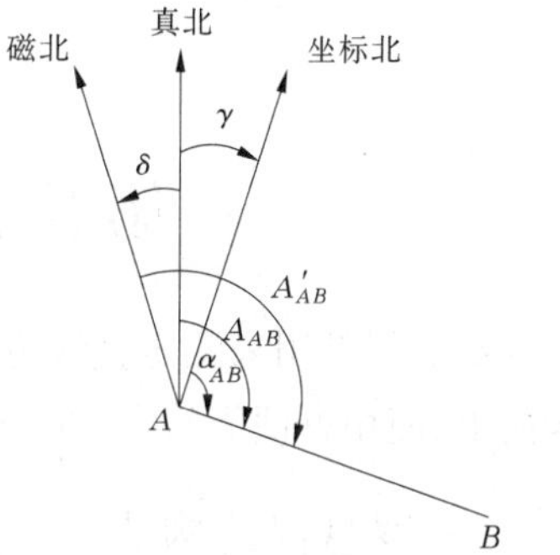

图 4-12　三种方位角与偏角间的关系

(三)坐标方位角与磁方位角的关系

若已知某点的磁偏角 δ 与子午线收敛角 γ,则坐标方位角与磁方位角之间的换算关系为

$$\alpha_{AB} = A'_{AB} + \delta - \gamma \tag{4-14}$$

式中,δ、γ 东偏时取"+",西偏取"-"。

三种方位角与偏角之间的关系,如图 4-12 所示。

(四)坐标方位角的传递计算

测量工作中,为保证测量成果的坐标统一和测量精度,常将线段首尾连接成折线(即导线),并与已知边 AB 相连。如图 4-13 所示,若 AB 边的坐标方位角 α_{AB} 已知,又测定 AB 边和 $B1$ 边的水平角 β_B 及各点的转折角 $\beta_1,\beta_2,\cdots,\beta_n$,则可利用正反坐标方位角的关系和

测定的角值推算出导线各边的方位角如下：

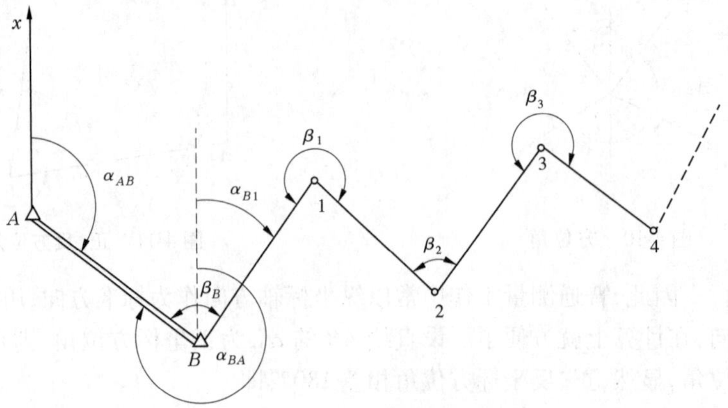

图 4-13　方位角推算

$$\alpha_{BA} = \alpha_{AB} + 180°$$

$$\alpha_{B1} = \alpha_{BA} + \beta_B - 360° = \alpha_{AB} + \beta_B - 180°$$

$$\alpha_{12} = \alpha_{B1} + \beta_1 - 180° = \alpha_{AB} + \beta_B + \beta_1 - 2 \times 180°$$

$$\vdots$$

$$\alpha_{ij} = \alpha_{AB} + \sum \beta_i - n \cdot 180° \tag{4-15}$$

式中　β_i——推算路线前进方向的左角。

若测定的是右角，则可按下式计算：

$$\alpha_{ij} = \alpha_{AB} - \sum \beta_i + n \cdot 180° \tag{4-16}$$

第五节　罗盘仪测定磁方位角

罗盘仪是用来测定直线方向的仪器，它测得的是磁方位角，其精度虽不高，但具有结构简单、使用方便等特点，在普通测量中使用较为广泛。

一、罗盘仪的构造

罗盘仪主要由磁针、刻度盘和望远镜三部分组成（见图 4-14）。磁针位于刻度盘中心的顶针上，静止时，一端指向地球的南磁极，另一端指向北磁极。一般在磁针的北端涂以黑漆，在南端绕有铜丝，可以用此标志来区别北端或南端。磁针下有一小杠杆，不用时应拧紧杠杆一端的小螺丝，使磁针离开顶针，避免顶针不必要的磨损。刻度盘的刻划通常以 1°或 30′为单位，按逆时针方向从 0°注记到 360°，每 10°有一注记。望远镜装在刻度盘上，物镜端与目镜端分别在刻划线 0°与 180°的上面（见图 4-15）。罗盘仪在定向时，刻度盘与望远镜一起转动指向目标，当磁针静止后，度盘上由 0°逆时针方向至磁针北端所指的读数，即为所测直线的方位角。

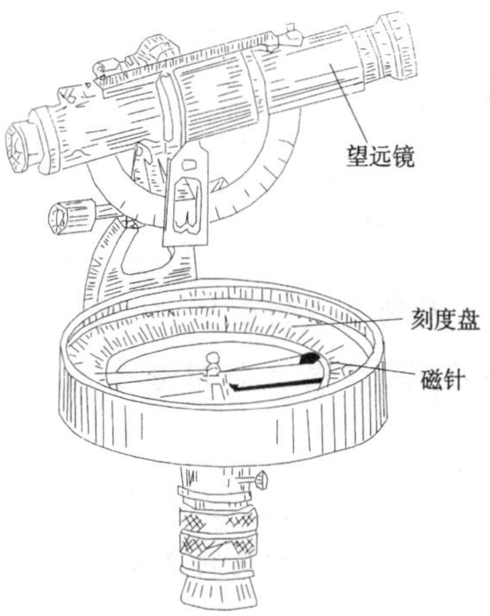

图 4-14　罗盘仪

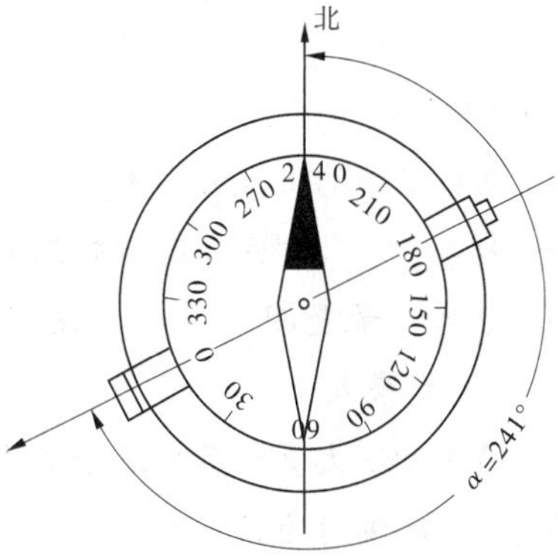

图 4-15　罗盘仪刻度及读数

二、用罗盘仪测定直线方向

如图 4-16 所示，为了测定直线 *AB* 的方向，将罗盘仪安置在 *A* 点，用垂球对中，使度盘中心与 *A* 点处于同一垂线上，再用仪器上的水准管使度盘水平，然后放松磁针，用望远镜瞄准 *B* 点，待磁针静止后，磁针所指的方向即为磁子午线方向，读出磁针北端在刻度盘上的读数，即得直线 *AB* 的磁方位角。

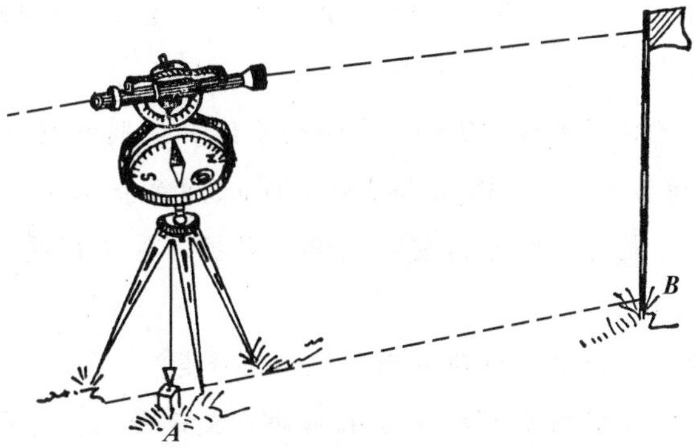

图 4-16　罗盘仪测定直线方向

使用罗盘仪进行测量时，附近不能有任何铁器，并要避免高压线，否则磁针会发生偏转，影响测量结果。读数前必须等待磁针静止，读数完毕应将磁针固定以免磁针的顶针被磨损。若磁针摆动相当长时间还静止不下来，这表明仪器使用太久，磁针的磁性不足，应进行充磁。

习　题

一、填空题

1. 直线定向的标准方向有________、________、________。

2. 由________方向顺时针转到测线的________称为直线的坐标方位角。

3. 距离丈量是用________误差来衡量其精度的，该误差是用分子为________的________形式来表示。

4. 用平量法丈量距离的三个基本要求是________、________、________。

5. 某点磁偏角为该点的________方向与该点的________方向的夹角。

二、单项选择题

1. 某段距离的平均值为 100 m，其往返较差为 +20 mm，则相对误差为(　　)。

A. 0.02/100　　B. 0.000 2　　C. 1/5 000

2. 已知直线 AB 的坐标方位角为 186°，则直线 BA 的坐标方位角为(　　)。

A. 96°　　B. 276°　　C. 6°

3. 距离丈量的结果是求得两点间的(　　)。

A. 斜线距离　　B. 水平距离　　C. 折线距离

4. 往返丈量直线 AB 的长度为 $D_{AB}=126.72$ m，$D_{BA}=126.76$ m，其相对误差为(　　)。

A. $K=1/3\ 100$　　B. $K=1/3\ 200$　　C. $K=0.000\ 315$

三、问答题

1. 设用同一根钢尺往返丈量 AB 和 CD 两条直线。分别量得 AB 距离为 154.235 m 和 154.240 m，CD 的距离为 200.185 m 和 200.170 m，问哪条线段丈量的精度高？

2. 视距测量的原理是什么？它需要观测哪些数据才能求得两点间的水平距离和高差？

3. 光电测距的原理是什么？电磁波测距仪如何分类？

4. 何谓直线定向？方位角有哪些？象限角的定义是什么？象限角如何同坐标方位角换算？

5. 何为正、反方位角？

四、计算题

1. 用钢尺丈量一条直线，往测丈量的长度为 217.30 m，返测为 217.38 m，今规定其相对误差不应大于 1/2 000，试问：

(1)此测量结果是否满足精度要求？

(2)按此规定，若丈量 100 m，往返丈量最大可允许相差多少毫米？

2. 对某段距离进行往返丈量，结果已记录在下表中，试完成该表的计算工作。

测线		整尺段	零尺段		总计	差数	精度	平均值
AB	往	5×50	18.964					
	返	4×50	46.456	22.300				

3. 已知 A 点的磁偏角为西偏 $21'$，过 A 点的真子午线与中央子午线之间的收敛角为 $+3'$，直线 AB 的坐标方位角为 $64°21'$，求 AB 的真方位角与磁方位角，并绘图说明之。

4. 已知 $\alpha_{12}=65°$，其他角值标注于图 4-17 上，试求 2—3 边的正坐标方位角及 3—4 边的反坐标方位角。

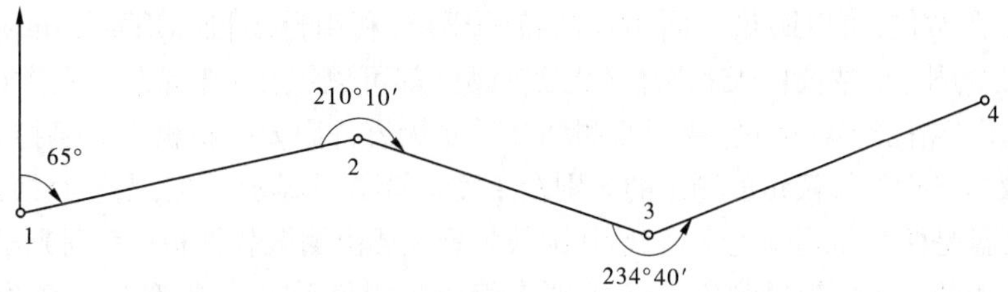

图 4-17　习题 4 图

第五章　全站仪及其使用

全站仪(即全站型电子速测仪 Electronic Total Station)是一种集光、机、电为一体的高技术测量仪器,是集水平角、竖直角、距离(斜距、平距)、高差测量功能于一体的测量仪器。全站仪经历了从组合式到整体式的发展阶段。20 世纪 80 年代以来,由于电子测角系统和电子测距系统的发展不平衡,早期的全站仪主要是积木式的,即光电测距仪与光学经纬仪组合,或光电测距仪与电子经纬仪组合;现在的全站仪基本上都是将光电测距仪的光波发射接收系统的光轴和经纬仪的视准轴组合为同轴的整体式全站仪。

随着计算机技术的不断发展和其他工业技术的应用,出现了带内存、防水、防爆、电脑型等功能的全站仪,可以满足不同用户的特殊要求;利用自动目标识别(Automatic Target Recognition)功能,全站仪白天和黑夜(无需照明)都可以工作,既可人工操作也可自动操作,广泛应用于精密工程测量、变形监测和几乎是无容许限差的机械引导测控等领域。

全站仪与光学经纬仪角度测量的区别在于度盘读数及显示系统,光学经纬仪的水平度盘和竖直度盘是两个相同的光学度盘,其读数装置主要由测微装置和一系列光学棱镜组成;而全站仪采用的是光电扫描测角系统,主要有编码盘测角系统、光栅盘测角系统及动态(光栅盘)测角系统三种。根据测角精度不同,全站仪可分为 0.5″、1″、2″、3″、5″、10″等几个等级。

第一节　全站仪的结构及功能

一、全站仪的结构

全站仪由电源部分、测角系统、测距系统、数据处理、通信接口及显示屏、键盘等部分组成,图 5-1和图 5-2 分别是徕卡 TPS400 全站仪和拓普康 GTS－330N 全站仪的构造图。

(一)同轴望远镜

全站仪的望远镜实现了视准轴、测距光波的发射和接收光轴同轴化。同轴化使得望远镜一次瞄准即可实现同时测定水平角、垂直角和斜距等全部基本测量要素的测定功能。

(二)双轴自动补偿

实际作业中,全站仪纵轴倾斜会引起角度观测的误差,取盘左、盘右观测值的平均值不能使之抵消,为此,全站仪安装双轴(或单轴)倾斜自动补偿系统,可对纵轴的倾斜进行监测,并在度盘读数中对因纵轴倾斜造成的测角

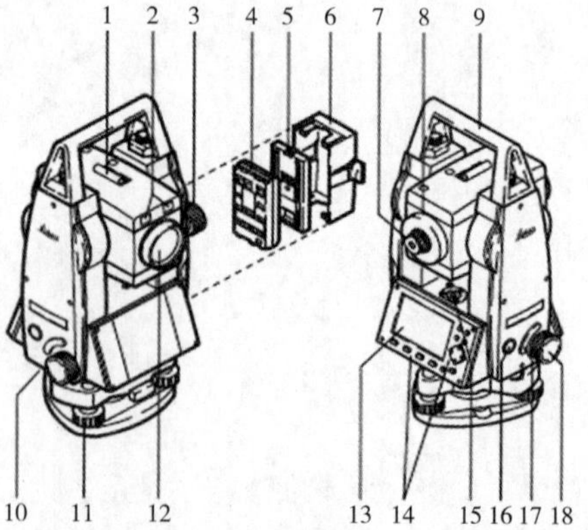

1—粗瞄准器;2—内置导向光装置;3—垂直微动螺旋;
4—电池;5—GEB111 电池盒垫块;6—电池盒;
7—目镜;8—调焦环;9—螺丝固定的可拆卸仪器提把;
10—RS232 串行接口;11—脚螺旋;12—望远镜物镜;
13—显示屏;14—键盘;15. 圆水准器;16—电源开关;
17—热键;18—水平微动螺旋

图 5-1　徕卡 TPS400 全站仪构造图

误差自动加以改正(某些全站仪纵轴最大倾斜可允许至 ±6′)。有些仪器则是通过将竖轴倾斜引起的角度误差,由微处理器自动按竖轴倾斜改正计算式计算,并对度盘读数加以改正,使度盘显示读数为正确值,即所谓纵轴倾斜自动补偿。

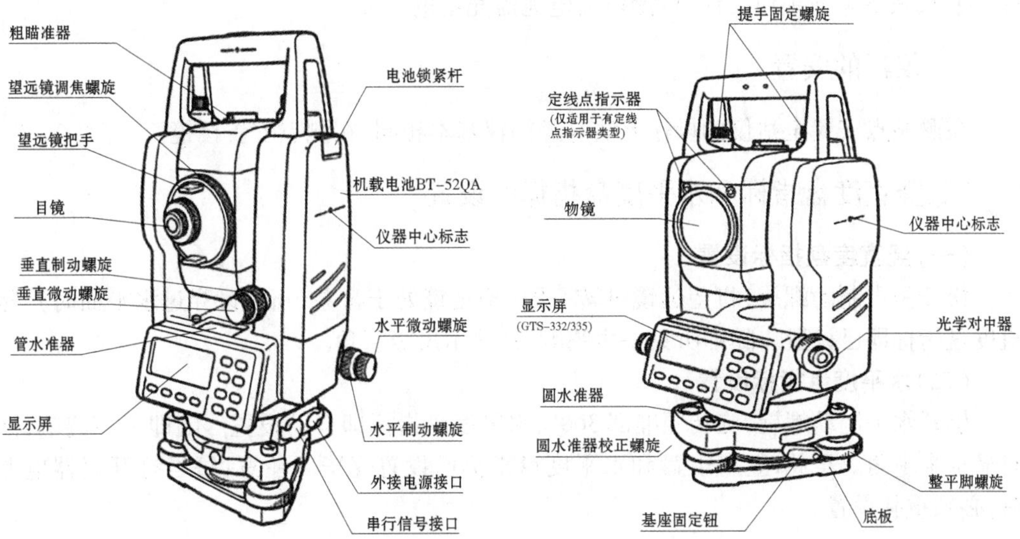

图 5-2 拓普康 GTS-330N 全站仪构造图

(三)键盘

键盘是全站仪在测量时输入操作指令或数据的硬件,为便于正、倒镜操作,全站仪的键盘和显示屏一般均为双面式的。

(四)存储器

全站仪存储器的作用是将实时采集的测量数据存储起来,再根据需要传送到其他设备如计算机等中,供进一步的处理或利用,全站仪的存储器有内存储器和存储卡两种。

全站仪内存储器相当于计算机的内存(RAM),存储卡是一种外存储媒体,又称 PC 卡,作用相当于计算机的磁盘。

(五)通信接口

全站仪可以通过 BS-232C 通信接口和通信电缆将内存中存储的数据输入计算机,或将计算机中的数据和信息经通信电缆传输给全站仪,实现双向信息传输。

二、全站仪的功能

全站仪具有角度测量、距离(斜距、平距、高差)测量、三维坐标测量、悬高测量、对边测量和放样测量等多种用途。内置专用软件后,功能还可进一步拓展。

第二节 全站仪的操作与使用

不同型号的全站仪,其具体操作方法有所不同。下面以拓普康 GTS-330N 系列全站仪为例,简要介绍全站仪的基本操作与使用方法。

一、电池的安装

先按解锁钮,取下电池盒将电池插入盒中,再将电池盒装到全站仪上直至听到“咔嚓”响声,按下电池锁钮。注意:测量前电池需充足电。

二、仪器的安置

在测站点安置全站仪的操作方法与经纬仪基本相同,在测点安置棱镜。

三、竖直度盘指标和水平度盘指标的设置

(一)竖直度盘指标设置

松开竖直制动螺旋,将望远镜纵转一周(望远镜处于盘左,当物镜穿过水平面时),竖直度盘指标即已设置。随即听见一声鸣响,并显示出竖直角。

(二)水平度盘指标设置

松开水平制动螺旋,旋转照准部360°,水平度盘指标即自动设置。随即一声鸣响,同时显示水平角。至此,竖直度盘和水平度盘指标已设置完毕。注意:每当打开仪器电源时,必须重新设置。

四、调焦与照准目标

操作步骤与一般经纬仪相同,注意消除视差。

五、水平角和竖直角测量

(1)按角度测量键,使全站仪处于角度测量模式,照准第一个目标 A。

(2)设置 A 方向的水平度盘读数为 $0°00'00''$。

(3)照准第二个目标 B,此时显示目标 B 的 V/HR,HR 为水平度盘读数,即为两方向间的水平夹角,V 为竖盘读数。

水平角测量的具体操作过程见表5-1。

另外,全站仪在角度测量模式下,还可以通过锁定角度值或键盘输入进行水平角设置,水平角(右角/左角)的切换,水平角90°间隔蜂鸣声的设置,角度重复观测,天顶距、高度角(竖直角)与垂直角百分度切换。

六、距离测量

(1)设置棱镜常数。测距前须将棱镜常数输入仪器中,仪器会自动对所测距离进行改正。

(2)设置大气改正值或气温、气压值。光在大气中的传播速度会随大气的温度和气压而变化,15 ℃和760 mmHg是仪器设置的一个标准值,此时的大气改正为0。实测时,可输入温度和气压值,全站仪会自动计算大气改正值(也可直接输入大气改正值),并对测距结果进行改正。

(3)量仪器高、棱镜高并输入全站仪。

(4)距离测量。照准目标棱镜中心,按测距键,距离测量开始,测距完成时显示斜距、

平距和高差。

全站仪的测距模式有精测模式、跟踪模式和粗测模式三种。精测模式是最常用的测距模式，测量时间约 2.5 s，最小显示单位 1 mm；跟踪模式，常用于跟踪移动目标或放样时连续测距，最小显示一般为 1 cm，每次测距时间约 0.3 s；粗测模式，测量时间约 0.7 s，最小显示单位 1 cm 或 1 mm。在距离测量或坐标测量时，可按测距模式(MODE)键选择不同的测距模式。距离测量的具体操作过程见表 5-2。

表 5-1　拓普康 GTS－330N 系列全站仪水平角测量的操作过程

操作过程	操作	显示
①照准第一个目标*A*	照准*A*	V：　87°　10′　20″ HR：120°　30′　40″ 置零　锁定　置盘　P1↓
②设置目标*A*的水平角为0°　00′　00″，按[F1]（置零）键和[F3]（是）键	[F1]	
	[F3]	水平角置零 >OK? —　—　[是]　[否]
		V：　87°10′　20″ HR：0°　00′　00″ 置零　锁定　置盘　P1↓
③照准第二个目标*B*，显示*B*的V/HR	照准目标*B*	V：　85°　36′　20″ HR：106°　40′　30″ 置零　锁定　置盘　P1↓

表 5-2　拓普康 GTS－330N 系列全站仪距离测量的操作过程

操作过程	操作	显示
①照准棱镜中心	照准 *A*	V　87°　10′　20″ HR　120°　30′　40″ 置零　锁定　置盘　P1↓
②按　键◢距离测量开始	[◢]	V　87°　10′　20″ HR　120°　30′　40″ SD*　[cr]　　–<　m 测量　模式　S/A　P1↓
显示测量的斜距		V　87°　10′　20″ HR　120°　30′　40″ SD　　131.687 m 测量　模式　S/A　P1↓
③再次按[　]键◢　显示变为水平角（HR）、水平距离（HD）和垂距（VD）	[◢]	HR　120°　30′　40″ HD　　131.527 m VD　　6.497 m 测量　模式　S/A　P1↓

应注意，有些型号的全站仪在距离测量时不能设定仪器高和棱镜高，显示的高差值是全站仪横轴中心与棱镜中心的高差。

七、坐标测量

坐标测量可在坐标测量模式下进行，也可在数据采集中进行，但都必须进行测站点坐标、仪器高、棱镜高及起始边方位角的设置。

(1)设定测站点 O 的三维坐标。

(2)照准后视点目标 A，设定 A 点的坐标或设定后视方向 OA 的水平度盘读数为其方位角的值。当设定后视点 A 的坐标时，选择一种测量方法进行测量，这样全站仪会自动计算后视方向的方位角，并设定后视方向的水平度盘读数为其方位角值。

(3)设置棱镜常数。

(4)设置大气改正值或气温、气压值。

(5)量仪器高、棱镜高并输入全站仪。

(6)照准待测点目标 B 的棱镜，按坐标测量键，全站仪开始测距并计算显示测点的三维坐标。

坐标测量的具体操作过程见表 5-3。

表 5-3 拓普康 GTS－330N 系列全站仪坐标测量的操作过程

操作过程	操作	显示
①设置已知点A 的方位角 ②照准目标B	照准A、置盘 输入方向角 照准棱镜B	V 86° 52′ 36″ HR 95° 30′ 50″ 置零 锁定 置盘 P1↓
③按[⊭]键，开始测量	按[⊭]	N*[cr] —< m E m Z m 测量 模式 S/A P1↓
显示测量结果		N 723.658 m E 534.267 m Z 28.912 m 测量 模式 S/A P1↓

八、全站仪的数据通信

全站仪的的数据通信是指全站仪与电子计算机之间进行的双向数据交换。全站仪与计算机之间的数据通信方式主要有两种：一种是利用全站仪配置的 PC 卡进行数字通信，特点是通用性强，各种电子产品间均可互换使用；另一种是利用全站仪的通信接口，通过电缆进行数据传输。

(一)通信协议设置

全站仪一般采用 RS－232C 串行信号接口，将全站仪内存储的测量数据下载至计算机，也可以将计算机内预置的角度和坐标数据上传到全站仪，但进行数据上传或下载前，需要先设置通信协议参数，以保证数据传输完成。

通信协议参数项目主要包括：协议[ACK/NAK，无]——设置联络方式[认可/否定]

有联络或[单项]无联络传输方式;波特率[1 200,2 400,4 800,9 600,19 200,38 400 bps]——设置传送速度(一般设置为4 800或9 600 bps);字符/校验[7/偶校验、7/奇校验、8/无校验]——设置数据位与奇偶校验位;停止位[1,2]——设置停止位1位或者2位;端口[com1,com2]——设置计算机通信协议。

操作要点:

(1)全站仪与计算机的通信参数设置要一致。

(2)全站仪与计算机接线前,必须处于关机状态,线缆接好后方可开机操作,这样可避免静电击坏仪器及电脑。

(3)尽量采用仪器厂家的通信协议。

(4)先开电脑后开仪器。

(二)数据上传

由于全站仪的键盘小,输入放样点和控制点坐标的操作较为麻烦,一般是先由电脑软件计算控制网导线坐标及放样坐标批量数据后,再上传给全站仪。

操作步骤:

菜单 → 内存管理 → 数据传输 → 数据加载 → 输入文件名 → 加载开始

操作要点:

(1)应先设置好通信协议参数,再进行上传。

(2)先操作全站仪进行上传操作后,再进行电脑数据上传。

(3)数据上传给全站仪时,电脑所用通信协议必须用原厂家的通信协议,并选择好全站仪类型,以免因格式不一致而损坏仪器内存。

(三)数据下载

将全站仪采集的测量数据下载至电脑后,再通过软件处理成图形或表格文件。

操作步骤:

菜单 → 内存管理 → 数据传输 → 数据发送 → 输入文件名 → 开始发送

操作要点:

(1)仪器设置参数与电脑一致。

(2)电脑先操作到接收状态,仪器再发送。

第三节　全站仪的检验与校正

全站仪兼备测距仪和经纬仪两种仪器的功能于一体。因此,全站仪检验方法亦要兼顾测距仪和经纬仪的必要检验。主要包括:周期误差、加常数、乘常数、内部符合精度、精测频率、标称精度的固定误差 a 与比例误差 b、照准误差 c、横轴误差 I、竖盘指标差 X、水准器轴与竖轴垂直度等。这里重点介绍除经纬仪检验与校正以外的项目。

一、仪器常数的检验与校正

仪器常数一般不含偏差,但如果存在误差,将直接影响全站仪测量的结果,因此应对仪器常数进行检验与校正。

检验：①如图5-3所示，在一条长约100 m的近似水平直线AB上，选择一点C，观测直线AB、AC和BC的长度；②重复以上观测多次取平均值可测得仪器常数$=AC+BC-AB$；③如果在仪器的标准常数和计算所得的常数之间存在差异，且大于5 mm，则需要校正。

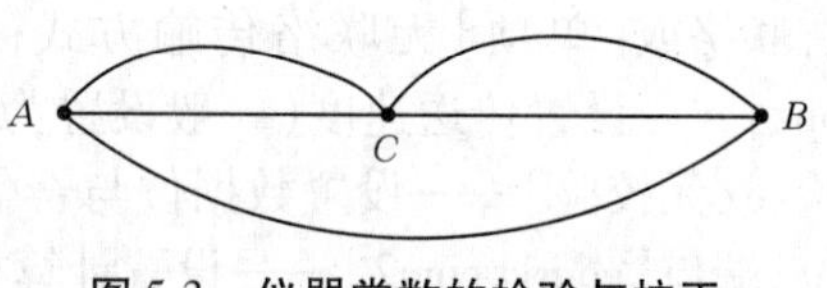

图5-3 仪器常数的检验与校正

校正：①重新设置仪器常数，见表5-4；②在某一标准基线上再次比较仪器基线的长度，直到相差不超过5 mm。如果仍然超过5 mm，必须由专业技术人员进行校正。

表5-4 拓普康GTS－330N系列全站仪仪器常数设置的操作过程

操作过程	操作	显示
①按住[F1]键开机	[F1] + 开机	校正模式　　1/2 F1：竖角零基准 F2：仪器常数 F3：指标差/轴系差 P↓
②按[F2]键	[F2]	仪器常数设置 仪器常数 0.6 mm 输入：——　——　回车 ——　—— [CLR] [ENT]
③输入常数值*1)*2)	[F1] 输入常数 [F4]	
④关机		仪器常数设置 仪器常数 0.7 mm 输入：----　----　回车

二、仪器光轴的检验

仪器光轴的检验主要是检验电子测距仪的光轴与经纬仪的光轴是否一致，但这项检验必须在十字丝校正后进行。

(1)将仪器与棱镜面对面安置在相距2 m的地方(仪器处于开机状态)，如图5-4所示。

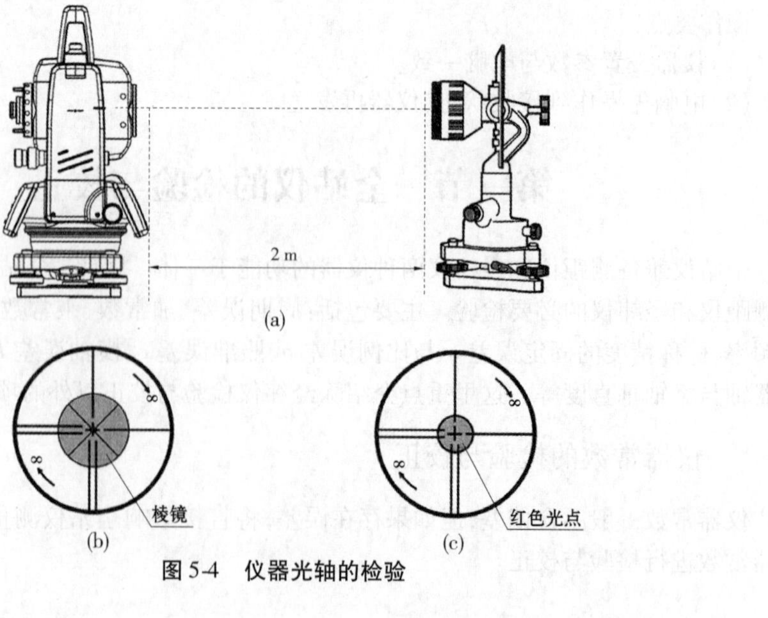

图5-4 仪器光轴的检验

(2)瞄准并调焦,将十字丝对准棱镜中心。

(3)将观测模式设置为测距模式或音响模式。

(4)观察目镜、顺时针旋转调焦螺旋看清红色光点(闪烁),如果十字丝与光点在竖直和水平方向的偏差均不超过光点直径的1/5,不需校正,否则,需要校正。

如果经过反复检验均超限,仪器必须由专业技术人员进行校正。

三、参考频率检验模式

电子测距(EDM)参考频率调制光是连续发射的,此模式主要用于频率检验。操作过程见表5-5。

表5-5　参考频率检验模式

操作过程	操作	显示
①按[F1]键，开机	[F1] + 开机	校正模式　1/2 F1:竖角零基准 F2:仪器常数 F3:指标差/轴系差　P↓
②按[F4]（P↓）键，进入第2页功能	[F4]	校正模式　2/2 F1:频率检测模式 P↓
③按[F1]（频率检测模式）键	[F1]	频率检测模式 退出
④按[F1]退出键 显示屏返回到正模式菜单2/2	[F1]	校正模式　2/2 F1:频率检测模式 P↓

四、仪器系统误差补偿的校正

全站仪一般具有该项校正功能,具体操作过程略。

第四节　全站仪测量误差分析

数据采集过程中,全站仪的定向、对中、检核和计算等任一环节都会产生误差。影响全站仪测量精度的主要因素包括仪器设备(仪器本身精密度、校正不完善等)、操作者(仪器安置误差、瞄准误差、估读误差、尺镜不直、误读、误记、计算错误、输入错误等)、客观环境(烟尘、地形、温度、湿度、风力、大气折光等) 三个方面。

一、全站仪点位中误差分析

点位精度包括测角中误差和测距中误差,测角中误差与望远镜照准误差、读数误差、仪器垂直轴误差、外界条件的影响(温度、气压的变化对视准轴的影响) 、测站偏心误差以及目标偏心误差等有关。测距误差的大小主要与仪器本身的误差、测站与镜站偏心的误差、棱镜误差及棱镜安置误差等有关。

（一）测角误差分析

检验合格的全站仪水平角观测的误差来源主要有以下几个方面。

1. 仪器本身的误差（系统误差）

这种误差一般可采用盘左盘右的观测方法来消除或降低其影响，但在全站仪测图中，角度的观测都是半测回，因此这里还是要考虑其对测角精度的影响。分析仪器本身误差的主要依据是其厂家对仪器的标称精度，即野外一测回方向中误差等于2倍的标称精度。

2. 仪器对中误差对水平角精度的影响

在经纬仪角度测量误差分析中已经详细论述过，这里不再赘述。

3. 目标偏心误差对水平角测角的影响

在经纬仪角度测量误差分析中已经详细论述过，这里不再赘述。

（二）测距的误差分析

目前全站仪大多采用相位式光电测距，其测距误差可分为两部分：一部分是与距离 D 成正比例的误差，即光速值误差、大气折射率误差和测距频率误差；另一部分是与距离无关的误差，即测相误差、加常数误差、对中误差等。测距精度可用表达式 $A + B \times D$ 表示，A 为固定误差，以 mm 为单位，B 为比例误差系数，以 10^{-6}（mm/km）为单位，D 为被测距离，以 km 为单位。目前测绘生产单位配备的测图用全站仪的测距标称精度大多为 3 mm + $2 \times 10^{-6} \times D$。

（三）点位中误差分析

根据前面对测角和测距精度的分析，可得点位中误差 M 为

$$M = \pm \sqrt{M_D^2 + (D \frac{M_\beta}{\rho})^2} \tag{5-1}$$

式中 M_β——角度中误差；

M_D——距离中误差；

D——距离。

二、全站仪高程中误差分析

全站仪高程测量采用单向三角高程观测，考虑大气折光与地球曲率影响后的高差计算公式为

$$h_{AB} = D\tan\alpha + i - v + f \tag{5-2}$$

$$f = (1 - k) \frac{D^2}{2R} \tag{5-3}$$

式中 D——水平距离；

α——竖直角；

i——仪器高；

v——觇标高；

k——大气折光系数。

式(5-2)、式(5-3)中各变量的取值均影响高差中误差，主要包括竖角测角精度、仪器

高与目标高的量取精度、大气垂直折光差系数误差等。中误差可根据误差传播定律计算(参见第六章第三节)。

三、控制和减少全站仪测量误差的方法

通过以上分析,可以针对上述影响测量误差的因素和误差分布情况采取有效措施控制和减少测量误差。具体步骤如下。

(一)做好测前准备工作

测量前对收集到的已知数据进行认真验证,做好质量策划工作,设计合适的测量方案。选择合适的仪器设备,一定要做好检验与校正的工作,尽量减少仪器设备本身和轴系误差带来的系统误差。测前必须检查全站仪内置的加乘常数、棱镜常数等。光学对点器的检验与校正不能忽略。量测仪器高、目标高的小钢尺等都要进行认真的校验。

(二)测量过程控制

在进行仪器的安置、瞄准、读数、记录、计算以及输入时要避免发生误读、误记、计算、输入错误。架设仪器要稳固和准确对中,仪器对中误差不应大于5 mm;照准目标要清晰,并尽量照准目标底部。持棱镜的人员应使棱镜或棱镜对中杆保持垂直,不能前倾后仰和左右倾斜,以免造成读数不准,出现误差。选择适宜的气象条件进行测量。

习　题

一、单项选择题

1. 全站仪由光电测距仪、电子经纬仪和(　　)组成。

A. 电子水准仪　　B. 坐标测量仪　　C. 读数感应仪　　D. 数据处理系统

2. 用全站仪进行距离或坐标测量前,需设置正确的大气改正数,设置的方法可以是直接输入测量时的气温和(　　)。

A. 气压　　B. 湿度　　C. 海拔　　D. 风力

3. 用全站仪进行距离或坐标测量前,不仅要设置正确的大气改正数,还要设置(　　)。

A. 乘常数　　B. 湿度　　C. 棱镜常数　　D. 温度

4. 根据全站仪坐标测量的原理,在测站点瞄准后视点后,方向值应设置为(　　)。

A. 测站点至后视点的方位角　　B. 后视点至测站点的方位角

C. $0°0'0''$　　D. $90°$

5. 全站仪测量点的高程的原理是(　　)。

A. 水准测量原理　　B. 导线测量原理

C. 三角测量原理　　D. 三角高程测量原理

6. 在用全站仪进行角度测量时,若棱镜不输入棱镜常数和大气改正数,(　　)所测角值。

A. 影响　　B. 不影响

C. 水平角影响,竖直角不影响　　D. 水平角不影响,竖直角影响

7. 在用全站仪进行点位放样时,若棱镜高和仪器高输入错误,(　　)放样点的平

面位置。

A. 影响　　B. 不影响

C. 盘左影响，盘右不影响　　D. 盘左不影响，盘右影响

8. 全站仪的主要技术指标有最大测程、测角精度、放大倍率和(　　)。

A. 最小测程　　B. 缩小倍率

C. 自动化和信息化程度　　D. 测距精度

9. 某全站仪的标称精度为 $\pm(3\ mm+2\times10^{-6}D)$，则用此全站仪测量2 km长距离的误差为(　　)。

A. ±7 mm　　B. ±5 mm　　C. ±3 mm　　D. ±2 mm

10. 全站仪与计算机进行数据通信前，必须将全站仪和计算机上的通信参数设置一致，主要有(　　)、校验位(Parity)、停止位(Stop Bit)和回答方式(Protocol)。

A. 波特率　　B. 波特位　　C. 校验率　　D. 数码位

二、问答题

1. 什么是全站仪？

2. 何谓同轴望远镜？

3. 全站仪的主要功能有哪些？

4. 全站仪的检验与校正主要包括哪些？

5. 全站仪测量误差的主要来源是什么？

第六章　观测误差理论

自然界任何事物或现象都具有不确定性，因此对变量进行观测所得的观测值与该量的真值之间不可避免地存在着差异。例如，观测一个平面三角形的三个内角，其和不等于180°；在相同条件下，对某一未知量进行多次重复观测，不管所用的测量仪器如何精确、测量方法如何合理，重复观测的结果也存在着差异，这表明观测值中存在着观测误差。由于观测误差的存在，我们必须分析误差产生的原因及其特性，从中找出规律，为消除或削弱误差提供理论基础。

第一节　观测误差

一、观测误差的来源

任何观测值都包含误差。测量工作都是由观测者使用测量仪器和某种设备，按照一定的操作程序和方法，在一定的外界条件下进行观测的。因此，观测误差产生的原因大体上有以下三个来源：

（1）仪器工具的原因。因为仪器本身的光学、机械、电子系统并不是完美无缺的，它的光路、轴系、电路等均可能存在一定的误差。

（2）观测者及观测能力有一定的局限性，所以在仪器的安置、照准、读数等方面都会产生误差。

（3）外界条件的影响。观测时温度、湿度、风力以及大气折光等的变化所产生的影响。

这三个方面综合起来称为观测条件。观测条件相同的观测称为等精度观测，观测条件不同的观测称为不等精度观测。

二、误差的分类

按照数学处理方法的不同，把误差分为三类：粗差或过失误差（gross error）、系统误差（system error）和随机误差（random error）。然而，粗差或过失误差实际上不是误差，因为它与其他两种误差相比，在量级上要大得多。产生粗差的最主要原因是测量员的粗心大意：有的可能在标尺和度盘上读错了数，如观测靠近整度数的角度时将71°59′58″读成72°00′02″；有的读数正确但记录有错，如将数字记颠倒等。发生粗差的另一个原因可能是误解引起的，如照准错误的目标等。现代统计学理论是从概率分布出发，将观测值看做样本，认为观测值的变化服从于概率论法则。因此，包含错误或粗差的观测值与观测值样本不属于同一分布，含有错误的观测值必须剔除。根据产生误差的原因和观测误差的性质，通常将误差分为系统误差和偶然误差（随机误差）两类。

(一) 系统误差

在相同的观测条件下进行一系列的观测，如果误差在大小、符号上表现出系统性，或按一定的规律性变化，这种误差称为系统误差。不管是使用简单的测量仪器或工具测量，还是使用复杂的光电测绘仪器测量，都有可能存在若干系统误差。产生系统误差的原因很多，主要是使用的仪器不够完善及外界条件影响所引起的。例如一根钢尺的名义长度为30.000 m，经检定后它的实际长度为30.010 m，则每量一整尺段就少了0.010 m，它的大小和符号是一定的，量的尺段愈多，误差就愈大，具有累积性。因此，必须尽可能全部或部分地消除系统误差的影响。

消除或消减系统误差的方法有：

(1) 应用计算改正数的方法，对原始观测值进行处理。例如，在量距前将所用钢尺与标准长度比较，得出差数，进行尺长改正。

(2) 仔细检定和校正仪器，在与检定时相同的条件下进行测量。

(3) 采用适当的观测方法。例如进行水准测量时，仪器安置在离两水准尺等距离的地方，可以消除水准仪水准管轴不平行于视准轴的误差；又如用盘左、盘右两个位置测水平角，可以消除经纬仪视准轴不垂直于横轴的误差。

(二) 偶然误差

在相同的观测条件下做一系列的观测，如果误差在大小和符号上都表现出偶然性，即误差的大小不等，符号不同，这种误差称为偶然误差。偶然误差是由于人的感觉器官和仪器的性能受到一定的限制，以及观测时受到外界条件的影响等原因所造成的。例如，用望远镜瞄准目标时，由于观测者眼睛的分辨能力和望远镜的放大倍数有一定限度，观测时光线强弱的影响，致使照准目标不能绝对正确，可能偏左一些，也可能偏右一些。又如，水准测量估读毫米时，每次估读也不绝对相同，其影响可大可小，纯属偶然性，数学上称随机性，所以偶然误差也称随机误差。单个偶然误差的出现没有规律性，但在相同条件下重复观测某一量，出现的大量偶然误差却具有一定的规律性，概率论就是研究随机现象出现规律性的学科。与系统误差不同，偶然误差不可能通过测量的方法加以消除。偶然误差是本章研究的主要对象。

为了提高观测成果的质量，同时也为了发现和消除错误，在测量工作中，一般都要进行多于绝对需要的观测，称为多余观测。例如，测量一平面三角形的内角，只需要测得其中的任意两个，即可确定其形状，但实际上也测出第三个角，以便检校内角和，从而判断观测结果的准确性。

三、偶然误差的特性

偶然误差产生的原因纯系随机性，只有通过大量的观测才能揭示其内在的规律。例如在相同的观测条件下，对200个三角形的三个内角进行独立观测，设三角形内角和的真值为X，观测值为l，真误差为Δ，则

$$\Delta = l - X \tag{6-1}$$

现取误差区间的间隔 $d\Delta = 1''$,将这一组误差按其正负号与误差值的大小排列。出现在某区间内误差的个数称为频数,用 k 表示,频数除以误差的总个数 n 得 k/n,称误差在该区间的频率。误差频率分布统计结果列于表 6-1。

表 6-1 误差频率分布表

误差区间	$-\Delta$			$+\Delta$		
$d\Delta$	k	k/n	$k/n \cdot d\Delta$	k	k/n	$k/n \cdot d\Delta$
$0''\sim1''$	33	0.165	0.165	34	0.17	0.17
$1''\sim2''$	23	0.125	0.155	24	0.12	0.135
$2''\sim3''$	17	0.085	0.085	17	0.085	0.085
$3''\sim4''$	13	0.065	0.065	13	0.065	0.065
$4''\sim5''$	6	0.03	0.03	7	0.035	0.035
$5''\sim6''$	4	0.02	0.02	5	0.025	0.025
$6''\sim7''$	2	0.01	0.01	2	0.01	0.01
$7''$以上	0	0	0	0	0	0
和	98	0.50	0.53	102	0.51	0.25

以各区间内误差出现的频率与区间间隔值的比值为纵坐标,以误差的大小为横坐标,可以绘出误差直方图,见图 6-1。如果继续观测更多的三角形,即增加误差的个数,当 $n\to\infty$ 时,各误差出现的频率也就趋近一个确定的值,这个数值就是误差出现在各区间的概率。此时如将误差区间无限缩小,那么图 6-1 中各长方条顶边所形成的折线将成为一条光滑的连续曲线,如图 6-2 所示,这条曲线称为误差分布曲线,呈正态分布。曲线上任一点的纵坐标 y 均为横坐标 Δ 的函数,其函数形式为

$$y = f(\Delta) = \frac{1}{\sqrt{2\pi}\sigma} e^{-\frac{\Delta^2}{2\sigma^2}} \tag{6-2}$$

式中 e(2.718 3)——自然对数的底;

σ——观测值的标准差,其平方 σ^2 称为方差。

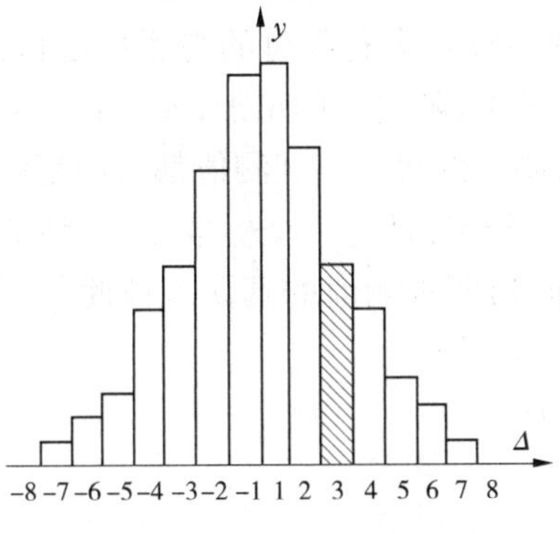

图 6-1 误差直方图

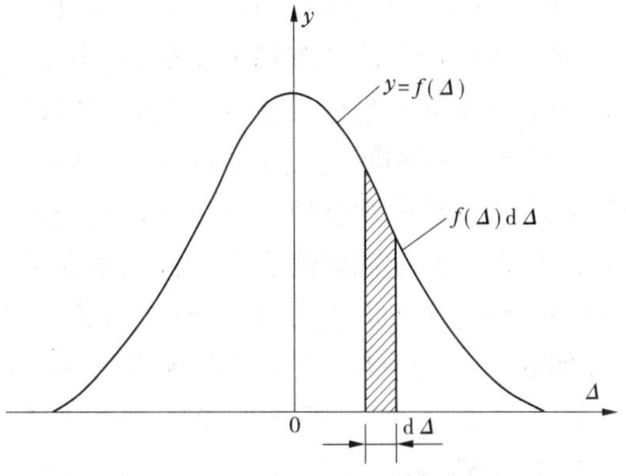

图 6-2 误差分布曲线

通过上面的实例,可以概括偶然误差的统计特性如下:

(1)有限性。在一定条件下的有限观测值中,其误差的绝对值不会超过一定的界限,

或者说,超过一定限值的误差,其出现的概率为零。

(2)单峰性。绝对值较小的误差比绝对值较大的误差出现的次数多,或者说,小误差出现的概率大,大误差出现的概率小。

(3)对称性。绝对值相等的正误差与负误差出现的次数大致相等,或者说,它们出现的概率相等。

(4)抵偿性。当观测次数无限增多时,其算术平均值趋近于零。

第二节　评定精度的指标

测量的任务不仅在于对一个未知量进行多次观测,求出最后结果,而且必须对测量结果的精确程度进行评定,因此应有明确合理的衡量精度的指标。所谓精度,就是指误差分布密集或离散的程度。上节我们曾用列表、画图、绘制误差分布曲线的方法表示一组观测值的误差密集或离散的程度,每组观测值都各自对应有确定的误差分布,它们之间可以进行精度比较,但在实际应用中,不太方便。因此,测量中常用中误差、相对误差及允许误差等作为精度评定的指标。

一、中误差

观测误差的标准差 σ,其定义为

$$\sigma^2 = \lim_{n\to\infty}\frac{[\Delta\Delta]}{n} \tag{6-3}$$

用式(6-3)求 σ 值要求观测数 n 趋近无穷大,实际上是很难办到的。在实际测量工作中,观测数总是有限的,为了评定精度,中误差 m 一般采用下式计算:

$$m = \pm\sqrt{\frac{[\Delta\Delta]}{n}} \tag{6-4}$$

式中　$[\Delta\Delta]$——一组同精度观测误差 Δ_i 自乘的总和。

比较式(6-3)与式(6-4)可以看出,标准差 σ 与中误差 m 的不同在于观测个数的区别,标准差为理论上的观测精度指标,而中误差则是观测数 n 为有限时的观测精度指标。所以,中误差实际上是标准差的近似值,统计学上称为估值,随着 n 的增加,m 将趋近 σ。

必须指出,在相同的观测条件下进行的一组观测,测得的每一个观测值都为同精度观测值,也称为等精度观测值。由于它们对应着一个误差分布,具有一个标准差,其估值为中误差,因此同精度观测值具有相同的中误差。但是同精度观测值的真误差彼此并不相等,有的差异还比较大,这是由于真误差具有偶然误差的性质。

【例 6-1】　设有甲、乙两组观测值,其真误差分别为

甲组:$-8''$, $-5''$, $-3''$, $0''$, $+2''$, $+6''$, $-1''$。

乙组:$+6''$, $+4''$, $-2''$, $0''$, $-3''$, $-4''$, $+1''$。

则两组观测值的中误差分别为

$$m_{甲} = \pm\sqrt{\frac{64+25+9+0+4+36+1}{7}} = \pm 4.5''$$

$$m_{乙} = \pm\sqrt{\frac{36+16+4+0+9+16+1}{7}} = \pm 3.4''$$

由此可以看出，甲组观测值比乙组观测值的精度低，因为甲组观测值中有较大的误差，用平方能反映较大误差的影响，因此测量工作中采用中误差作为衡量精度的标准。

应该再次指出，中误差 m 是表示一组观测值的精度。例如，$m_{甲}$ 是表示甲组观测值中每一观测值的精度，而不能用每次观测所得的真误差（$-8''$、$-5''$、$-3''$、$0''$、$+2''$、$+6''$、$-1''$）与中误差（$\pm 4.5''$）相比较，来说明一组中哪一次的精度高或低。

二、相对误差

测量工作中，有时中误差还不能完全表达观测结果的精度。例如，分别丈量了 1 000 m 及 500 m 两段距离，其中误差均为 ±0.1 m，并不能充分反映丈量距离的精度，因为量距时其误差的大小与距离的长短有关，所以应采用另一种衡量精度的方法，这就是相对中误差或相对误差，它是中误差的绝对值与观测值的比值，通常用分子为 1 的分数形式表示。例如此例中前者的相对误差为 $\frac{0.1}{1\,000} = \frac{1}{10\,000}$，后者则为 $\frac{0.1}{500} = \frac{1}{5\,000}$，前者分母大比值小，丈量精度高。

三、允许误差

根据偶然误差的第一特性可以看出，在一定的观测条件下，偶然误差的绝对值不会超过一定限值。由误差理论及分布曲线可知，大于 2 倍中误差的偶然误差，其出现的机会为 4.55%，而大于 3 倍中误差的出现机会仅 0.28%，因此常以 2 倍（或 3 倍）中误差的数值作为误差的极限，这个极限值就称为允许误差（或容许误差）。允许误差可用下式表示

$$\Delta_{允} = 2m$$

或

$$\Delta_{允} = 3m$$

有关测量规范对各种测量工作，按不同的要求分别规定了允许误差的值，如果观测误差超过了规定的允许误差，该观测成果为超限值，应弃去重测。

第三节　观测值函数的中误差

有些未知量往往不能直接测得，而是由某些直接观测值通过一定的函数关系间接计算而得。例如，水准测量中，高差是由读得的前、后视读数求得的，即 $h = a - b$。又如两点间的坐标增量是由直接测得的边长 D 及方位角 α，通过函数关系（$\Delta x = D\cos\alpha$，$\Delta y = D\sin\alpha$）间接算得的。由于直接观测值含有误差，因而它的函数必然要受其影响而存在误差，阐述观测值中误差与函数中误差之间关系的定律，称为误差传播定律。

一、线性函数的中误差

线性函数的一般形式为

$$Z = k_1 x_1 \pm k_2 x_2 \pm \cdots \pm k_n x_n \tag{6-5}$$

式中，x_1、x_2、…、x_n 为 n 个独立观测值，其中误差分别为 m_1、m_2、…、m_n；k_1、k_2、…、k_n 为常数。

为推导方便,先从简单的 2 个独立观测值开始,则式(6-5)为

$$Z = k_1x_1 \pm k_2x_2 \tag{a}$$

设函数 Z 的真误差为 Δ_Z,则

$$Z + \Delta_Z = k_1(x_1 + \Delta x_1) \pm k_2(x_2 + \Delta x_2)$$

将上式减去式(a),得

$$\Delta_Z = k_1\Delta x_1 \pm k_2\Delta x_2 \tag{b}$$

若 x_1 和 x_2 均同精度观测了 n 次,则可写出 n 个式子

$$\Delta_{Z_i} = k_1\Delta x_{1_i} \pm k_2\Delta x_{2_i} \quad (i = 1,2,\cdots,n) \tag{c}$$

将式(c)两端平方并相加后,两边各除以 n,得

$$\frac{[\Delta_Z\Delta_Z]}{n} = \frac{k_1^2[\Delta x_1\Delta x_1]}{n} + \frac{k_2^2[\Delta x_2\Delta x_2]}{n} \pm \frac{2k_1k_2[\Delta x_1\Delta x_2]}{n} \tag{d}$$

因为 Δx_1 和 Δx_2 都是偶然误差,它们的乘积仍为偶然误差,根据偶然误差的第四特性,当 $n\to\infty$ 时,$\frac{[\Delta x_1\Delta x_2]}{n}\to 0$,根据中误差定义,由式(d)可得

$$m_Z^2 = k_1^2m_1^2 + k_2^2m_2^2 \tag{6-6}$$

推而广之,可得线性函数中误差计算公式为

$$m_Z^2 = k_1^2m_1^2 + k_2^2m_2^2 + \cdots + k_n^2m_n^2 \tag{6-7}$$

或

$$m_Z = \sqrt{k_1^2m_1^2 + k_2^2m_2^2 + \cdots + k_n^2m_n^2}$$

即常数与独立观测值乘积的代数和的中误差平方,等于各常数与相应的独立观测值中误差乘积的平方和。此即线性函数中误差的公式。

【例 6-2】 对某段距离测量 n 次,观测值为 $l_1,l_2,\cdots,l_n$,其中误差分别为 $m_{l_1},m_{l_2},\cdots,m_{l_n}$,求其算术平均值 x 的中误差 M。

解:观测值其算术平均值 x 为

$$x = \frac{l_1 + l_2 + \cdots + l_n}{n} = \frac{1}{n}l_1 + \frac{1}{n}l_2 + \cdots + \frac{1}{n}l_n$$

由式(6-7),得

$$M^2 = \frac{1}{n^2}m_{l_1}^2 + \frac{1}{n^2}m_{l_2}^2 + \cdots + \frac{1}{n^2}m_{l_n}^2$$

设各观测值都是等精度观测,故

$$m_{l_1} = m_{l_2} = \cdots = m_{l_n} = m$$

则算术平均值的中误差为

$$M^2 = \frac{n}{n^2}\times m^2 = \frac{1}{n}m^2$$

或

$$M = \pm\frac{m}{\sqrt{n}} \tag{6-8}$$

式(6-8)说明在等精度观测值中,独立观测值中误差是算术平均值中误差的$\sqrt{n}$倍。

二、一般函数的中误差

设函数

$$Z = f(x_1,x_2,\cdots,x_n) \tag{6-9}$$

式中,$x_1,x_2,\cdots,x_n$ 是相互独立的观测值,其中误差分别为 $m_{x_1},m_{x_2},\cdots,m_{x_n}$。

设 $x_1, x_2, \cdots, x_n$ 的真误差分别为 $\Delta_{x_1}, \Delta_{x_2}, \cdots, \Delta_{x_n}$ 时，则函数 Z 的真误差为 Δ_Z。对式(6-9)取全微分，并用 Δ_Z 代 dZ、Δ_x 代 dx 得

$$\Delta_Z = \frac{\partial Z}{\partial x_1} \times \Delta_{x_1} + \frac{\partial Z}{\partial x_2} \times \Delta_{x_2} + \cdots + \frac{\partial Z}{\partial x_n} \times \Delta_{x_n}$$

式中 $\frac{\partial Z}{\partial x}$——函数对各个变量所取的偏导数，并以观测值代入所算出的数值，均是常数。

按式(6-7)可得

$$m_Z^2 = \left(\frac{\partial Z}{\partial x_1}\right)^2 m_{x_1}^2 + \left(\frac{\partial Z}{\partial x_2}\right)^2 m_{x_2}^2 + \cdots + \left(\frac{\partial Z}{\partial x_n}\right)^2 m_{x_n}^2 \quad (6\text{-}10)$$

即一般函数中误差的平方，等于该函数对每个独立观测值所求的偏导数值与相应的独立观测值中误差的乘积的平方和。

【例 6-3】 设有某函数 $Z = S\sin\alpha$，其中 $S = 150.11$ m、中误差 $m_S = \pm 0.05$ m；$\alpha = 119°45'00''$、中误差 $m_\alpha = 20.6''$。试求 Z 的中误差 m_Z。

解：

$$Z = S\sin\alpha$$

$$\frac{\partial Z}{\partial S} = \sin\alpha, \frac{\partial Z}{\partial \alpha} = S\cos\alpha$$

按式(6-10)得

$$m_Z^2 = \left(\frac{\partial Z}{\partial S}\right)^2 m_S^2 + \left(\frac{\partial Z}{\partial \alpha}\right)^2 m_\alpha^2 = (\sin\alpha)^2 m_S^2 + (S\cos\alpha)^2 \times \left(\frac{m''_\alpha}{\rho''}\right)^2 = 19.4(\text{cm}^2)$$

$$m_Z = \pm\sqrt{19.4} = \pm 4.4(\text{cm})$$

计算过程中：m_S 单位为 cm，$\frac{m''_\alpha}{\rho''}$是将角值化成弧度值。

必须注意的是：在应用误差传播定律由真误差关系式转换成中误差关系式时，必须检查式中自变量是否相互独立，即各自变量是否包含共同的误差，否则应作并项或移项处理，使其均为独立观测值为止。

第四节　等精度观测值的平差

无论哪一种观测，为确定一个未知量的大小，一般都对未知量进行多余观测，这样观测值之间就出现了矛盾，因此必须进行平差。平差的目的就是对观测数据进行处理，求得未知量的最或是值(或最可靠值)，同时评定观测值及最或是值的精度。

存在多余观测就存在多种求值的计算途径，因此必须寻找一种方法，使得通过全部观测数据所求的解不仅是唯一的，而且是最优的。最小二乘法是普通测量和大地测量中最常用的一种平差方法，同时也是平差时应遵循的原则。

设 $l_1, l_2, \cdots, l_n$ 为一组相互独立的观测值，$L_1, L_2, \cdots, L_n$ 为各观测值的最或是值，其值 $L_i = l_i + v_i$，v_i为观测值的改正数，各观测值的中误差为 $m_1, m_2, \cdots, m_n$。由未知数概率密度函数可知，当密度函数愈大，误差出现的概率愈大，最或是值与观测值的偏差愈小。欲使密度函数最大，必须使

(1)等精度观测时：$v_1^2 + v_2^2 + \cdots + v_n^2 = [vv]$为最小 。

(2)不等精度观测时：$w_1 v_1^2 + w_2 v_2^2 + \cdots + w_n v_n^2 = [wvv]$为最小。式中 w 为观测值的权。

一、求最或是值

设对某量进行 n 次观测，观测值为 $l_i(i=1,2,\cdots,n)$，最或是值为 L，观测值的改正数为 v_i，则有

$$v_i = L - l_i \tag{6-11}$$

上式等号两边平方后求和得

$$[vv] = (L - l_1)^2 + (L - l_2)^2 + \cdots + (L - l_n)^2$$

根据最小二乘法原理，必须使 $[vv]$ 为最小，所以，将 $[vv]$ 对 L 取一、二阶导数：

$$\frac{\mathrm{d}}{\mathrm{d}L}[vv] = 2(L-l_1) + 2(L-l_2) + \cdots + 2(L-l_n)$$

$$\frac{\mathrm{d}^2}{\mathrm{d}L^2}[vv] = 2n > 0$$

由于二阶导数大于零，因此一阶导数等于零时 $[vv]$ 为最小，由此得

$$L = \frac{l_1 + l_2 + \cdots + l_n}{n} \text{ 或 } L = \frac{[l]}{n} \tag{6-12}$$

即观测值的算术平均值就是最或是值。

将式(6-11)两边求和，顾及式(6-12)得

$$[v] = nL - [l] = n\frac{[l]}{n} - [l] = 0 \tag{6-13}$$

式(6-13)可用来检验式(6-11)计算的各观测值改正数是否正确。

二、观测值的中误差

前面已经叙述了观测值中误差的计算公式为

$$m = \pm\sqrt{\frac{[\Delta\Delta]}{n}}$$

式中，$\Delta_i = l_i - X(i=1,2,\cdots,n)$。多数情况下，真值是不知道的，因此实际工作中，通常用观测值的改正数 v_i 来推求观测值的中误差。为此，将式(6-1)与式(6-11)相加得

$$\Delta_i = (L - X) - v_i \quad (i = 1,2,\cdots,n) \tag{6-14}$$

式中，$L-X$ 是最或是值的真误差，也难以求得，设 $L-X=\delta$，将上式两边平方、求和再除以 n 得

$$\frac{[\Delta\Delta]}{n} = \frac{[vv]}{n} - 2\delta\frac{[v]}{n} + \delta^2 \tag{6-15}$$

由式(6-13)知式(6-15)右边第二项为零，第三项中的 δ 是最或是值的真误差，一般是不知道的，因而常近似地用最或是值的中误差 M 来代替，据式(6-8)可知

$$\delta \approx M = \pm\frac{m}{\sqrt{n}}$$

则式(6-15)即可写成

$$\frac{[\Delta\Delta]}{n} = \frac{[vv]}{n} + \frac{m^2}{n}$$

整理后，得

$$m = \pm\sqrt{\frac{[vv]}{n-1}} \tag{6-16}$$

这就是用改正数求等精度观测值中误差的公式。

三、算术平均值的中误差

以式(6-16)代入式(6-8),即得算术平均值的中误差公式:

$$M = \pm\frac{m}{\sqrt{n}} = \pm\sqrt{\frac{[vv]}{n(n-1)}}$$

【例 6-4】 用某经纬仪对某一水平角进行了 5 次观测,观测值列在表 6-2 中,求观测值的中误差 m 及算术平均值的中误差 M。

计算过程及结果列在表 6-2 中。

表 6-2 观测值及算术平均值计算表

观测次序	观测值 l_i	v	vv	计算
1	85°42′20″	−14″	196	$m = \pm\sqrt{\frac{1\ 520}{5-1}} = \pm 19.5''$
2	85°42′00″	+6″	36	
3	85°42′00″	+6″	36	$M = \pm\frac{19.5''}{\sqrt{5}} = \pm 8.7''$
4	85°41′40″	+26″	676	
5	85°42′30″	−24″	576	观测成果:
平均值 x = 85°42′06″	校核[v] = 0		[vv] = 1 520	85°42′06″ ± 8.7″

观测成果用误差界限法表达,如上例中观测成果为 85°42′06″ ± 8.7″,其含义是观测角的真值以某一概率落在(85°42′06″ − 8.7″) ~ (85°42′06″ + 8.7″)。

第五节 误差传播定律在测量中的应用

一、距离丈量的精度分析

若用长度为 l 的钢尺在相同条件下(等精度)丈量一直线 D,共丈量 n 个尺段,设已知丈量一尺段的中误差为 m_l,试求直线长度 D 的中误差 m_D。

因为直线长度为各尺段之和,故

$$D = l_1 + l_2 + l_3 + \cdots + l_n$$

按式(6-7)得

$$m_D = \pm m_l\sqrt{n}$$

将 $n = \frac{D}{l}$ 代入上式,得

$$m_D = \pm m_l\sqrt{\frac{D}{l}} = \pm\frac{m_l}{\sqrt{l}}\sqrt{D}$$

令 $\mu = \pm \frac{m_l}{\sqrt{l}}$,则
$$m_D = \mu \sqrt{D}$$

当 $D=1$ 时,则 $\mu = m_D$,即单位长度的丈量中误差。

因此,距离丈量的中误差与距离的平方根成正比。

【例 6-5】 对某段距离进行了 5 次等精度测量,观测数据载于表 6-3 中,试求该距离的算术平均值,一次观测值的中误差、算术平均值的中误差及相对中误差。

计算过程及结果列在表 6-3 中。

表 6-3 观测值及算术平均值中误差计算表

编号	观测值 l_i(m)	Δl(m)	v_i(mm)	vv	计算
1	219.935	-0.006	+6	36	$x = 219.941$ m
2	219.948	+0.007	-7	49	$m = \pm\sqrt{\frac{416}{5-1}} = \pm 10.2$(mm)
3	219.926	-0.015	+15	225	$M = \pm\frac{10.2}{\sqrt{5}} = \pm 4.6$(mm)
4	219.946	+0.005	-5	25	最后成果:$x = 219.941$ m ± 4.6 mm
5	219.950	+0.009	-9	81	相对中误差:$\frac{M}{x} = \frac{4.6}{219\,941} \approx \frac{1}{47\,800}$
$\sum$	1 099.705	0	0	416	

二、水准测量的精度分析

(一)水准尺的读数中误差 $m_{读}$

水准尺上的读数误差,主要是由水准管气泡居中误差、照准误差和估读误差引起的。

(1)水准管气泡居中误差。试验证明,测量中判别气泡偏离水准管中点的中误差约为水准管分划值的 0.15 倍,采用符合水准器时,气泡居中精度可提高 1 倍,当视距为 D 时,水准管居中误差对读数的影响为

$$m_\tau = \pm \frac{0.15\tau}{2\rho''} D$$

当 $D = 100$ m,τ 为 20 ″/2 mm 时,则

$$m_\tau = \pm \frac{0.15 \times 20'' \times 100 \times 1\,000}{2 \times 206\,265''} \approx \pm 0.73(\text{mm})$$

(2)照准误差。因为人眼的分辨力一般是 1′,当人眼看两点的视角小于 1′时,眼睛就无法分辨,把两点看成一点,当望远镜放大率为 $V = 30$ 倍,视距为 $D = 100$ m 时,则望远镜的照准中误差为

$$m_{照} = \pm \frac{60''}{V} \times \frac{D}{\rho''} = \pm \frac{60}{30} \times \frac{100 \times 1\,000}{206\,265} \approx \pm 0.97(\text{mm})$$

(3)估读误差:

$$m_{估} = \pm 1.5 \text{ mm}$$

综合上述因素,所以水准尺读数中误差 $m_{读}$ 为

$$m_{读} = \pm \sqrt{m_\tau^2 + m_{照}^2 + m_{估}^2} = \pm \sqrt{0.73^2 + 0.97^2 + 1.5^2} \approx \pm 2.0(\text{mm})$$

（二）水准路线高差的中误差

若在 A、B 两点间进行水准测量，共安置了 n 个测站，测得两点间的高差为 h_{AB}，试分析水准路线高差的中误差及图根水准的允许闭合差。

每测站的高差公式为 $$h = a - b$$

因为是等精度观测，前、后视读数中误差均为 $m_{读} = \pm 2.0$ mm，则一个测站的中误差

$$m_h = \pm \sqrt{m_a^2 + m_b^2} = \pm \sqrt{2} m_{读} \approx \pm 3.0 \text{ mm}$$

A、B 两点的高差 $h_{AB} = h_1 + h_2 + \cdots + h_n$。根据误差传播定律，按式(6-7)，则

$$m_{h_{AB}}^2 = m_{h_1}^2 + m_{h_2}^2 + \cdots + m_{h_n}^2$$

若每个测站高差中误差相等，即

$$m_{h_1} = m_{h_2} = \cdots = m_{h_n} = m_h$$

则可得

$$m_{h_{AB}} = \pm \sqrt{n} m_h$$

设两水准点间的水准路线长为 D，前、后视距均为 d，则 $D = 2dn$，将 $n = \frac{D}{2d}$ 代入上式，并令 $\mu = \frac{m_h}{\sqrt{2d}}$，得

$$m_{h_{AB}} = \pm m_h \sqrt{\frac{D}{2d}} = \pm \frac{m_h}{\sqrt{2d}} \sqrt{D} = \pm \mu \sqrt{D}$$

当 $D = 1$ 单位长度时，$\mu = \pm m_{h_{AB}}$，若 D 以 km 为单位，则 μ 为 1 km 水准路线的高差中误差，规范规定图根水准 1 km 的高差中误差 $\mu = \pm 20$ mm，所以 D km 的高差中误差 $m_{h_{AB}} = \pm 20\sqrt{D}$ mm，取 2 倍高差中误差为图根水准测量高差闭合差的允许误差，则平地：

$$f_{h允} = \pm 40\sqrt{D} \quad \text{mm}$$

因此，由 $m_{h_{AB}} = \pm \sqrt{n} m_h$ 可知，当各测站高差的观测精度相同时，水准路线高差的中误差与测站的平方根成正比；由 $m_{h_{AB}} = \pm \mu \sqrt{D}$ 可知，水准路线高差的中误差与水准路线的长度的平方根成正比。

三、水平角测量的精度分析

现以 DJ_6 光学经纬仪为例分析水平角观测时的一些限差。

（一）一测回的测角中误差

一测回的水平角值 β 等于同精度的两个方向值之差，即 $\beta = b - a$，设经纬仪一测回方向值中误差为 $m_{方} = m_b = m_a$，则根据误差传播定律，一测回水平角中误差为

$$m_\beta = \pm \sqrt{m_b^2 + m_a^2} = \pm \sqrt{2} m_{方}$$

DJ_6 光学经纬仪一测回方向中误差 $m_{方} = 6''$，则 $m_\beta = \pm \sqrt{2} \times 6'' = \pm 8.5''$。

（二）上、下半测回的允许误差

一测回角值是盘左角值 $\beta_{左}$ 与盘右角值 $\beta_{右}$ 的平均数，即 $\beta = \frac{(\beta_{左} + \beta_{右})}{2}$，根据误差传

播定律，并设 $m_{\beta_左}=m_{\beta_右}=m_{\beta_{半测回}}$，得

$$m_\beta=\pm\frac{m_{\beta_{半测回}}}{\sqrt{2}}$$

则 DJ_6 光学经纬仪半测回角值中误差为 $m_{\beta_{半测回}}=\pm\sqrt{2}m_\beta=\pm\sqrt{2}\times8.5=\pm12''$。

上、下两个半测回角值之差的函数式为

$$\Delta\beta_半=\beta_左-\beta_右$$

则 2 个半测回角值之差的中误差为

$$m_{\Delta\beta半}=\pm\sqrt{2}m_{\beta_{半测回}}=\pm2m_\beta=\pm2\times8.5=17''$$

取 2 倍中误差作为允许误差，则两个半测回角值之差的允许误差为

$$\Delta\beta_{半测回允}=\pm2\times m_{\Delta\beta半}=\pm34''$$

考虑其他因素的影响，规范规定的允许误差为 ±36 ″。

（三）测回差的允许误差

测回差是第 i 测回角值 $\beta_{i测回}$ 和第 k 测回角值 $\beta_{k测回}$ 之差，函数表达式为 $\Delta\beta_{测回差}=\beta_{i测回}-\beta_{k测回}$，根据误差传播定律，两个测回角值之差的中误差为

$$m^2_{\Delta\beta_{测回差}}=m^2_{i测回}+m^2_{k测回}$$

设各测回的测角中误差相同，则

$$m_{\Delta\beta_{测回差}}=\pm\sqrt{2}m_\beta=\pm\sqrt{2}\times8.5=\pm12''$$

取 2 倍中误差作为允许误差，则测回差的允许误差为

$$\Delta\beta_{测回差允}=\pm2m_{\Delta\beta_{测回差}}=\pm2\times12=\pm24''$$

第六节　不等精度观测值的平差

一、权的概念

等精度观测时，可以取各次观测值的算术平均值作为最可靠值，并可求出各次观测值的中误差及算术平均值的中误差。但在测量实践中，有时会遇到不等精度观测问题。例如，设甲、乙二人对某一观测值采用不等精度观测，结果列入表 6-4。

表 6-4　不等精度观测值的中误差

项目	观测值 l_i	每次观测值之中误差	平均值	平均值中误差
甲	l_1 l_2	m m	$x_甲=\frac{l_1+l_2}{2}$	$M_甲=\frac{m}{\sqrt{2}}$
乙	l_3 l_4 l_5	m m m	$x_乙=\frac{l_3+l_4+l_5}{3}$	$M_乙=\frac{m}{\sqrt{3}}$
总平均值 $x=\frac{2x_甲+3x_乙}{2+3}$			x 之中误差　$M=\frac{m}{\sqrt{2+3}}$	

$M_甲 > M_乙$，说明 $x_乙$ 比 $x_甲$ 的精度高。因为 $x_甲$ 是两次的平均值，$x_乙$ 是三次的平均值，它们在总平均值 x 中所占的分量是不同的，这种在总平均值中所占分量叫做权，通常以 P 表示 $x_甲$ 及 $x_乙$ 之权，则 $P_1 = 2$，$P_2 = 3$。

$M_甲 : M_乙 = \sqrt{3} : \sqrt{2} = \sqrt{P_2} : \sqrt{P_1}$，则 $M_甲^2 : M_乙^2 = P_2 : P_1$，即 $P \propto \frac{1}{M^2}$又$\frac{P_1}{P_2} = \frac{2}{3}$

所以权与中误差的平方成反比。在同样的观测条件下，例如按同样的技术水平与相同的仪器进行观测，则权与观测的次数成正比。

权与中误差均用来衡量观测值的质量，这就是它们的相同处，但两者是有区别的，中误差表示观测值的绝对精度，而权表示观测值之间相对的精度。

当观测值的权等于 1 时，称为单位权；其相应观测值的中误差称为单位权中误差，现以 μ 来表示。表 6-4 中每个 l 为观测一次所得，设其权为 1 时，其中误差 m 即为单位权中误差，即 $m = \mu$，则

$$P_甲 = \frac{\mu^2}{M_甲^2}; \quad P_乙 = \frac{\mu^2}{M_乙^2}; \quad \frac{P_甲}{P_乙} = \frac{M_乙^2}{M_甲^2}$$

故

$$P_i = \frac{\mu^2}{M_i^2} \tag{6-17}$$

这就是权与其中误差以及单位权中误差的关系式。

丈量距离的中误差 $m_{D_i} = \pm\mu\sqrt{D_i}$，则距离丈量观测值的权与距离成反比，即

$$P_i = \frac{\mu^2}{\mu^2 D_i} = \frac{1}{D_i} \tag{6-18}$$

式中 μ——1 km 量距时的量距中误差。

二、加权平均值及其中误差

在表 6-4 中，权等于观测次数，则平均值为

$$x = \frac{2x_甲 + 3x_乙}{2 + 3} = \frac{[Pl]}{[P]} \tag{6-19}$$

这就是不等精度观测的平均值。式中的 2 与 3 分别为 $x_甲$ 和 $x_乙$ 的权，这种考虑到观测值的权的平均值就称为加权平均值。

一般情况是：设对某量进行了一组不等精度观测，其观测值为 l_1、l_2、…、l_n，相应的权为 P_1、P_2、…、P_n，按式(6-19)可以写出加权平均值的一般公式为

$$x = \frac{P_1 l_1 + P_2 l_2 + \cdots + P_n l_n}{P_1 + P_2 + \cdots + P_n} = \frac{[Pl]}{[P]} \tag{6-20}$$

相应的改正数为

$$\begin{aligned} P_1 v_1 &= P_1 x - P_1 l_1 \\ P_2 v_2 &= P_2 x - P_2 l_2 \\ &\vdots \\ P_n v_n &= P_n x - P_n l_n \end{aligned}$$

将上列各式相加得

$$[Pv] = [P]x - [Pl] \tag{6-21}$$

将 $x = \frac{[Pl]}{[P]}$ 代入式(6-21)得

$$[Pv] = 0 \tag{6-22}$$

式(6-22)用以检核 x 及 v 值计算是否有错。

单位权的中误差为

$$\mu = \pm \sqrt{\frac{[Pvv]}{n-1}} \tag{6-23}$$

加权平均值的中误差为

$$M = \pm \frac{\mu}{\sqrt{[P]}} = \pm \sqrt{\frac{[Pvv]}{[P](n-1)}} \tag{6-24}$$

习　题

一、单项选择题

1. 下列误差中(　　　)为偶然误差。

A. 照准误差和估读误差　B. 横轴误差和指标差

C. 视准轴误差　D. 水准管轴误差

2. 经纬仪对中误差属(　　　)。

A. 偶然误差　B. 系统误差　C. 中误差　D. 容许误差

3. 尺长误差和温度误差属(　　　)。

A. 偶然误差　B. 系统误差　C. 中误差　D. 容许误差

4. 在等精度观测的条件下,正方形一条边 a 的观测中误差为 m,则正方形的周长中误差为(　　　)。

A. $1m$　B. $2m$　C. $4m$　D. $8m$

5. 丈量某长方形的长 $a = 20 \pm 0.004$ m,宽为 $b = 15 \pm 0.003$ m,它们的丈量精度(　　　)。

A. 相同　B. 长的精度低　C. 宽的精度低　D. 不能比较

6. 衡量一组观测值的精度的指标是(　　　)。

A. 允许误差　B. 系统误差　C. 偶然误差　D. 中误差

7. 在距离丈量中,衡量其丈量精度的指标是(　　　)。

A. 相对误差　B. 中误差　C. 往返误差　D. 真误差

8. 一条直线分两段丈量,它们的中误差分别为 m_1 和 m_2,该直线丈量的中误差为(　　　)。

A. $m_1^2 + m_2^2$　B. $m_1^2 \cdot m_2^2$　C. $\sqrt{(m_1^2 + m_2^2)}$　D. $m_1 + m_2$

9. 一条附合水准路线共设 n 站,若每站水准测量中误差为 m,则该路线水准测量中误差为(　　　)。

A. $\sqrt{n} \times m$　B. $m/\sqrt{n}$　C. $m \times n$　D. m/n

10. 下面是三个小组丈量距离的结果，只有(　　　)组测量的相对误差不低于1/5 000的要求。

A. 100 m ±0.025 m　　B. 250 m ±0.060 m

C. 150 m ±0.035 m　　D. 200 m ±0.040 m

二、问答题

1. 产生误差的原因有哪些？

2. 什么是系统误差？尺长误差、读数误差是否是系统误差？

3. 什么是偶然误差？偶然误差有哪四个特征？

4. 评定精度的指标有哪些？

5. 中误差 $m = \pm\sqrt{\frac{[\Delta\Delta]}{n}}$ 与 $m = \pm\sqrt{\frac{[VV]}{n-1}}$ 各适用于什么场合？

6. 什么是算术平均值？什么是观测值改正值？如何求算术平均值的中误差？

三、计算题

1. 在一个平面三角形中，观测其中两个水平角(内角) α 和 β，其测角中误差均为 $\pm 20''$，根据 α 和 β 可计算第三个水平角 γ，试计算 γ 角的中误差 m_γ。

2. 量得某一圆形物直径为64.780 m，测量中误差为±5 mm，求其圆周长 s、周长中误差 m_s 及其相对中误差 m_s/s。

第七章　控制测量

控制的含义是掌握、支配，使不超出一定范围。为了防止测量误差的累积，提高测量的精度和速度，测量工作必须遵循“从整体到局部”、“先控制后碎部”的原则。即先在整个测区范围内以较高精度测定少量地面点的平面位置和高程，这些少量的点称为控制点。把相关的控制点连接起来，就构成了控制网，再以控制网为基础进行碎部测量。

控制测量分为平面控制测量和高程控制测量。在地面上选定一些控制点，构成平面控制网，测定控制点平面位置的工作，称为平面控制测量；建立高程控制网，测定控制点高程位置的工作称为高程控制测量。平面控制测量的任务是根据工程测量的精度要求，视测区范围的大小、测区内现存控制点数量和等级等情况，在整个测区范围内选定一些对整体具有控制作用的点，组成一定的几何图形，按测量的基本原则和精度要求进行技术设计、选点、埋石、野外观测、数据处理等测量工作。

在全国范围内建立的控制网称为国家控制网。国家控制网依照观测精度分为一、二、三、四等。在小范围内建立的控制网，称为小地区控制网。小地区控制网在可能的条件下应与国家控制网联系起来，如果测区内或附近无国家控制点，或有国家控制点而不便联测时，则可建立测区的独立控制网。为小区域大比例尺测图建立的控制网叫图根控制网。

第一节　控制测量概述

一、平面控制测量方法

平面控制测量方法可归纳为两类：一类为常规（或传统）地面测量，主要有三角测量、导线测量；另一类为现代空间测量，主要有 GPS 测量。

（一）三角测量

在地面选择若干控制点而形成互相连接的三角形，测定其中一边的水平距离和每个三角形的三个顶角，然后根据起始数据可算出各控制点的坐标，进行这种控制测量称为三角测量。三角形的各顶点称为三角点，各三角形连成锁状的称为三角锁，连成网状的则称为三角形网，如图 7-1 所示。

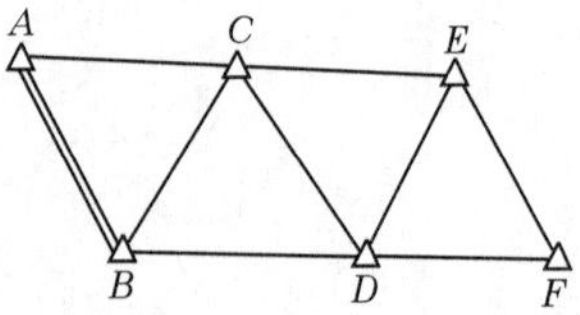

图 7-1　三角网

（二）导线测量

在地面上选定一系列控制点，以折线的形式将它们连接起来，测定边长和转折角，然后根据起始数据算出各导线点的坐标，这种测量称为导线测量。导线可布设成单一的（见图 7-2）、网状的以及其他形式。

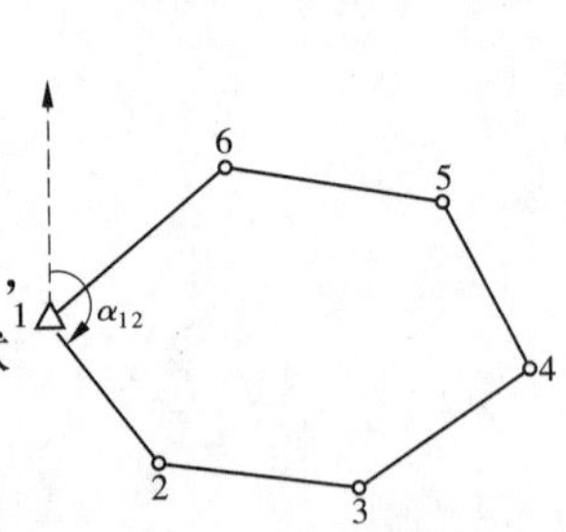

图 7-2　单一闭合导线

（三）GPS 测量

由于现代测绘技术的迅速发展和测量精度的提高，除了传统的三角测量和导线测量,使用全球定位系统(GPS)技术建立平面控制网已在实际中得到广泛的应用。

GPS 控制测量是利用 GPS 卫星作为动态已知点,用接收机接收 GPS 卫星发射的导航电文来确定控制点的位置。

二、国家平面控制网

对于全国性的测量工作,由于国土幅员广阔,为了进行经济建设并使国家各地相邻地形图可以互相衔接,应有统一的精度、统一的规格。这就需要建立一个全国统一、分布均匀、精度一致、密度适当的国家平面控制测量网,又称大地网。国家基本控制网按照精度的不同,分为一、二、三、四等,由高等向低等逐步建立,它是全国各种比例尺测图和工程建设的基本控制,也为空间科学技术和军事提供精确的点位坐标、距离、方位资料,并为研究地球大小和形状、地震预报等提供重要资料。

国家一等平面控制测量主要采用纵横三角锁的形式布设,如图 7-3 所示。三角形边长一般为 20 ~25 km。在锁系交叉处精密测定起始边长,在起始边两端还用天文测量的方法测定天文方位角,用来控制误差传播和提供起算数据。一等三角锁的主要作用是统一全国坐标系统,控制以下各级控制测量和为研究地球形状及大小提供精确资料。

国家二等平面控制测量主要采用三角网布设,一般称为二等全面网。它是以连续三角网的形式布设在一等锁环内的地区,如图 7-4 所示。我国二等网平均边长为 13 km,网的中间通常选一条边,测定其边长并进行天文测量。二等全面网的作用是满足测图控制和工程建设的需要。由于一、二等锁网中要进行天文测量,所以常称之为国家天文大地网。

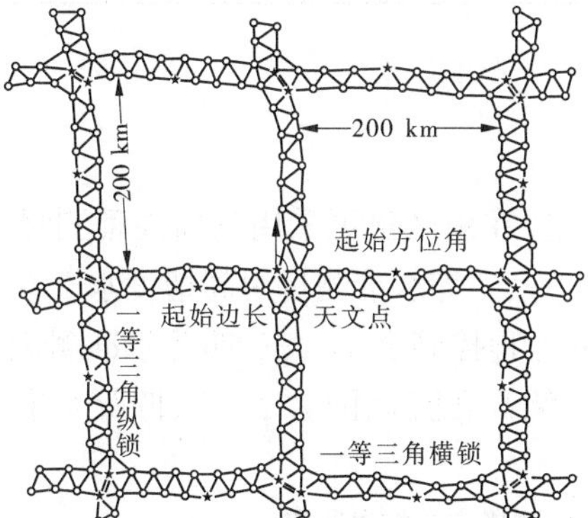

图 7-3　一等三角锁

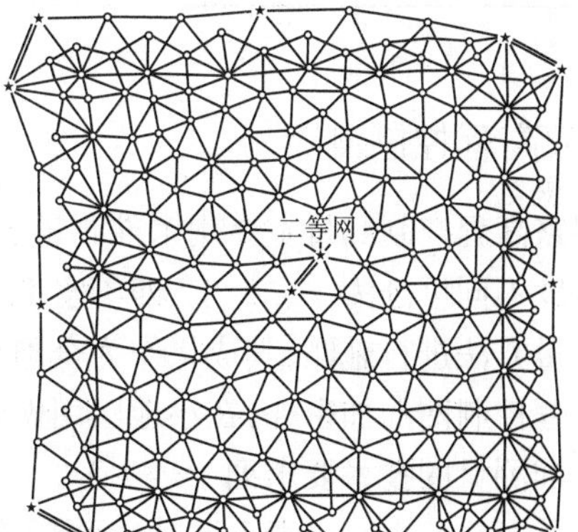

图 7-4　二等全面网

国家三、四等平面控制测量是在二等三角网基础上,根据需要,采用插网方法布设。当受地形限制时,也可采用插点法进行施测。三等三角网平均边长为 8 km,四等网边长一般为 2 ~6 km。三、四等控制测量主要为地区测图和工程建设提供首级控制。

城市控制测量为大比例尺地形测量建立的控制网,作为城市规划、施工放样的测量依据。城市平面控制网一般可分为二、三、四等三角及一、二级小三角或一、二、三级导线。然后布设图根小三角或图根导线。城市控制测量的技术要求分别列于表 7-1 和表 7-2。

小地区控制网是为小区域的大比例尺地形测量或工程测量所建立的控制网。在全测区范围内建立的控制网,称为首级控制网。直接为测图而建立的控制网称为图根控制网。当测区面积小于0.5 km^2 时,图根控制网亦可作为首级控制网。

表7-1 城市三角网及图根三角网的主要技术要求

等级	测角中误差(″)	三角形最大闭合差(″)	平均边长(km)	起始边相对中误差	最弱边相对中误差	测回数		
						DJ_1	DJ_2	DJ_3
二等	±1.0	±3.5	9	1:30万	1:12万	12		
三等	±1.8	±7.0	5	首级1:20万	1:8万	6	9	
四等	±2.5	±9.0	2	首级1:12万	1:4.5万	4	6	
一级	±5	±15	1	1:4万	1:2万		2	6
二级	±10	±30	0.5	1:2万	1:1万		1	2
图根	±20	±60	不大于测图最大视距1.7倍	1:1万				1

表7-2 城市导线及图根导线的主要技术要求

等级	测角中误差(″)	方位角闭合差(″)	附合导线长度(km)	平均边长(m)	测距中误差(mm)	全长相对中误差
一级	±5	$\pm 10\sqrt{n}$	3.6	300	±15	1:1.4万
二级	±8	$\pm 16\sqrt{n}$	2.4	200	±15	1:1万
三级	±12	$\pm 24\sqrt{n}$	1.5	120	±15	1:0.6万
四级	±30	$\pm 60\sqrt{n}$				1:0.2万

三、高程控制测量

国家高程控制测量主要用水准测量方法完成(在山区也可采用三角高程测量方法),根据精度不同可分为一、二、三、四等水准测量。一、二等水准测量用高精度水准仪和精密水准测量方法进行施测,其成果作为全国范围的高程控制之用。三、四等水准测量除用于国家高程控制网的加密外,在小地区用做建立首级高程控制网。二、三、四等水准测量及图根水准测量的技术要求列于表7-3。

表7-3 水准测量及图根水准测量主要技术要求

等级	每千米高差中误差(mm)	附合路线长度(km)	水准仪型号	水准尺	观测次数(附合或环行)	往返较差或环线闭合差(mm)	
						平地	山地
二等	±2		DS_1	因瓦	往返观测	$\pm 4\sqrt{L}$	
三等	±6	50	DS_3	双面		$\pm 12\sqrt{L}$	$\pm 4\sqrt{n}$
四等	±10	16	DS_3	双面	单程测量	$\pm 20\sqrt{L}$	$\pm 6\sqrt{n}$
图根	±20	5	DS_{10}			$\pm 40\sqrt{L}$	$\pm 12\sqrt{n}$

注: L 为水准路线长度,以km为单位;n 为测站个数。

各级国家控制测量经过严密的数据处理,可得到控制点的精确位置(平面坐标和高程),为地形测量、工程建设提供起算数据。

为了统一全国高程系统,由青岛国家水准原点出发在全国范围内建立高程控制点,精确测定其高程,作为各地区高程测量的依据。这些已知高程的固定点称为水准点。

第二节　导线测量及其成果处理

一、导线测量的形式

导线测量分普通导线测量和全站仪导线测量两种方法。

普通导线测量是在地面上按一定的要求选定一系列的点(导线点),将相邻点连成直线而构成折线形式,依次测定各折线边(导线边)的长度和各转折角(导线角),根据起始数据,推算各边的坐标方位角,从而求出各导线点的坐标;全站仪导线测量是按一定的要求,根据已知起始坐标数据,借助于全站仪直接测量各导线点的坐标。

与三角测量相比,导线测量布设灵活,要求通视方向少,边长或者坐标直接测定,精度均匀。在狭长或隐蔽地区,布置导线更能显示出其优越性。随着电磁波测距方法的发展,导线测量前景广阔。导线的布设形式有下述几种:

(1)闭合导线。闭合导线是从一个已知点出发,最后仍回到这个已知点。如图 7-2 所示,由已知控制点 1 出发,经过 2、3、4、5、6 点最后仍闭合到 1 点,形成一个闭合多边形。

(2)附合导线。敷设在两个已知点之间的导线,称为附合导线。如图 7-5 所示,由已知点 B 和已知方向 α_{AB} 出发,经过导线点 1、2、3、4 点最后附合到已知点 C 和已知方向 α_{CD}。

(3)支导线。支导线也称自由导线,它是由一个已知点出发,既不回到原出发点又不附合到另外已知点上。如果测量发生粗差,这种导线无法检核。因此,布设时一般不得超过两条边(见图 7-6)。

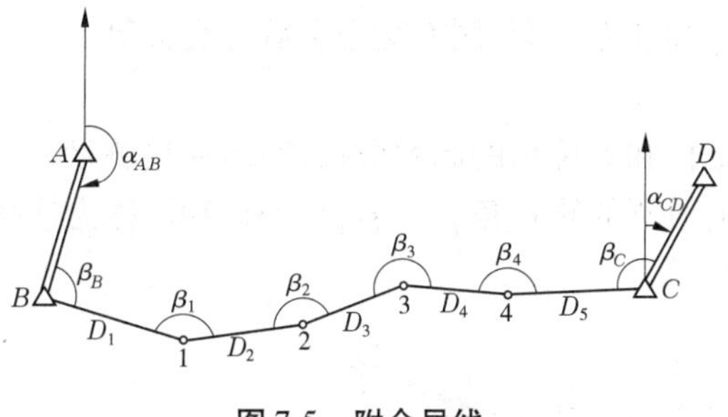

图 7-5　附合导线

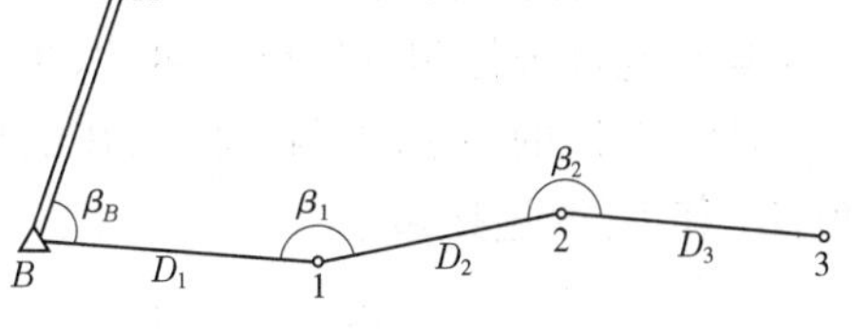

图 7-6　支导线

二、导线测量外业工作

普通导线测量的外业工作包括踏勘选点、角度测量、边长测量或者坐标测量以及导线连接测量。其工作内容如下。

(一)踏勘选点

踏勘选点之前,应先到有关部门收集原有地形图、高一级控制点的坐标和高程,以及这些已知点的位置详图。然后按坐标把已知点展绘在原有的地形图上，在图上规划导线的布设方案。最后带上所规划的导线网图，到实地选定各点点位并建立标志。

现场选点应注意如下事项：

(1)相邻导线点间应互相通视，以便测角和测边。

(2)点位应选在土质坚实处，以便保存标志和安置仪器。

(3)视野开阔，便于测绘周围的地物和地貌。

(4)导线点数量要足够，密度要均匀，以便控制整个测区。

(5)导线边长最好大致相等，尽量避免过短或过长。

导线点位置选定后，要在每一点位上打一木桩，桩顶钉一小钉，作为临时性标志。一、二、三级导线点应埋设混凝土桩，如图 7-7所示。为了便于寻找，应在附近房角或电线杆等明显处，用红漆写明导线点方位和编号，并量出导线点与附近固定地物点的距离，绘一草图，并注明尺寸。

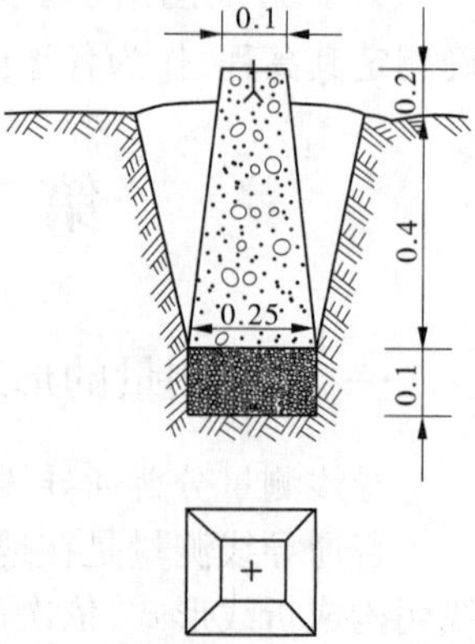

图 7-7　混凝土桩　(单位:m)

(二)普通导线测量中的测边和测角

导线边长可用测距仪或全站仪测定，由于测的是斜距，因此还应观测竖直角，供倾斜改正用。图根导线边长也可以用检定过的钢尺直接丈量。

导线转折角分为右角和左角，在前进方向右侧的水平角称为右角，在左侧的水平角称为左角。在闭合导线中，导线点号若按逆时针方向编号，则导线左角就是多边形的内角。导线等级不同，测角技术要求也不同。图根导线的转折角可用测回法或全圆测回法测量。

(三)坐标测量及导线起始数据确定

用全站仪进行导线测量时，在坐标测量模式下直接观测导线点的三维坐标(x,y,z)。然后切换到距离、角度测量模式测得距离 D、水平角 β 和高差 h，记入记录簿，以备检核。

全站仪进行导线测量，必须知道两点的直角坐标，或是知道一个起始点的坐标和一条边的坐标方位角。起始点的坐标通常是已知的，在测区或测区附近一般可以找到。如果起始点未知，则可采用测角交会的方法求得。如前方交会、侧方交会和后方交会等。

(四)导线连接测量

导线与高级控制点进行联测，以此取得坐标和方位角的起始数据，称为连接测量。

附合导线的两端均是已知点，在已知点上所测的转折角 β_B、β_C(见图 7-8)称为连接角，D_1 和 D_5 为连接边。

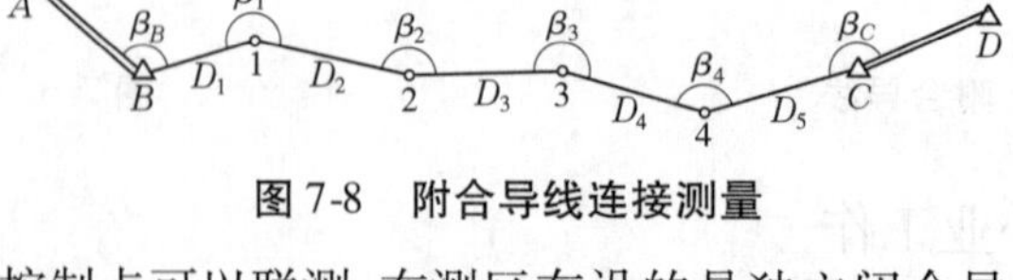

图 7-8　附合导线连接测量

如果没有高一级控制点可以联测，在测区布设的是独立闭合导线，这时，需要在第一点上测出第一条边的磁方位角，并假定第一点的坐标，作为起始数据。

(五)导线测量记录

导线测量的外业记录字体要端正、清楚，不能涂改，并妥善保存。

三、普通导线测量的内业计算

在进行导线内业计算之前，应全面检查导线测量的外业记录，有无遗漏、记错、算错和成果是否符合精度要求。然后绘一导线略图，注上实测边长、转折角（左角）、起始方位角和坐标等，以便进行导线的坐标计算。

（一）导线坐标计算的基本公式

设 A 为已知点，其坐标 x_A、y_A 已知，B 是待定点。当已知 AB 的边长 D_{AB} 和方位角 α_{AB} 时，则 A、B 两点的坐标增量 Δx_{AB}、Δy_{AB} 为

$$\left.\begin{aligned}\Delta x_{AB} &= x_B - x_A = D_{AB}\cos\alpha_{AB}\\ \Delta y_{AB} &= y_B - y_A = D_{AB}\sin\alpha_{AB}\end{aligned}\right\} \tag{7-1}$$

待定点的坐标为

$$x_B = x_A + \Delta x_{AB};\ y_B = y_A + \Delta y_{AB} \tag{7-2}$$

如果已知两点坐标(x_A, y_A)和(x_B, y_B)，要计算该直线的方位角 α_{AB} 和边长 D_{AB}，则

$$\alpha_{AB} = \arctan\frac{\Delta y_{AB}}{\Delta x_{AB}} = \arctan\frac{y_B - y_A}{x_B - x_A} \tag{7-3}$$

$$D_{AB} = \frac{\Delta x_{AB}}{\cos\alpha_{AB}} = \frac{\Delta y_{AB}}{\sin\alpha_{AB}} \tag{7-4}$$

或

$$D_{AB} = \sqrt{\Delta x_{AB}^2 + \Delta y_{AB}^2} \tag{7-5}$$

应该指出，按式(7-3)计算出来的方向是有正负号的，因此还应按坐标增量 Δx 和 Δy 的正负号确定 AB 的方位角。

（二）附合导线坐标计算

为了便于说明，以具体示例来说明附合导线的坐标计算方法。

【例 7-1】 图 7-9 是某附合导线，A、B、C、D 为已知控制点，已知坐标及观测值已注记在导线略图上，现将这些数据填入附合导线坐标计算表（见表 7-4）中。

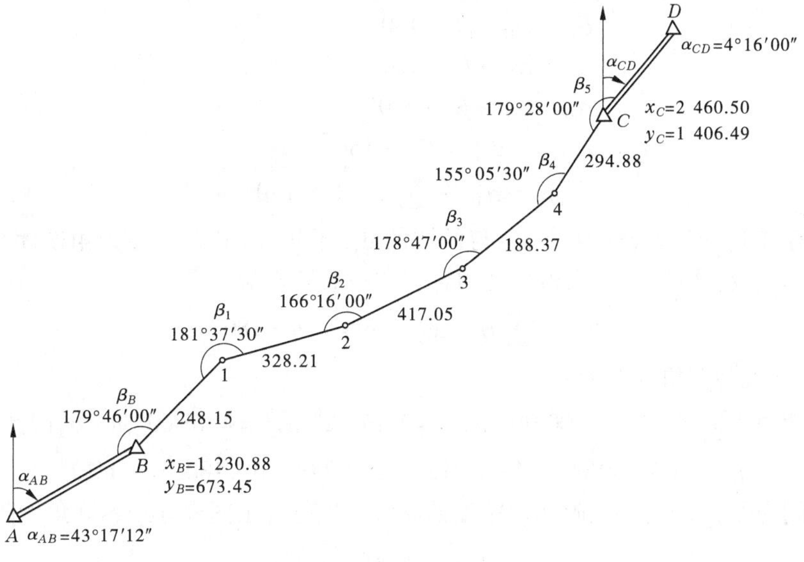

图 7-9　附合导线略图

表 7-4　附合导线坐标计算表

点号	左角		方位角 (° ′ ″)	边长 D(m)	增量计算值(m)		改正后增量(m)		坐标(m)		点号
	观测值 (° ′ ″)	改正后值 (° ′ ″)			Δx	Δy	Δx	Δy	x	y	
A											A
			43 17 12								
B	−12 179 46 00	179 45 48							1 230. 88	673. 45	B
			43 03 00	248. 15	−5 +181. 34	+7 +169. 40	+181. 29	+169. 47			
1	−12 181 37 30	181 37 18							1 412. 17	842. 92	1
			44 40 18	328. 21	−7 +233. 41	+10 +230. 75	+233. 34	+230. 85			
2	−12 166 16 00	166 15 48							1 645. 51	1 073. 77	2
			30 56 06	417. 05	−8 +357. 73	+12 +214. 39	+357. 65	+214. 51			
3	−12 178 47 00	178 46 48							2 003. 16	1 288. 28	3
			29 42 54	188. 37	−4 +163. 60	+6 +93. 37	+163. 56	+93. 43			
4	−12 155 05 30	155 05 18							2 166. 72	1 381. 71	4
			4 48 12	294. 88	−6 +293. 84	+9 +24. 69	+293. 78	+24. 78			
C	−12 179 28 00	179 27 48							2 460. 50	1 406. 49	C
			4 16 00								
D											D
∑	1 041 00 00	1 040 58 48		1 476. 66	+1 229. 92	+732. 60					

1. 导线各边方位角的计算和角度闭合差的调整

计算已知方位角 α_{AB}和 α_{CD}。用已知方位角 α_{AB}作为本条导线的起始方位角，其他各边方位角通过转折角推算而得。根据左角计算公式(4-15)，推算各边方位角如下：

$$\alpha_{B1}=\alpha_{AB}+\beta_B-180^\circ$$
$$\alpha_{12}=\alpha_{B1}+\beta_1-180^\circ$$
$$\alpha_{23}=\alpha_{12}+\beta_2-180^\circ$$
$$\alpha_{34}=\alpha_{23}+\beta_3-180^\circ$$
$$\alpha_{4C}=\alpha_{34}+\beta_4-180^\circ$$
$$\alpha'_{CD}=\alpha_{4C}+\beta_C-180^\circ$$

相加得

$$\alpha'_{CD}=\alpha_{AB}+\sum\beta-6\times180^\circ \tag{7-6}$$

由于存在测量误差，推算的 α'_{CD}与已知的 α_{CD}不相等，其差数称为角度闭合差 f_β，即 $f_\beta=\alpha'_{CD}-\alpha_{CD}$。将式(7-6)代入得角度闭合差的一般形式为

$$f_\beta=\sum\beta+\alpha_{AB}-\alpha_{CD}-n\cdot180^\circ \tag{7-7}$$

式中　n——观测左角 β 的个数。

在本例中，$\sum\beta=1\,041^\circ00'00''$，$\alpha_{AB}=43^\circ17'12''$，$\alpha_{CD}=4^\circ16'00''$，$n=6$，因此

$$f_\beta=1\,041^\circ00'00''+43^\circ17'12''-4^\circ16'00''-6\times180^\circ=+1'12''$$

角度闭合差 f_β 的大小反映测角精度的高低。规范规定图根导线容许角度闭合差为

$$f_{\beta容}=\pm60''\sqrt{n} \tag{7-8}$$

如果 $f_\beta > f_{\beta容}$，说明测角或计算中有错误，应加以检查，必要时到野外去重新检测角度；如果 $f_\beta \leqslant f_{\beta容}$，说明测角误差在容许范围以内，可以进行角度闭合差调整。

本例 $n=6$，代入式(7-8)得 $f_{\beta容} = \pm 60''\sqrt{6} = \pm 147'' = \pm 2'27''$

因此本例角度闭合差是容许的，可将闭合差反符号平均分配到各观测角中去。设各角度改正数为 v_β，则 $v_\beta = -f_\beta/n = -72''/6 = -12''$。

根据改正后的角度推算各边方位角。推算出 CD 边方位角应与已知方位角 α_{CD} 相等，作为方位角计算检核(见表7-4)。

$$f_\beta = 1\,041°00'00'' + 43°17'12'' - 4°16'00'' - 6\times180° = +72''$$

$$f_{\beta容} = \pm 60''\sqrt{6} = \pm 147''$$

2. 坐标增量的计算

按式(7-1)计算各边的坐标增量。

3. 坐标增量闭合差的计算与调整

在图7-10中，B、C 点坐标是已知的，按式(7-2)可推得其他各点的坐标，则

$$x_1 = x_B + \Delta x_{B1} = x_B + D_{B1}\cos\alpha_{B1} \qquad y_1 = y_B + \Delta y_{B1} = y_B + D_{B1}\sin\alpha_{B1}$$

$$x_2 = x_1 + \Delta x_{12} = x_1 + D_{12}\cos\alpha_{12} \qquad y_2 = y_1 + \Delta y_{12} = y_1 + D_{12}\sin\alpha_{12}$$

$$x_3 = x_2 + \Delta x_{23} = x_2 + D_{23}\cos\alpha_{23} \qquad y_3 = y_2 + \Delta y_{23} = y_2 + D_{23}\sin\alpha_{23}$$

$$x_4 = x_3 + \Delta x_{34} = x_3 + D_{34}\cos\alpha_{34} \qquad y_4 = y_3 + \Delta y_{34} = y_3 + D_{34}\sin\alpha_{34}$$

$$\underline{x'_C = x_4 + \Delta x_{AC} = x_4 + D_{4C}\cos\alpha_{4C}} \qquad \underline{y'_C = y_4 + \Delta y_{AC} = y_4 + D_{4C}\sin\alpha_{4C}}$$

相加得

$$x'_C = x_B + \sum \Delta x \qquad y'_C = y_B + \sum \Delta y \tag{7-9}$$

推算得到的 C 点坐标 x'_C、y'_C 与已知坐标 x_C、y_C 之差，称为坐标闭合差 f_x、f_y。

$$f_x = x'_C - x_C, \quad f_y = y'_C - y_C$$

将式(7-9)代入，得

$$f_x = \sum \Delta x - (x_C - x_B); \quad f_y = \sum \Delta y - (y_C - y_B)$$

因此，坐标闭合差的一般形式为

$$f_x = \sum \Delta x - (x_终 - x_始); \quad f_y = \sum \Delta y - (y_终 - y_始) \tag{7-10}$$

从图7-10中可以看出，由于 f_x、f_y 的存在，使导线不能闭合到已知点 C 上，$C'C$ 之长度称为导线全长闭合差，可用式(7-11)计算：

$$f = \pm\sqrt{f_x^2 + f_y^2} \tag{7-11}$$

f 值与导线总长 $\sum D$ 的比值 K，称为导线全长相对闭合差，即

$$K = \frac{f}{\sum D} = \frac{1}{\sum D/f} \tag{7-12}$$

以相对闭合差 K 来衡量导线测量精度，K 的分母越大，精度越高。不同等级的导线相对闭合差的容许值 $K_容$ 已列入表7-2。图根导线的 $K_容 = \dfrac{1}{2\,000}$。

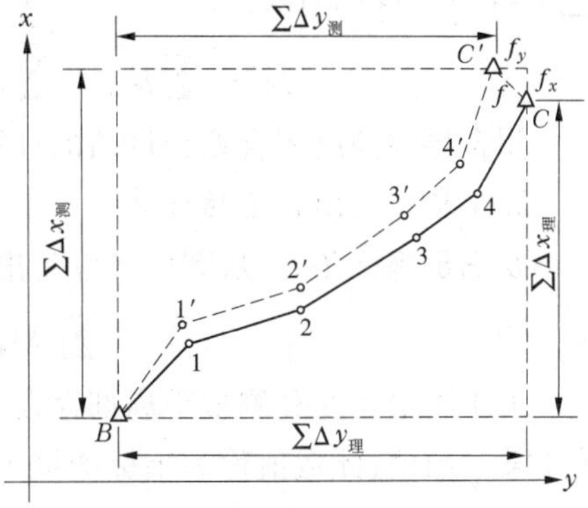

图7-10 坐标闭合差

如果 $K>K_{容}$，应先分析错误原因，然后到野外返工重测。如果 $K\leqslant K_{容}$，则说明成果合格。在本例中，按表 7-4 计算：

$$\sum D = 1\,476.66\ \text{m}$$

$$f_x = 0.30\ \text{m}, f_y = -0.44\ \text{m}; f = \pm\sqrt{0.30^2+0.44^2} = \pm 0.53(\text{m})$$

$$K = \frac{0.53}{1\,477} \approx \frac{1}{2\,800}$$

本例导线为图根导线，故符合精度要求，则可进行闭合差调整。将 f_x、f_y 反其符号，按与边长成正比的原则，分配到各边的坐标增量中去。用 v_{x_i}、v_{y_i} 分别表示第 i 边的纵、横坐标增量改正数，即

$$v_{x_i} = -\frac{f_x}{\sum D}\cdot D_i; v_{y_i} = -\frac{f_y}{\sum D}\cdot D_i \tag{7-13}$$

把坐标增量改正数填入表 7-4 中相应增量的上面。

4. 计算各导线点坐标

根据起始点 B 的坐标及改正后的坐标增量，用式(7-2)推算其他各点的坐标，最后计算 C 点坐标，应与已知 C 点坐标相等，作为坐标计算的检核。

（三）闭合导线坐标计算

闭合导线与附合导线的计算步骤基本相同，但几何条件不同，角度闭合差和坐标增量闭合差的计算就有所不同。

【例 7-2】 图 7-11 是在某一独立地区布设的一条闭合导线，图上注记的是实测数据，计算过程见表 7-5。

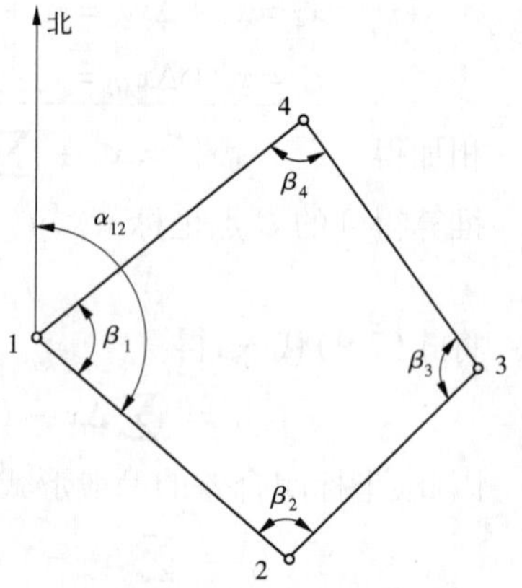

图 7-11 闭合导线略图

1. 角度闭合差的计算

具有 n 条边的闭合导线，内角和理论上应满足 $\sum\beta_{理} = (n-2)\times 180°$。设内角观测值之和为 $\sum\beta_{测}$，则角度闭合差为

$$f_\beta = \sum\beta_{测} - \sum\beta_{理} = \sum\beta_{测} - (n-2)\times 180° \tag{7-14}$$

闭合导线角度闭合差允许值的计算公式及闭合差的调整方法，与附合导线相同。

2. 坐标增量闭合差的计算

要满足坐标条件，从图中可以看出各边坐标增量的代数和在理论上应等于零，即

$$\sum \Delta x_{理} = 0, \sum \Delta y_{理} = 0$$

由于测量角度和测量距离都存在误差，所以计算的坐标增量其代数和并不等于零，而等于某一数值，此数值称为坐标增量闭合差，用下式表示

$$f_x = \sum \Delta x_{测}, f_y = \sum \Delta y_{测} \tag{7-15}$$

闭合差的限差和调整以及其他计算与附合导线相同，见表 7-5。

表 7-5　闭合导线坐标计算表

点号	左角 观测值	左角 改正后值	坐标方位角	边长 D(m)	坐标增量 Δx	坐标增量 Δy	改正后坐标增量 Δx	改正后坐标增量 Δy	坐标 x	坐标 y	点号
1	2	3	4	5	6	7	8	9	10	11	12
	° ′ ″	° ′ ″	° ′ ″								
1									500.00	800.00	1
					−3	+2					
2	+13	107 48 43	124 59 43	105.22	−60.34	+86.20	−60.37	+86.22	439.63	886.22	2
	107 48 30				−2	+2					
3	+12	73 00 32	52 48 26	80.18	+48.47	+63.87	+48.45	+63.89	488.08	950.11	3
	73 00 20				−3	+2					
4	+12	89 34 02	305 48 58	129.34	+75.69	−104.88	+75.66	−104.86	563.74	845.25	4
	89 33 50				−2	+1					
1	+13	89 36 43	215 23 00	78.16	−63.72	−45.26	−63.74	−45.25	500.00	800.00	1
	89 36 30		124 59 43								
2											2
∑	359 59 10	360 00 00		392.90	+0.10	−0.07	0.00	0.00			
辅助计算	$\sum\beta_{测}=359°59'10''$ $\sum\beta_{理}=(n-2)\times 180°=360°00'00''$ $f_\beta=-50''$ $f_{\beta容}=\pm 60''\sqrt{n}=\pm 120''$		$\sum D=392.90$ $f_x=+0.10$ m　$f_y=-0.07$ m $f=\pm\sqrt{(0.10)^2+(-0.07)^2}=\pm 0.12$ m $K=0.12/392.90=1/3\,200$ $K_{容}=1/2\,000$				$\sum\Delta x=0$ $\sum\Delta y=0$		见图 7-11		

四、全站仪导线测量的内业计算

由于全站仪可直接测定各点的坐标值，因此全站仪导线测量内业计算就不必像传统的导线测量那样，先进行角度闭合差和坐标增量闭合差的调整，再计算坐标。可以直接按坐标平差计算，高程的计算也可同时进行。

如图 7-12 所示，由于存在测量误差，最后测得的 C 点坐标不等于 C 点的已知坐标。平面位置产生了一缺口 $C'C$，即导线全长闭合差 f。f 在纵、横坐标轴上的投影为纵、横坐标闭合差 f_x、f_y。对于高程闭合差则为 f_z。显然

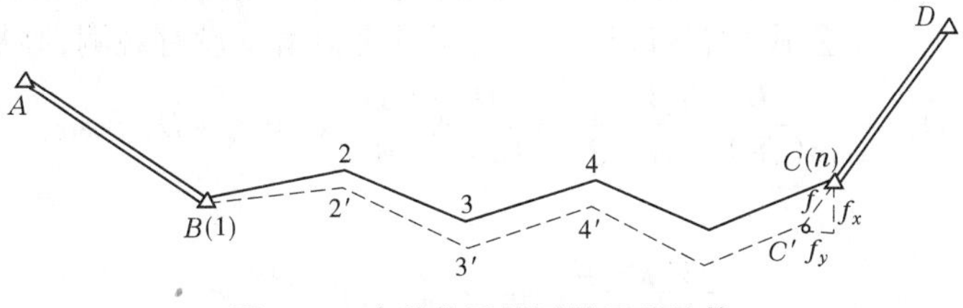

图 7-12　全站仪导线测量误差计算

$$f_x = x'_C - x_C, f_y = y'_C - y_C, f_z = z'_C - z_C \tag{7-16}$$

式中，x'_C、y'_C、z'_C 为 C 点的坐标观测值；x_C、y_C、z_C 为 C 点的已知坐标。

导线全长闭合差为

$$f = \pm\sqrt{f_x^2 + f_y^2} \tag{7-17}$$

导线全长相对闭合差为

$$K = \frac{1}{\frac{\sum D}{f}} \tag{7-18}$$

各点坐标改正值为

$$\left.\begin{aligned} v_{x_i} &= -\frac{f_x}{\sum D}(D_{B2} + D_{23} + \cdots + D_{(i-1)i}) \\ v_{y_i} &= -\frac{f_y}{\sum D}(D_{B2} + D_{23} + \cdots + D_{(i-1)i}) \\ v_{z_i} &= -\frac{f_z}{\sum D}(D_{B2} + D_{23} + \cdots + D_{(i-1)i}) \end{aligned}\right\} \tag{7-19}$$

改正后各点坐标为

$$\left.\begin{aligned} x_i &= x'_i + v_{x_i} \\ y_i &= y'_i + v_{y_i} \\ z_i &= z'_i + v_{z_i} \end{aligned}\right\} \tag{7-20}$$

第三节　前方交会定点测量

在原有控制点的数量不能满足施工或测图需要时，可以用交会法来加密控制点，称为交会定点。

前方交会是用经纬仪在已知点 A、B 上分别向新点 P 观测水平角 α 和 β（见图 7-13），从而可以计算 P 点的坐标。但是为了检核，有时对三角形的三个内角都进行观测，或者从三个已知点 A、B、C 上分别向新点 P 进行角度观测（见图 7-14），由两个三角形分别解算 P 点的坐标。下面仅以一个三角形为例进行介绍。

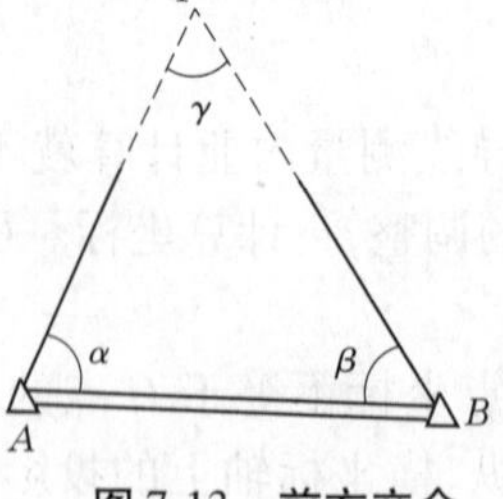

图 7-13　前方交会

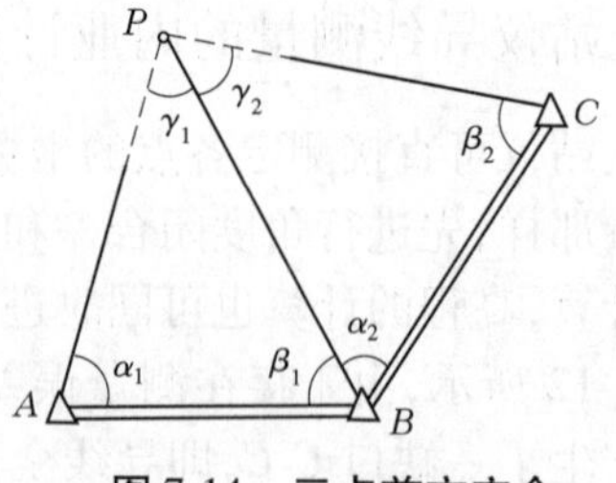

图 7-14　三点前方交会

在图 7-13 中，如果观测了三角形三个内角，则应先将角度闭合差反其符号平均分配到这三个角中。为了使公式具有普遍性，下面假设交会角 γ 没有观测，则从图 7-13 可知

$$D_{AP} = \frac{D_{AB}\sin\beta}{\sin(180° - \alpha - \beta)} = \frac{D_{AB}\sin\beta}{\sin(\alpha + \beta)}, x_P = x_A + D_{AP}\cos\alpha_{AP}$$

即

$$x_P = x_A + \frac{D_{AB}\sin\beta}{\sin(\alpha + \beta)}\cos(\alpha_{AB} - \alpha)$$

$$= x_A + \frac{D_{AB}\sin\beta(\cos\alpha_{AB}\cos\alpha + \sin\alpha_{AB}\sin\alpha)}{\sin\alpha\cos\beta + \sin\beta\cos\alpha}$$

$$= x_A + \frac{D_{AB}\cos\alpha_{AB}\sin\beta\cos\alpha + D_{AB}\sin\alpha_{AB}\sin\beta\sin\alpha}{\sin\alpha\cos\beta + \sin\beta\cos\alpha}$$

上式分子、分母同除以 $\sin\alpha\sin\beta$，顾及 $D_{AB}\cos\alpha_{AB} = \Delta x_{AB}$ 和 $D_{AB}\sin\alpha_{AB} = \Delta y_{AB}$ 得

$$x_P = x_A + \frac{\Delta x_{AB}\cot\alpha + \Delta y_{AB}}{\cot\alpha + \cot\beta}$$

同法可得

$$y_P = y_A + \frac{\Delta y_{AB}\cot\alpha - \Delta x_{AB}}{\cot\alpha + \cot\beta}$$

将 $\Delta x_{AB} = x_B - x_A$，$\Delta y_{AB} = y_B - y_A$ 代入，则

$$\left.\begin{aligned} x_P &= \frac{x_A\cot\beta + x_B\cot\alpha + y_B - y_A}{\cot\alpha + \cot\beta} \\ y_P &= \frac{y_A\cot\beta + y_B\cot\alpha - x_B + x_A}{\cot\alpha + \cot\beta} \end{aligned}\right\} \quad (7\text{-}21)$$

【例 7-3】 具体数据与计算过程见表 7-6。

表 7-6 前方交会计算

<table>
<tr><td>略图与公式</td><td colspan="9">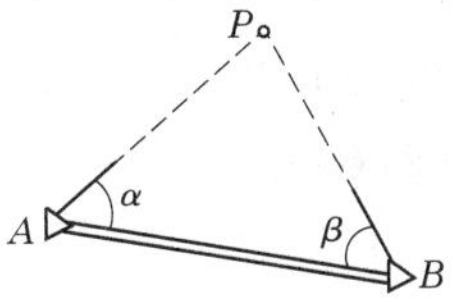
$x_P = \frac{x_A\cot\beta + x_B\cot\alpha + y_B - y_A}{\cot\alpha + \cot\beta}$
$y_P = \frac{y_A\cot\beta + y_B\cot\alpha - x_B + x_A}{\cot\alpha + \cot\beta}$</td></tr>
<tr><td rowspan="2">已知数据</td><td>x_A</td><td>659. 232</td><td>y_A</td><td>355. 537</td><td rowspan="3">观测值</td><td>α</td><td>69°11′04″</td><td>(1) cotα</td><td>0. 380 175</td></tr>
<tr><td>β</td><td>59°42′39″</td><td>(2) cotβ</td><td>0. 584 099</td></tr>
<tr><td></td><td>x_B</td><td>406. 593</td><td>y_B</td><td>654. 051</td><td colspan="3">(3) cotα + cotβ</td><td>0. 964 274</td></tr>
<tr><td colspan="4">(4) $x_A\cot\beta + x_B\cot\alpha + y_B - y_A$</td><td>838. 147</td><td colspan="4">(6) $y_A\cot\beta + y_B\cot\alpha - x_B + x_A$</td><td>708. 962</td></tr>
<tr><td colspan="4">(5) x_P = (4)/(3)</td><td>869. 200</td><td colspan="4">(7) y_P = (6)/(3)</td><td>735. 229</td></tr>
</table>

第四节 三、四等水准测量

用水准测量方法建立高程控制网称为水准网，高程控制点称为水准点。水准点分为永久性和临时性两种。永久性水准点一般采用石桩或水泥桩埋入地下作为点位标志，桩顶嵌入金属标志，其顶部为半球形，桩面上标明等级和编号（如 $BM_{Ⅱ-1}$，$BM_{Ⅱ-2}$，…），上加护盖以便保护。临时水准点可在固定建筑物或暴露的岩石上凿一记号作为标志，也可钉一大木桩，桩顶钉一圆头钉作为标志。三、四等水准测量是大比例尺测图、工程测量和地面沉降观测的基本控制。本节主要介绍三、四等水准测量的施测方法。

一、水准测量技术规范

为了减少大气折光影响，三、四等水准测量时，视线离地面的高度不得小于 0. 3 m，在

山区不得小于0.2 m。水准测量读数误差的具体限差规定见表7-7。

表7-7　三、四等水准测量视线长度和观测限差

等级	高差闭合差限差		标准视线长度(m)	前后视距差(m)	前后视距差累计(m)	红黑读数差(mm)	红黑高差之差(mm)
	闭合、附合路线	往返测					
三	$\pm 12\sqrt{L}$	$\pm 12\sqrt{K}$	≤75	≤2.0	≤5.0	2.0	3.0
四	$\pm 20\sqrt{L}$	$\pm 12\sqrt{K}$	≤100	≤3.0	≤10.0	3.0	5.0

注:①L为水准路线长度,以km计;

②K为路线或测段长度,以km计。

二、观测方法

三、四等水准测量主要采用双面水准尺观测法,除各种限差有所区别外,观测方法大同小异。现以三等水准测量的观测方法和限差进行叙述。

每一测站上,首先安置仪器,调整圆水准器使气泡居中。分别瞄准后、前视尺,估读视距,使前、后视距离差不超过2 m。如超限,则需移动前视尺或水准仪,以满足要求。然后按下列顺序进行观测,并记入手簿中(见表7-8)。

(1)读取后视尺黑面读数:下丝(1),上丝(2),中丝(3)。

(2)读取前视尺黑面读数:下丝(4),上丝(5),中丝(6)。

(3)读取前视尺红面读数:中丝(7)。

(4)读取后视尺红面读数:中丝(8)。

测得上述8个数据后,随即进行计算,如果符合规定要求,可以迁站继续施测;否则应重新观测,直至所测数据符合规定要求时,才能迁站。注意:每次读中丝时应使符合气泡居中。

三、计算与校核

测站上的计算有下面几项(参见表7-8)。

(一)视距部分

后距(9)=[(1)-(2)]×100;前距(10)=[(4)-(5)] ×100。

后、前视距差(11)=[(9)-(10)],绝对值不超过2 m。

后、前视距离累计差(12)=本站的(11)+前站的(12),绝对值不应超过5 m。

(二)高差部分

后视尺黑、红面读数差(13)=K_1+(3)-(8),绝对值不应超过2 mm。

前视尺黑、红面读数差(14)=K_2+(6)-(7),绝对值不应超过2 mm。

上两式中的K_1及K_2分别为两水准尺的黑、红面的起点差,亦称尺常数。

黑面高差(16)=(3)-(6);红面高差(17)=(8)-(7)。

黑红面高差之差(15)=[(16)-(17)±0.100]=[(13)-(14)],绝对值不应超过3 mm。

由于两水准尺的红面起始读数相差0.100 m,即4.787与4.678之差,因此红面测得的高差应为(17)±0.100,“加”或“减”应以黑面高差为准来确定。例如,表7-8中第一个测站红面高差为(17) −0. 100，第二个测站因两水准尺交替，红面高差为(17) +0. 100，以后单数站用“减”，双数站用“加”。

每一测站经过上述计算，符合要求，才能计算高差中数$(18)=\frac{1}{2}[(16)+(17)\pm 0.100]$作为该两点测得的高差。

表 7-8 为三等水准测量手簿，括号内的数字表示观测和计算校核的顺序。当整个水准路线测量完毕，应逐页校核计算有无错误，校核的方法是：

表 7-8　三(四)等水准测量手簿

自 BM_2 至 BM_7　　日期 1999. 6. 9　　时间 8:00 ~ 9:00　　观测者 ×××

仪器型号 S_3 210036　　呈像 清晰稳定　　天气 晴　　记录者 ×××

测站编号	点号	后尺 下丝 上丝 后距(m) 前后视距离差(m)	前尺 下丝 上丝 前距(m) 累计差(m)	方向及尺号	水准尺读数(m) 黑色面	红色面	K + 黑 − 红(mm)	高差中数(m)	备注
		(1) (2) (9) (11)	(4) (5) (10) (12)	后 前 后 − 前	(3) (6) (16)	(8) (7) (17)	(13) (14) (15)	(18)	
1	$BM_2 \sim TP_1$	1. 614 1. 156 45. 8 +1. 0	0. 774 0. 326 44. 8 +1. 0	后 1 前 2 后 − 前	1. 384 0. 551 +0. 833	6. 171 5. 239 +0. 932	0 −1 +1	+0. 832 5	$K_1=4.787$ $K_2=4.687$
2	$TP_1 \sim TP_2$	2. 188 1. 682 50. 6 +1. 2	2. 252 1. 758 49. 4 +2. 2	后 2 前 1 后 − 前	1. 934 2. 008 −0. 074	6. 622 6. 796 −0. 174	−1 −1 0	−0. 074 0	
3	$TP_2 \sim TP_3$	1. 922 1. 529 39. 3 −0. 5	2. 066 1. 668 39. 8 +1. 7	后 1 前 2 后 − 前	1. 726 1. 866 −0. 140	6. 512 6. 554 −0. 042	+1 −1 +2	−0. 141 0	
4	$TP_3 \sim BM_7$	2. 041 1. 622 41. 9 −1. 1	2. 220 1. 790 43. 0 +0. 6	后 2 前 1 后 − 前	1. 832 2. 007 −0. 175	6. 520 6. 793 −0. 273	−1 +1 −2	−0. 174 0	
校核		$\sum(9)=177.6$ $\sum(10)=177.0$ (12) 末站 = +0. 6 总距离 = 354. 6			$\sum(3)=6.876$　$\sum(8)=25.825$ $\sum(6)=6.432$　$\sum(7)=25.382$ $\sum(16)=+0.444$　$\sum(17)=+0.443$ $[\sum(16)+\sum(17)]/2$ $=+0.4435=\sum(18)$			$\sum(18)=$ +0. 4435	

先计算 $\sum(3)$，$\sum(6)$，$\sum(9)$，$\sum(10)$，$\sum(16)$，$\sum(17)$，$\sum(18)$，而后用下式校核：

$$\sum(9) - \sum(10) = (12)\ 末站 \tag{7-22}$$

当测站总数为奇数时 $$\frac{1}{2}\left[\sum(16) + \sum(17) \pm 0.100\right] = \sum(18) \tag{7-23}$$

当测站总数为偶数时 $$\frac{1}{2}\left[\sum(16) + \sum(17)\right] = \sum(18) \tag{7-24}$$

最后算出水准路线总长度 $$L = \sum(9) + \sum(10) \tag{7-25}$$

四等水准测量一个测站的观测顺序，可采用后(黑)、后(红)、前(黑)、前(红)，即读取后视尺黑面读数后随即读红面读数，而后瞄准前视尺，读取黑面及红面读数。

四、三、四等水准测量的成果整理

当一条水准路线的测量工作完成后，首先应将手簿的记录计算进行详细检查，并计算高差闭合差是否超限，确实无误后，才能进行高差闭合差的调整和高程的计算，否则要局部返工，甚至全部返工。

(一)单一水准路线高差闭合差的调整和高程计算

单一水准路线有附合水准路线、闭合水准路线和支水准路线。高差闭合差应符合表7-2规定的限差要求。闭合差的调整及高程计算与第二章一般水准测量中的方法相同，它是把闭合差反符号，按线段的距离成正比进行分配。支水准路线进行往返测量，取往、返测高差的平均值计算高程。

(二)具有一个结点的水准路线平差及高程计算

用加权平均值求得结点的最或是值，并计算单位权中误差及结点高程的中误差。

(三)具有两个或两个以上结点的水准路线以及水准网的平差

可用严密平差——间接平差的方法，求各待定点的高程，并评定精度。

第五节　三角高程测量

当地面两点地形起伏较大而不便于施测水准时，可应用三角高程测量的方法测定两点间高差而求得高程。

一、三角高程测量的计算公式

三角高程测量的基本思想是根据所观测的由测站点至目标点间的竖直角 α 和斜距 S 或水平距离 D(见图7-15)，计算两点间的高差 h。

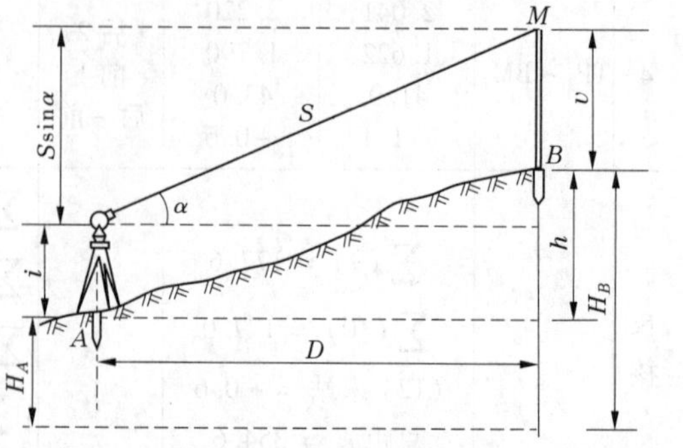

图7-15　三角高程测量

如图7-15所示，已知 A 点高程 H_A，欲测定 B 点高程 H_B，可将经纬仪安置在 A 点，量取仪器高 i，在 B 点竖立标杆，量标杆高度 v

（即照准标志点量至 B 点桩顶，称为目标高），用望远镜中横丝瞄准标杆的标志或杆顶 M，测定竖直角 α。

如果测得 AB 两点间倾斜距离 S，则 A、B 的高差为

$$h = S\sin\alpha + i - v$$

如果已知 AB 两点间水平距离 D，则 A、B 的高差为

$$h = D\tan\alpha + i - v \tag{7-26}$$

B 点的高程为

$$H_B = H_A + h \tag{7-27}$$

在具体应用上述公式时，要注意竖直角 α 的正、负号。

当两点距离大于 300 m 时，应考虑地球曲率及大气折光对高差的影响，所加的改正数简称为两差改正：

地球曲率改正 c　　$c = \dfrac{D^2}{2R}$

大气折光改正 γ　　$\gamma = -0.14\dfrac{D^2}{2R}$

两差改正 f　　$f = c + \gamma = (1 - 0.14)\dfrac{D^2}{2R}$

例如水平距离为 300 m 时，两差改正 f 约为 6 mm。因此，在图根控制的三角高程测量中，A、B 两点的距离超过 300 m 时，应加两差改正。而在三、四等控制测量中，必须采用对向观测，即由 A 点观测 B 点，又由 B 点观测 A 点，取对向观测所得高差绝对值的平均值，以抵消两差影响。

二、三角高程测量的观测与计算

（一）三角高程测量的观测

（1）安置经纬仪于测站上，量取仪器高 i 和目标高 v。

（2）当中丝瞄准目标时，将竖盘水准管气泡居中，读取竖盘读数。必须以盘左盘右进行观测。

（3）竖直角观测测回数与限差应符合表 7-9 的规定。

（4）用电磁波测距仪测量两点间的倾斜距离 S，或用三角测量方法计算得两点间的水平距离 D。

表 7-9　竖直角观测测回数及限差

等级	四等和一、二级小三角		一、二、三级导线	
仪器	DJ_2	DJ_6	DJ_2	DJ_6
测回数	2	4	1	2
各测回竖直角互差限差	15″	25″	15″	25″

（二）三角高程测量的计算

三角高程测量往返测所得的高差之差 f_h（经两差改正后）不应大于 0.1D m（D 为边

长，以 km 为单位)，即

$$f_{h容} = \pm 0.1D \text{ m} \tag{7-28}$$

由对向观测所求得的高差平均值为计算闭合环线或附合路线的闭合差应不大于 $\pm 0.05\sqrt{\sum D^2}$ m(D 以 km 为单位)。表 7-10 为三角高程观测成果及计算过程。

表 7-10　三角高程测量的高差计算

起算点	A		B		…
欲求点	C		D		…
	往	返	往	返	
水平距离 D(m)	581.38	581.38	488.01	488.01	…
竖直角 α	+11°38′30″	−11°24′00″	+6°52′15″	−6°34′30″	…
仪器高 i(m)	1.44	1.49	1.49	1.50	…
目标高 v(m)	−2.50	−3.00	−3.00	−2.50	…
两差改正 f(m)	+0.02	+0.02	+0.02	+0.02	…
高差(m)	+118.74	−118.72	+57.31	−57.23	…
平均高差(m)	+118.73		+57.27		…

第六节　GPS 控制测量

一、GPS 概述

GPS 是 1973 年 12 月开始由美国国防部批准的陆海空三军联合研制的新一代空间卫星导航定位系统，其主要目的是为陆、海、空三大领域提供实时、全天候和全球性的导航服务，并用于情报收集、核爆监测和应急通信等一些军事目的，该系统具有全能性(陆地、海洋、航空和航天)、全球性、全天候、连续性和实时性的导航、定位和定时的功能。能为各类用户提供精密的三维坐标、速度和时间。

自 1974 年以来，GPS 计划已经历了方案论证(1974 ~ 1978 年)、系统论证(1979 ~ 1987 年)、生产试验(1988 ~ 1993)三个阶段。经过 20 余年的研究试验，耗资 300 亿美元，到 1994 年 3 月，全球覆盖率高达 98% 的 24 颗 GPS 卫星星座已布设完成，每颗卫星均在不间断地向地球播发调制在两个频段上的卫星信号。在地球上任何一点，均可连续地同步观测至少 4 颗 GPS 卫星，从而保障了全球、全天候的连续三维定位。

由于 GPS 技术具有全天候、高精度和自动测量的特点，作为先进的测量手段和新的生产力从根本上解决了人类在地球上的导航和定位问题，已经融入了经济建设、军事建设和社会发展的各个应用领域。

二、GPS 的组成

GPS 系统主要由三大部分组成，即空间星座部分、地面监控部分和用户设备部分。

(一)空间星座部分

全球定位系统的空间卫星星座由24(3颗备用卫星)颗卫星组成(见图7-16)。卫星分布在6个轨道面内,每个轨道上分布有4颗卫星。卫星轨道面相对地球赤道面的倾角约为55°。各轨道平面升交点的赤经相差60°。在相邻轨道上,卫星的升交距相差30°。轨道平均高度约20 200 km,卫星运行周期为11 h58 min。每颗卫星每天约有5 h在地平线上,同时位于地平线以上的卫星数目,随时间和地点而异,最少为4颗,最多可达11颗。

GPS卫星空间星座的分布保障了在地球上任何地点、任何时刻至少有4颗卫星被同时观测,加之卫星信号的传播和接收不受天气的影响,因此GPS是一种全球性、全天候的连续实时定位系统。

GPS卫星:GPS卫星的主体呈圆柱形,直径约为1.5 m,重约774 kg(包括310 kg燃料),两侧设有两块双叶太阳能板,能自动对日定向,以保证卫星正常工作用电(见图7-16)。

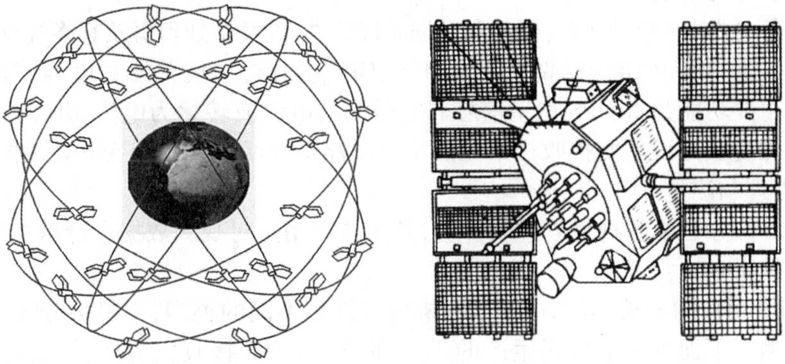

图7-16 全球定位系统的空间卫星星座及卫星示意图

每颗卫星装有4台高精度原子钟(2台铷钟和2台铯钟),这是卫星的核心设备。它将发射标准频率信号,为GPS定位提供高精度的时间标准。

GPS卫星的基本功能是:①接收和储存由地面监控站发来的导航信息,接收并执行其控制指令;②进行部分必要的数据处理工作;③通过星载的高精度铯钟和铷钟提供精密的时间标准;④向用户发送定位信息;⑤在地面监控站的指令下,通过推进器调整卫星的姿态和启用备用卫星。

(二)地面监控部分

GPS的地面监控部分,目前由分布在全球的5个地面站组成,其中包括监测站、主控站和注入站。

1. 监测站

监测站是在主控站直接控制下的数据自动采集中心。站内设有双频GPS接收机、高精度原子钟、计算机各一台和若干台环境数据传感器。接收机对GPS卫星进行连续观测,以采集数据和监测卫星的工作状况。原子钟提供时间标准,而环境传感器收集有关当地的气象数据。所有观测资料由计算机进行初步处理,并储存和传送到主控站,用以确定卫星的轨道。

2. 主控站

主控站一个,设在美国本土科罗拉多·斯平士(Colorado Springs)的联合空间执行中心CSOC。主控站除协调和管理地面监控系统工作外,其主要任务是:

（1）根据本站和其他监测站的所有观测资料，推算编制各卫星的星历、卫星钟差和大气层的修正参数等，并把这些数据传送到注入站。

（2）提供全球定位系统的时间基准。各测站和 GPS 卫星的原子钟，均应与主控站的原子钟同步，或测出其间的钟差，并把这些钟差信息编入导航电文，送到注入站。

（3）调整偏离轨道的卫星，使之沿预定的轨道运行。

（4）启用备用卫星，以代替失效的工作卫星。

3. 注入站

注入站现有三个，分别设在印度洋的迭哥加西亚（Diego Garcia）、南大西洋的阿松森岛（Ascencion）和南太平洋的卡瓦加兰（Kwajalein）。注入站的主要任务是在主控站的控制下将主控站推算和编制的卫星星历、钟差、导航电文和其他控制指令等，注入到相应卫星的存储系统，并检测注入星系的正确性。

（三）用户设备部分

用户设备主要由 GPS 接收机硬件和数据处理软件，以及微处理机及其终端设备组成。

GPS 接收机主要由 GPS 接收机天线单元、GPS 接收机主机单元和电源三部分组成。天线单元的主要功能是将 GPS 卫星信号非常微弱的电磁波转化为电流，并对这种信号电流进行放大和变频处理。而接收机单元的主要功能是对经过放大和变频处理的信号电源进行跟踪、处理和测量。

GPS 软件部分是指各种后处理软件包，其主要作用是对观测数据进行精加工，以便获得精密定位结果。

由于 GPS 用户的要求不同，GPS 接收机也有许多不同的类型，一般可分为导航型、测量型和授时型。下面以天宝公司生产的 Trimble 5700 GPS 接收机为例，简要介绍测量型接收机的组成。

5700 GPS 接收机具有单触式记录的特点，操作简便。如图 7-17 所示，其所有操作控制装置、端口和接头全部分布在四个主面板上。

前面板下部有一个 CF/USB 门扣（见图 7-17），上部有五个 LED 指示器、两个按钮，如图 7-18所示。两个按钮用来控制数据记录、数据管理、电源开关和仪器设置；LED 指示灯显示记录、电源、卫星跟踪和无线电接收的状态。

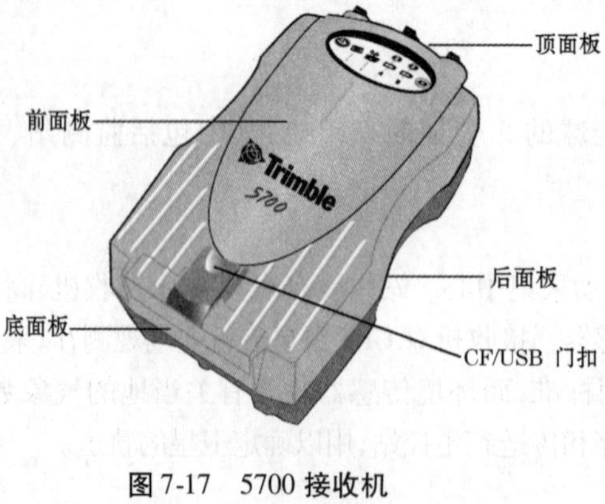

图 7-17　5700 接收机

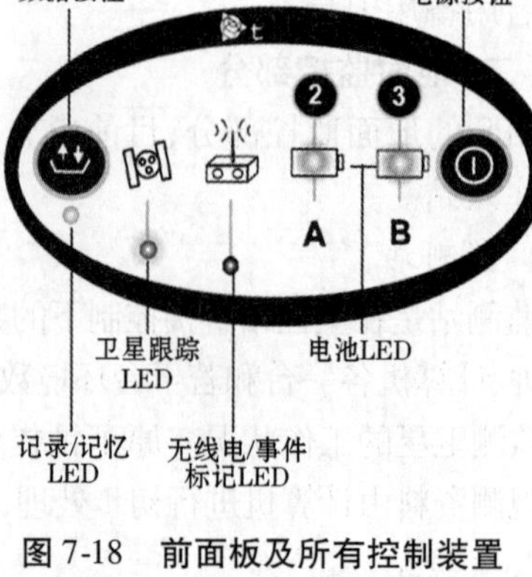

图 7-18　前面板及所有控制装置

后面板上有一个连接接收机扣锁的插槽以及连接底面板的两个电池舱的扣。扣锁应该与接收机连好，如图 7-19 所示。

顶面板上有三个电源/串行数据端口和两个(TNC)端口。三个电源/串行数据端口中的连接 Trimble 控制器、事件标记或计算机，为电源接入、计算机、IPPS 或事件标记，为外部无线电、电源接入。一个 TNC 端口 接 GPS 天线，另一个端口 接无线电天线，如图 7-20所示。

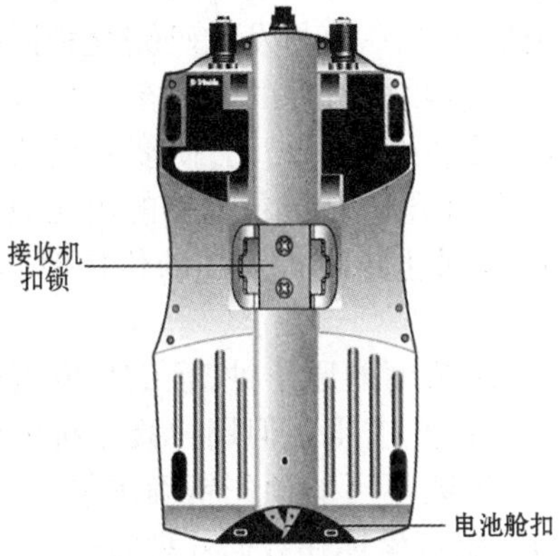

图 7-19　后面板示意图

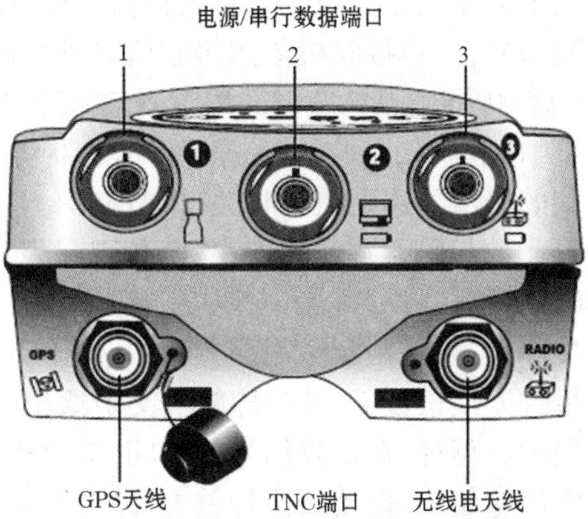

图 7-20　顶面板示意图

底面板上有 USB 端口、CF 端口和内置电池舱。CF/USB 门用来遮盖 CF 端口和 USB 端口。如果要打开此门，向下推前面板上的扣即可，如图 7-21 所示。

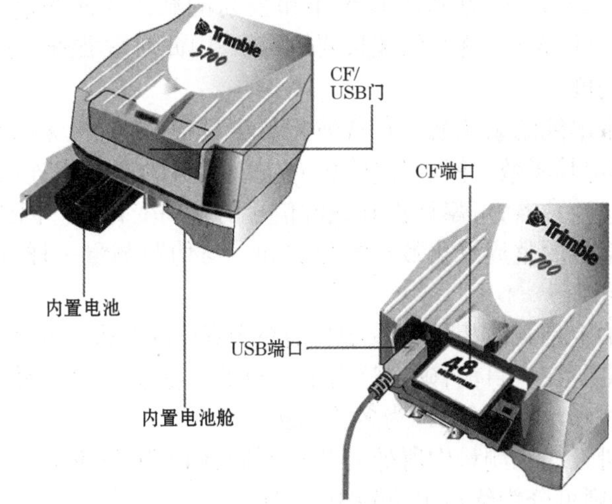

图 7-21　底面板示意图

三、GPS 定位原理

利用 GPS 进行定位，就是把卫星视为“动态”的控制点，在已知其瞬间坐标(可根据卫星轨道参数计算)的条件下，以 GPS 卫星和用户接收机天线之间的距离(或距离差)为观测量，进行空间距离后方交会，从而确定用户接收机天线所处的三维坐标(x,y,z)。由此可见，GPS 定位的关键是测定用户接收机天线至 GPS 卫星之间的距离，主要采用以下两种方法测量。

（一）测码伪距测量

测码伪距测量是通过测量 GPS 卫星发射的测距码信号到达用户接收机的传播时间，从而计算出接收机至卫星的距离，即

$$\rho = \Delta t \cdot c \tag{7-29}$$

式中，Δt 为传播时间；c 为光速。

为了测量上述测距码信号的传播时间，GPS 卫星在卫星钟的某一时刻 t_j 发射出某一测距码信号，用户接收机依照接收机时钟在同一时刻也产生一个与发射码完全相同的码（称为复制码）。卫星发射的测距码信号经过 Δt 时间在接收机时钟的 t_i 时刻被接收机收到（称为接收码），接收机通过时间延迟器将复制码向后平移若干码元，使复制码信号与接收到的码信号达到最大相关（即复制码与接收码完全对齐），并记录平移的码元数。平移的码元数与码元宽度的乘积，就是卫星发射的码信号到达接收机天线的传播时间 Δt，又称时间延迟。

实际上，在伪距测量观测方程中，由于卫星上配有高精度的原子钟，且信号发射瞬间的卫星钟差改正数 V_a 可由导航电文中给出的有关时间信息求得。但用户接收机中仅配备一般的石英钟，在接收信号的瞬间，接收机的钟差改正数不可能预先精确求得。因此，在伪距法定位中，把接收机钟差 V_b 也当作未知数，与待定点坐标在数据处理时一并求解。由此可见，在实际定位工作中，一个观测站上为了实时求解 4 个未知数 x、y、z 和 V_b，至少需要 4 个同步伪距观测值。

（二）载波相位测量

载波相位测量，顾名思义，是利用 GPS 卫星发射的载波为测距信号。由于载波的波长（$\lambda_{l_1}=19$ cm，$\lambda_{l_2}=24$ cm）比测距码波长要短得多，因此对载波进行相位测量，就可能得到较高的测量定位精度。

载波信号是一个单纯的余弦波。在载波相位测量中，接收机无法判定所量测信号的整周数，但可精确测定其零数，并且当接收机对空中飞行的卫星作连续观测时，接收机借助于内含多普勒频移计数器，可累计得到载波信号的整周变化数。因此，载波相位测量的真正观测值是载波信号的整周变化数与零数之和。与伪距测量一样，还必须考虑卫星和接收机的钟差改正数。

整周未知数的确定是载波相位测量中特有的问题，也是进一步提高 GPS 定位精度、提高作业速度的关键所在。目前，确定整周未知数的方法主要有三种：伪距法、整周数作为未知数参与平差法和三差法（又称为多普勒法）。

根据用户接收机天线在测量中所处的状态不同，GPS 定位可分为静态定位和动态定位；按定位结果不同则可分为绝对定位和相对定位。

所谓静态定位，即在定位过程中，接收机天线（待定点）的位置相对于周围地面点而言，处于静止状态；而动态定位正好与之相反，即在定位过程中，接收机天线处于运动状态，也就是说，定位结果是连续变化的，如用于飞机、轮船导航定位的方法就属动态定位。所谓绝对定位，是在 WGS－84 世界大地坐标系中，独立确定观测站相对地球质心绝对位置的方法；相对定位同样在 WGS－84 世界大地坐标系中，确定的则是观测站与某一地面参考点之间的相对位置，或两观测站之间的相对位置。各种定位方法还可有不同的组合，如静态绝对定位、静态相对定位、动态绝对定位、动态相对定位等。

相对定位是目前 GPS 测量中精度最高的一种定位方法，它广泛应用于高精度测量工

作中。GPS 测量结果中不可避免地存在着种种误差，但这些误差对观测量的影响具有一定的相关性，所以利用这些观测量的不同线性组合进行相对定位，便可能有效地消除或减弱上述误差的影响，提高 GPS 定位的精度，同时消除相关的多余参数，也大大方便 GPS 的整体平差工作。实践表明，以载波相位测量为基础，在中等长度的基线上对卫星连续观测 1 ~3 h，其静态相对定位的精度可达 10^{-6} ~ 10^{-7}。

静态相对定位的最基本情况是用两台 GPS 接收机分别安置在基线的两端，固定不动，同步观测相同的 GPS 卫星，以确定基线端点在 WGS－84 世界大地坐标系中的相对位置或基线向量。由于重复观测取得了充分的多余观测数据，从而改善了 GPS 定位的精度。

四、GPS 控制测量实施

GPS 控制测量的外业工作主要包括选点、建立观测标志、野外观测以及成果质量检核等，内业工作主要包括 GPS 测量的技术设计，测后数据处理以及技术总结等。

（一）GPS 测量精度标准及分级

GPS 测量按其精度划分为 AA、A、B、C、D、E 六个精度级别。

1. 各级 GPS 测量的用途

AA 级主要用于全球性的地球动力研究、地壳形变测量和精密定轨；A 级主要用于区域性的地球动力学研究和地壳形变测量。AA、A 级也是建立地心参考框架的基础。

B 级主要用于局部变形监测和各种精密工程测量，同时 AA、A、B 级也是建立国家空间大地测量控制网的基础。

C 级主要用于大、中城市及工程测量的基本控制网。

D、E 级主要用于中、小城市，城镇及测图、地籍、土地信息、房产、物探、勘测、建筑施工等控制测量。

2. 各级 GPS 网相邻点间基线长度精度

相邻点间基线长度精度可用下式表示，并按表 7-11 的规定执行：

$$\delta = \sqrt{a^2 + (b \cdot d \cdot 10^{-6})^2} \tag{7-30}$$

式中 δ——GPS 基线向量的弦长中误差，mm，亦即等效距离误差；

a——GPS 接收机标称精度中的固定误差，mm；

b——GPS 接收机标称精度中的比例误差；

d——GPS 网中相邻点间的距离，mm。

表 7-11 精度分级

级别	固定误差 a(mm)	比例误差系数	级别	固定误差 a(mm)	比例误差系数
AA	≤3	≤0.01	C	≤10	≤5
A	≤5	≤0.1	D	≤10	≤10
B	≤8	≤1	E	≤10	≤20

（二）GPS 网的技术设计

GPS 网的技术设计是一项基础性的工作。这项工作应根据网的用途和用户的要求来进行,其主要内容包括精度指标的确定和网的图形设计等。在实际工作中,精度指标的确定要根据用户的实际需要及人力、物力、财力情况合理设计,也可参照本部门已有的生产规程和作业经验适当掌握。

GPS 网的图形设计就是根据用户要求,确定具体的布网观测方案,其核心是如何高质量低成本地完成既定的测量任务。通常在进行 GPS 网设计时,必须顾及测站选址、卫星选择、仪器设备装置与后勤交通保障等因素,当网点位置、接收机数量确定以后,网的设计就主要体现在观测时间的确定、网形构造及各点设站观测的次数等方面。在 GPS 网具体布设中,可以分级布设,也可以越级布设,或布设同级全面网。

一般 GPS 网应根据同一时间段内观测的基线边,即同步观测边构成闭合图形(称同步环),例如三角形(需三台接收机,同步观测三条边,其中两条是独立边)、四边形(需四台接收机)或多边形等,以增加检核条件,提高网的可靠性;然后,可按点连式、边连式和网连式这三种基本构网方法(见图 7-22、图 7-23),将各种独立的同步环有机地连接成一个整体。由不同的构网方式,又可额外地增加若干条复测基线闭合条件(即对某一基线多次观测之差)和非同步图形(异步环)闭合条件(即用不同时段观测的独立基线联合推算异步环中的某一基线,将推算结果与直接解算的该基线结果进行比较,所得到的坐标差闭合条件),从而进一步提高 GPS 网的几何强度及其可靠性。关于各点观测次数的确定,通常应遵循网中每点必须至少独立设站观测两次的基本原则。

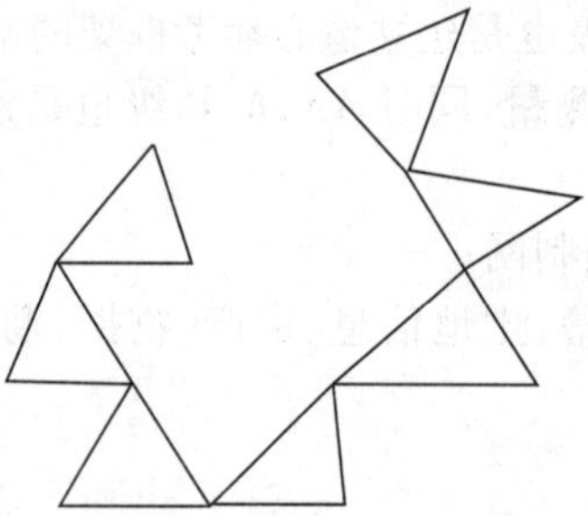
图 7-22　点连式

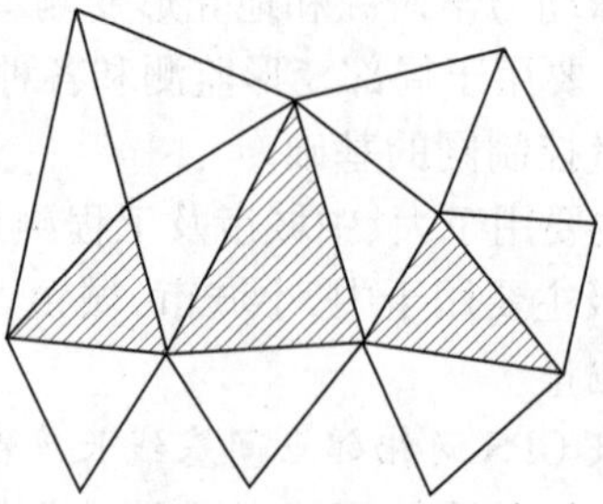
图 7-23　边连式

(三)选点与建立标志

由于 GPS 测量观测站之间不要求通视,而且网形结构灵活,故选点工作远较常规大地测量简便,并且省去了建立高标的费用,降低了成本。但 GPS 测量又有其自身的特点,因此选点时,应满足以下要求:

(1)点位应选在交通方便、易于安置接收设备的地方,且视野开阔,便于同常规地面控制网的联测。

(2)GPS 点应避开对电磁波接收有强烈吸收、反射等干扰影响的金属和其他障碍物体,如高压线、电台电视台、高层建筑、大范围水面等。

点位选定后,应按要求埋置标石,以便保存。最后,应绘制点之记、测站环视图和 GPS 网选点图,作为提交的选点技术资料。

(四)外业观测

外业观测是指利用 GPS 接收机采集来自 GPS 卫星的电磁波信号,其作业过程大致可分为天线安置、接收机操作和观测记录。外业观测应严格按照技术设计时所拟定的观测计划进行实施。只有这样,才能协调好外业观测的进程,提高工作效率,保证测量成果的精度。为了顺利地完成观测任务,在外业观测之前,还必须对所选定的接收设备进行严格的检验。

妥善安置天线是实现精密定位的重要条件之一,具体内容包括:对中、整平、定向并量取天线高。天线高量取方法见图 7-24。

接收机操作的具体方法步骤详见仪器使用说明书。实际上,目前 GPS 接收机的自动化程度相当高,一般仅需按动若干功能键,就能顺利地自动完成测量工作,并且每做一步工作,显示屏上均有提示,大大简化了外业操作工作,降低了劳动强度。

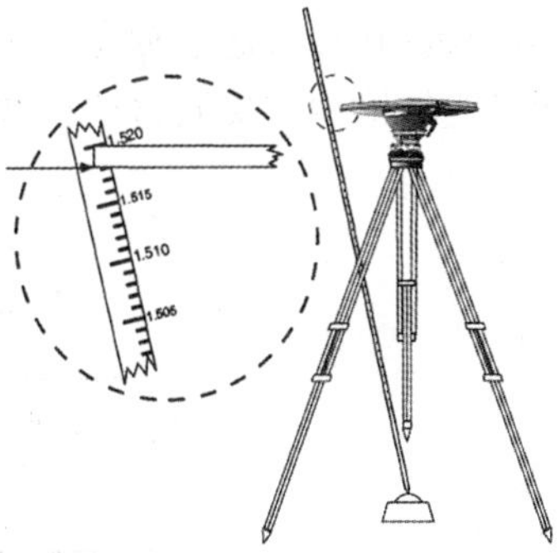

图 7-24　天线高量取示意图

观测记录的形式一般有两种:一种由接收机自动形成并保存在机载存储器中,供随时调用和处理,内容主要包括接收到的卫星信号、实时定位结果及接收机本身的有关信息;另一种是测量手簿,由操作员随时填写,其中包括观测时的气象元素等其他有关信息。观测记录是 GPS 定位的原始数据,也是进行后续数据处理的唯一依据,应妥善保管。

(五)成果检核与数据处理

观测成果的外业检核是确保外业观测质量,实现预期定位精度的重要环节。所以,当观测任务结束后,必须在测区及时对外业观测数据进行严格的检核,并根据情况采取淘汰或必要的重测、补测措施。只有按照《规范》要求,对各项检核内容严格检查,确保准确无误,才能进行后续的平差计算和数据处理。

五、GPS 基线向量网平差

一般情况下,多个同步观测站间的观测数据,经基线向量解算后,用户所获得的结果是观测站间的基线向量及其方差与协方差。在测量工作中,由于用户可能投入的接收机数总是有限的,所以,当布设的 GPS 网点数较多时,需在不同的时段按照预先的作业计划多次进行观测,而 GPS 解算不可避免地会带来误差、粗差以及不合格解。在这种情况下,为了提高定位结果的可靠性,通常需将不同时段观测的基线向量连接成网,并通过观测量的整体平差,以提高定位结果的精度。这样构成的 GPS 网将含有许多闭合条件,整体平差的目的,在于消除这些闭合条件的不符值,并建立网的基准。

另外,不管是静态解算还是动态解算,都是在 WGS－84 世界大地坐标系下进行的,而用户通常需要的是国家坐标系下的大地坐标(或投影坐标)或地方坐标系下的投影坐标,高程坐标也不再是大地高(椭球高),而是水准高(正高)。这样就需要将 WGS－84 世界大地坐标系之间的坐标增量转换到大地坐标中去,从而得到用户所需要的坐标。由于坐标系之间的系统参数不一样以及水准异常等原因,这种转换理所当然地会带来误差。

如图 7-25 所示,网平差实际上可分为三个过程:

(1)前期准备工作。进行网平差前,需要设置坐标系并输入已知点的经纬度、平面坐标、高程等。

(2)网平差。这部分工作由软件自动完成。

(3)质量分析与控制。由用户对处理结果进行质量分析与控制。

可见,软件只是实现了网平差的解算,更重要的是需要用户参与,并最终做出正确判断。应当说明的是,这通常是一个反复的过程。在网平差结束后,应对网平差结果进行检验,网平差的检验主要通过改正数、中误差以及相应的数理统计检验结果等项目来评价。

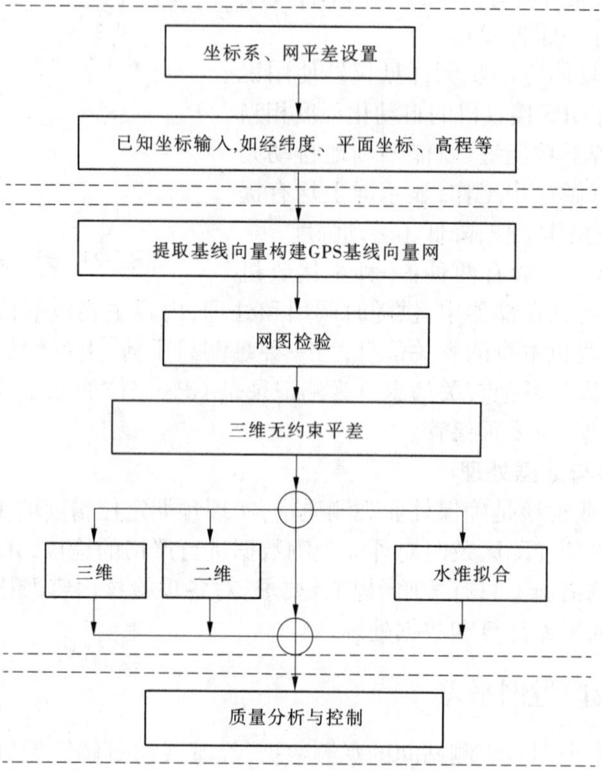

图 7-25　网平差过程

习　题

一、单项选择题

1. 国家控制网,是按(　　)建立的,它的低级点受高级点逐级控制。

A. 一至四等　　B. 一至四级　　C. 一至二等　　D. 一至二级

2. 导线点属于(　　)。

A. 平面控制点　　B. 高程控制点　　C. 坐标控制点　　D. 水准控制点

3. 下列属于平面控制点的是(　　)。

A. 水准点　　B. 三角高程点　　C. 三角点　　D. 以上答案都不对

4. 导线的布置形式有(　　)。

A. 一级导线、二级导线、图根导线　　B. 单向导线、往返导线、多边形导线

C. 闭合导线、附合导线、支导线　　D. 经纬仪导线、电磁波导线、视距导线

5. 导线测量的外业工作是(　　)。

A. 选点、测角、量边　　B. 埋石、造标、绘草图

C. 距离丈量、水准测量、角度　　D. 测水平角、测竖直角、测斜距

6. 附合导线的转折角，一般用(　　)进行观测。

A. 测回法　　B. 红黑面法　　C. 三角高程法　　D. 二次仪器高法

7. 若 C、D 两点间的坐标增量 Δx 为正，Δy 为负，则直线 CD 的坐标方位角位于第(　　)象限。

A. 第一象限　　B. 第二象限　　C. 第三象限　　D. 第四象限

8. 某线段 AB 的坐标方位角为 230°，其两端间坐标增量的正负号为(　　)。

A. $-\Delta x, +\Delta y$　　B. $+\Delta x, -\Delta y$　　C. $-\Delta x, -\Delta y$　　D. $+\Delta x, +\Delta y$

9. 导线全长闭合差 f_D 的计算公式是(　　)。

A. $f_D = f_X + f_Y$　　B. $f_D = f_X - f_Y$　　C. $f_D = \sqrt{f_X^2 + f_Y^2}$　　D. $f_D = \sqrt{f_X^2 - f_Y^2}$

10. 用导线全长相对闭合差来衡量导线测量精度的公式是(　　)。

A. $K = M/D$　　B. $K = 1/(D/|\Delta D|)$

C. $K = 1/(\sum D/f_D)$　　D. $K = 1/(f_D/\sum D)$

11. 导线的坐标增量闭合差调整后，应使纵、横坐标增量改正数之和等于(　　)。

A. 纵、横坐标增值量闭合差，其符号相同　B. 导线全长闭合差，其符号相同

C. 纵、横坐标增量闭合差，其符号相反　　D. 导线全长闭合差，其符号相反

12. 导线的角度闭合差的调整方法是将闭合差反符号后(　　)。

A. 按角度大小成正比例分配　　B. 按角度个数平均分配

C. 按边长成正比例分配　　D. 按边长成反比例分配

13. 导线坐标增量闭合差的调整方法是将闭合差反符号后(　　)。

A. 按角度个数平均分配　　B. 按导线边数平均分配

C. 按边长成反比例分配　　D. 按边长成正比例分配

14. 四等水准测量中，平均高差的计算公式是(　　)。

A. (黑面高差 + 红面高差)/2　　B. (黑面高差 + (红面高差 ±0.1m))/2

C. (黑面高差 + (红面高差 +0.1m))/2　　D. (黑面高差 + (红面高差 −0.1m))/2

15. 在三角高程测量中，当两点间的距离较大时，一般要考虑地球曲率和(　　)的影响。

A. 大气折光　　B. 大气压强　　C. 测站点高程　　D. 两点间高差

16. GPS 定位的实质就是根据高速运动的卫星瞬间位置作为已知的起算数据，采取(　　)的方法，确定待定点的空间位置。

A. 空间距离后方交会　　B. 空间距离前方交会

C. 空间距离侧方交会　　D. 空间角度交会

17. GPS 主要由三大部分组成，即空间星座部分、地面监控部分和(　　)部分。

A. 用户设备　　B. GPS 时间　　C. GPS 发射　　D. GPS 卫星

18. GPS 监控系统，主要由分布在全球的五个地面站组成，按其功能分为主控站、监测站和(　　)。

A. 副控站　　B. 注入站　　C. 协调站　　D. 修正站

19. GPS 信号接收机，根据接收卫星的信号频率，可分为(　　)。

A. 美国机和中国机　B. 单屏机和双屏机

C. 单频机和双频机　D. 高频机和低频机

20. GPS 工作卫星，均匀分布在(　　)个轨道上。

A. 4 个　　B. 5 个　　C. 6 个　　D. 7 个

21. GPS 卫星中所安装的时钟是(　　)。

A. 分子钟　　B. 原子钟　　C. 离子钟　　D. 石英钟

22. GPS 目前所采用的坐标系统，是(　　)。

A. WGS－72 系　　B. WGS－84 世界大地坐标系

C. 80 国家大地坐标系　　D. 54 北京坐标系

23. GPS 定位方法，按其定位结果来分，可分为(　　)。

A. 绝对定位和单点定位　　B. 单点定位和双点定位

C. 绝对定位和相对定位　　D. 动态定位和静态定位

二、问答题

1. 当导线转折角为右角时，导线边的坐标方位角推算公式是什么？

2. 经纬仪导线与全站仪导线的内业计算有何不同？

3. 导线选点的原则是什么？导线连接角有什么用处？

4. 导线坐标计算时应满足哪些几何条件？闭合导线与附合导线在计算中有哪些异同点？

5. 何谓坐标正算和坐标反算？它们在内业计算中各起什么作用？计算时应注意哪些问题？

6. 导线测量中可采用什么坐标系？分别如何获得起算数据？

7. 当导线的角度闭合差或全长闭合差大大超过了允许值，怎样查找测角或量边的错误？

8. 四等水准测量与图根水准测量比较，在应用范围、观测方法、技术指标及所用仪器等方面有哪些区别？

三、计算题

1. 如图 7-26 所示，已知直线 AB 的方位角 $\alpha_{AB}=65°$，水平角 $\angle B=188°$，$\angle C=48°$，计算 BC 边及 CD 边的方位角 α_{BC}、α_{CD}。

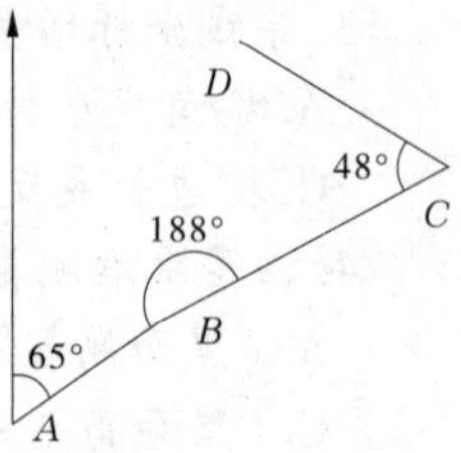

图 7-26　习题 1 图

2. 设有导线 1—2—3—4—5—1，其已知数据和观测数据列于表中(表中已知数据用双线标明)，试计算各导线点的坐标。

点号	观测角(左角) (°　′　″)	坐标方位角 α (°　′　″)	距离 D (m)	坐标值 X	坐标值 Y	点号
1				1 000.00	1 000.00	1
		98　25　36	199.36			
2	128　39　34					2
			150.23			
3	85　12　33					3
			183.45			
4	124　18　54					4
			105.42			
5	125　15　46					5
			185.26			
1	76　34　13					1
2						2

3. 设有附合导线 $A-B-1-2-3-M-N$，其已知数据和观测数据列于下表中（表中已知数据用双线表明），试计算各导线点的坐标。

点号	观测角（左角） （° ′ ″）	坐标方位角 α （° ′ ″）	距离 D （m）	坐标值		点号
				X	Y	
A						A
		218 36 24				
B	63 47 26			875.44	946.07	B
			267.22			
1	140 36 06					1
			103.76			
2	235 25 24					2
			154.65			
3	100 17 57					3
			178.43			
M	267 33 17			930.76	1 547.00	M
		126 17 49				
N						N

4. 完成下表中的四等水准测量观测数据计算工作。

测站编号	后尺 下丝 / 上丝	前尺 下丝 / 上丝	方向及尺号	标尺读数（m）		K+黑−红（mm）	高差中数（m）	备注
	后距（m）	前距（m）		后视	前视			
	视距差 d	$\sum d$		黑面	红面			
1	1 979	0 738	后 1	1 718	6 405			
	1 457	0 214	前 2	0 476	5 265			
			后−前					
								$K_1=4.687$
2	2 739	0 965	后 2	2 461	7 247			$K_2=4.787$
	2 183	0 401	前 1	0 683	5 370			
			后−前					
3	1 918	1 870	后 1	1 604	6 291			
	1 290	1 226	前 2	1 548	6 336			
			后−前					
4	1 088	2 388	后 2	0 742	5 528			
	0 396	1 708	前 1	2 048	6 736			
			后−前					
检查计算	$\sum D_a=$		$\sum$ 后视 =			$\sum h=$		
	$\sum D_b=$		$\sum$ 前视 =			$\sum h_{平均}=$		
	$\sum d=$		$\sum$ 后视 − $\sum$ 前视 =			$2\sum h_{平均}=$		

第八章　大比例尺地形图的测绘

地形是地物和地貌的总称。地物是指地面上人工和自然的物体，如房屋、渠道、河流、湖泊等；地貌是指地球表面高低起伏、凹凸不平的自然形态，如山头、谷地、峭壁、悬崖、冲沟等。大比例尺地形图测绘（即碎部测量）是在控制测量完成后，以控制点为基础测定区域内地物和地貌的特征点及地形加密点，并绘制成图。地形测图时，原有控制点的位置及数量不一定能满足要求，此时，可增补用于测图的控制点（即图根点），图根点可用交会法或导线测量测定其平面位置、用水准测量或三角高程测量测定其高程。

第一节　地形图的基本知识

一、地形图比例尺

（一）比例尺的概念

图上长度与实地长度之比，称为地形图的比例尺。例如，实地测出的水平距离为 500 m，画到图上的长度为 1 m，那么这张图的比例尺为 1∶500。比例尺一般用 1∶*M* 表示。常用的比例尺有 1∶500、1∶1 000、1∶2 000、1∶5 000、1∶10 000、1∶25 000 等。

（二）比例尺的精度

一般认为，正常人的眼睛只能清楚地分辨出图上大于 0.1 mm 的两点间的距离，因此实际水平距离按比例尺缩绘到图上时不宜小于 0.1 mm。测量工作中将相当于图上 0.1 mm 的实地水平距离称为比例尺的精度。不同比例尺的精度如表 8-1 所示。

表 8-1　不同比例尺的精度

比例尺	1∶500	1∶1 000	1∶2 000	1∶5 000	1∶10 000
比例尺精度（m）	0.05	0.1	0.2	0.5	1.0

（三）比例尺的大小

比例尺的大小视分数的大小而定，分数值越大（即 *M* 越小），则比例尺越大；分数值越小（即 *M* 越大），则比例尺越小。

比例尺可分成大、中、小三种。小比例尺包括 1∶10 万、1∶20 万、1∶50 万、1∶100 万，小比例尺地形图主要供各种区域规划或高级指挥机关使用；中比例尺包括 1∶1万、1∶2.5 万、1∶5万，中比例尺地形图主要供各种工程规划和勘察设计使用；大比例尺包括 1∶500、1∶1 000、1∶2 000、1∶5 000 等，大比例尺地形图主要供各种工程设计和施工使用。

测图用的比例尺越大越能精确表示地面情况，但其测图所需的工作量也越大。因此，测量比例尺的确定取决于实际情况、成图时间和测图费用，一般应视工作需要而定。

二、地形图的分幅与编号

地形图的分幅与编号方法有国际分幅法和正方形分幅法两种。

(一)国际分幅法

1. 旧分幅编号方法

地形图的分幅与编号是在比例尺为1:100万地形图的基础上按一定经差和纬差来划分的,每幅图构成一张梯形图幅。

1)1:100万地形图的分幅与编号

1:100万地形图的分幅从地球赤道向两极,以纬差4°为一列,每列依次以英文字母A、B、C、D、E、…表示,经度由180°子午线起,从西向东,以经差6°为一行,依次以数字1、2、3、4、5、…、60表示。如图8-1所示。

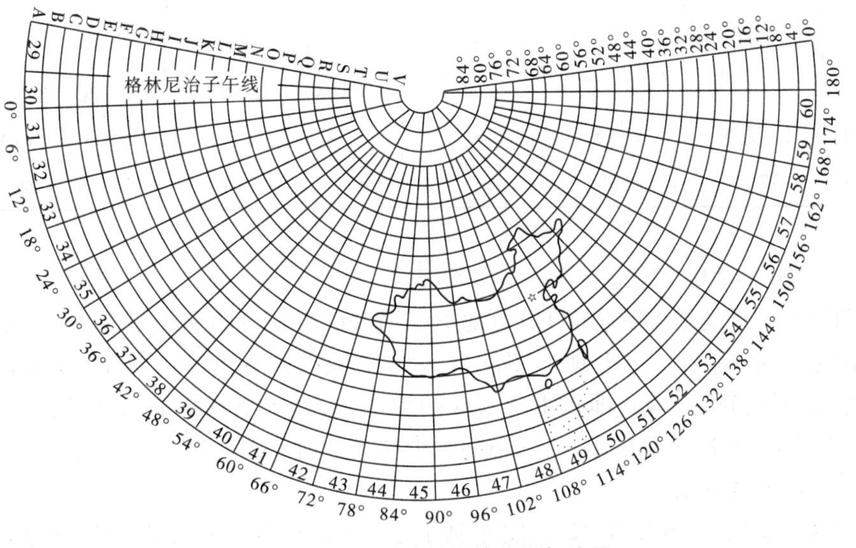

图8-1　1:100万地形图的分幅与编号

每幅1:100万的地形图图号由该图的列数与行数组成,如北京所在的1:100万地形图的编号为J—50。

由于南北半球的经度相同而纬度对称,为了区别南北半球对应图幅的编号,规定在南半球的图号前加一个S,如SL—50表示南半球的图幅,而L—50表示北半球的图幅。

2)1:10万地形图的分幅与编号

将一幅1:100万的图分成144幅,分别以1、2、3、4、5、…、144表示,其纬差为20′,经差为30′,即为1:10万的图幅,如北京所在图幅的编号为J—50—5,见图8-2。

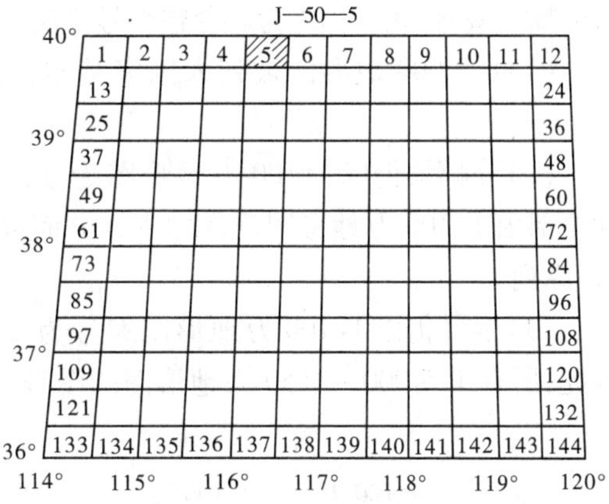

图8-2　1:10万地形图的分幅与编号

3)1∶5万、1∶2.5 万、1∶1万地形图的分幅与编号

这三种比例尺的地形图是在1∶10 万图幅的基础上分幅和编号的。

一幅1∶10 万的地形图分成4 幅1∶5万的地形图,分别以甲、乙、丙、丁表示。一幅1∶5万的地形图分成4 幅1∶2.5 万的地形图,分别以1 、2 、3 、4 表示。一幅1∶10 万的地形图分成64 幅1∶1万的地形图,分别以(1)、(2)、(3)、…、(64)表示。北京所在的上述三种比例尺地形图的图幅编号见表8-2。

表 8-2　各种比例尺地形图分幅与编号

比例尺	图幅大小		分幅数	基本地形图的编号方法	
	经差	纬差		代字	举例(北京)
1∶10 万	30′	20′	144	1—144	J—50—5
1∶5万	15′	10′	4	甲、乙、丙、丁	J—50—5—乙
1∶2.5 万	7′30″	5′	4	1、2、3、4	J—50—5—乙—4
1∶1万	3′ 45″	2′ 30″	64	(1)、(2)、…、(64)	J—50—5—(24)
1∶5 000	1′ 52.5″	1′ 15″	4	a、b、c、d	J—50—5—(24)—b
1∶2 000	37.5′	25″	9	1、2、3、4、5、6、7、8、9	J—50—5—(24)—b—4

4)1∶5 000,1∶2 000 地形图的分幅与编号

这两种比例尺的地形图是以1∶1万地形图为基础进行分幅和编号的。将一幅1∶1万的地形图分成4 幅,在1∶1万地形图图号后加a、b、c、d,即为1∶5 000 的图幅;将一幅1∶5 000的地形图分为9 幅,即得1∶2 000 的地形图,在1∶5 000 地形图的编号后加1、2、…、9,就是1∶2 000 图幅的编号,图幅的大小与编号列于表8-2 中。

2. 新分幅编号方法

国家测绘总局于1992 年12 月发布制定了《国家基本比例尺地形图新的分幅与编号》(GB/T 13989—92)的国家标准,规定自1993 年3 月起新测和更新的地形图照此标准进行分幅和编号,我们称之为新分幅编号方法。它与旧分幅编号方法相比,有以下不同特点:

(1)1∶5 000 地形图被列入国家基本比例尺地形图系列,扩大了原先的分幅编号范围。

(2)分幅虽仍以1∶100 万地形图为基础,经纬差并没有改变,但划分的方法却不同,即全部由1∶100 万地形图逐次加密划分而成。另外,由过去的纵行、横列改成了现在的横行、纵列。

(3)编号仍以1∶100 万地形图编号为基础,下接相应比例尺代码及行、列代码构成。因此,所有1∶5 000 ~1∶50 万地形图的图号均由5 个元素10 位代码组成,如图8-3 所示。

*	* *	*	* * *	* * *
1∶100 万的行号	1∶100 万的列号	比例尺代码	图幅所在行号	图幅所在列号

图 8-3　1∶5 000 ~1∶50 万地形图图号构成

各比例尺地形图的经纬差、行列数和图幅数量成简单的倍数关系，为使各比例尺地形图不致混淆，分别采用不同字符作为各比例尺代码，详见表8-3。

表8-3　图幅数量关系及比例尺代码

比例尺		1:100万	1:50万	1:25万	1:10万	1:5万	1:2.5万	1:1万	1:5 000
比例尺代码			B	C	D	E	F	G	H
图幅范围	经差	6°	3°	1°30′	30′	15′	7′30″	3′45″	1′52″
	纬差	4°	2°	1°	20′	10′	5′	2′30″	1′15″
行列数量关系	行数	1	2	4	12	24	48	96	192
	列数	1	2	4	12	24	48	96	192
图幅数量关系		1	4	16	144	576	2 304	9 216	36 864

（二）正方形分幅法

国际分幅主要应用于基本图，工程建设中使用的大比例尺地形图，一般采用正方形分幅。正方形图幅的大小及尺寸如表8-4所示。

表8-4　正方形图幅表

比例尺	内图廓尺寸(cm^2)	实地面积(km^2)	4 km^2 的图幅数
1:5 000	40×40	4	1
1:2 000	50×50	1	4
1:1 000	50×50	0.25	16
1:500	50×50	0.062 5	64

当采用国家统一坐标系时，正方形图幅编号主要由下列两项组成：

(1)图幅所在带的中央子午线的经度。

(2)图幅西南角以千米计的坐标值 x 、y。

如图8-4中，117° +290 +484 表示中央子午线为117°，图幅西南角的坐标为 x = +290 km，y = +484 km。它是一幅1:5 000的地形图。

当测区未与全国性三角网联网，可采用假定直角坐标进行分幅及编号。图8-5(a)是9张1:2 000比例尺的分幅图。每幅图的编号及图名

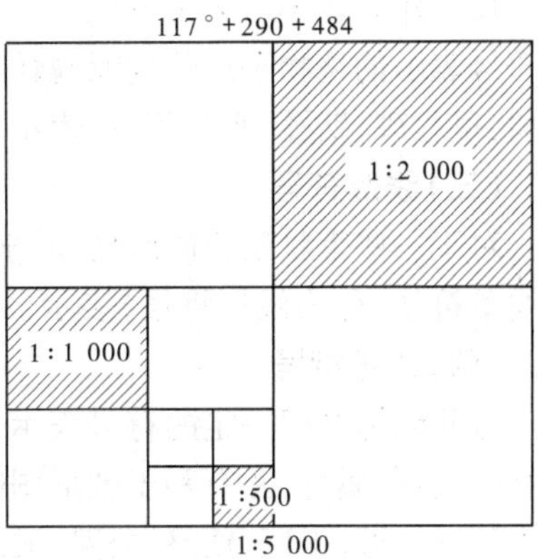

图8-4　以中央子午线表示的正方形分幅

注于图上。有斜线的那幅图取名为俞庄,编号为“5”。有“×”号的一点是这幅图的西南角,它的坐标是 $x=4\,000$ m,$y=5\,000$ m。

图 8-5(b)是一张图名为俞庄编号为“5”的 1∶2 000 地形图图幅。如果要了解该图幅左右两侧的地形,可在分幅图中按结合图号拼接成一幅大图。

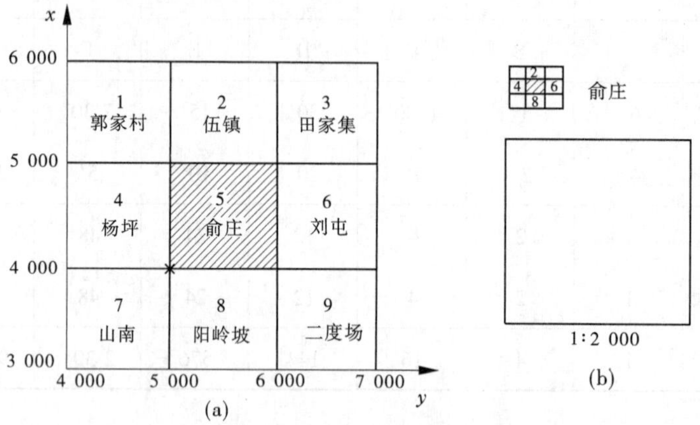

图 8-5　以假定直角坐标系的正方形分幅

第二节　地物地貌的表示方法

一、地物的表示方法

按照铅垂投影的方法,采用国家规定的符号(地形图图式),可将地物缩绘到一张平面图上。描述地物的符号主要有比例符号、非比例符号、线形符号和注记符号。

(一)比例符号

根据实际地物的大小,按比例缩绘于图上,以表示地物的大小、位置和属性特征的符号称为比例符号。

(二)非比例符号

尺寸相对较小或无法按照一定比例缩绘的地物,即不能用比例符号表示,而用一种形象符号表示的地物平面位置及属性特征的符号,称为非比例符号。如三角点、水准点、独立树、里程碑、钻孔、水井等,仅表示其平面位置。

(三)线形符号

对于一些带状延伸的地物,其横向宽度不能按照比例表示,可用一条与实际走向一致的线条符号(称为线形符号)表示,如道路、小河、通信线及管道等。

(四)注记符号

有些地物除用一定的符号表示外,还需要对其进行说明和注记,以便更准确地表示出地物的位置、属性,并有利于地形图阅读和应用,这些符号称为注记符号。如河流和湖泊的水位,村、镇、工厂、铁路、公路、城市或街区的特别标志物等。

常见的 1∶500 及 1∶1 000 地形图图式示例见表 8-5。

表 8-5　地形图图式(1∶500、1∶1 000)

符号说明	符　号	符号说明	符　号	符号说明	符　号
三角点 横山-点名 95.93-高程	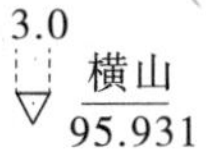	土墙	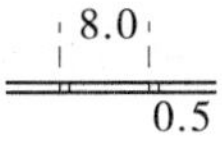	水渠	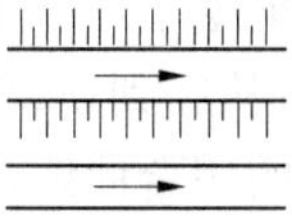
导线点 25-点名 62.74-高程	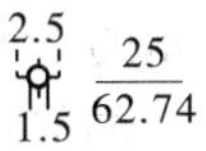	栅栏 栏杆	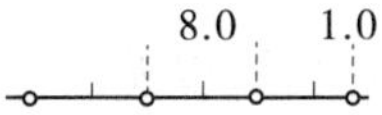	车行桥	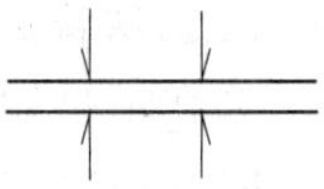
水准点 Ⅱ京石5-点名 32.804-高程	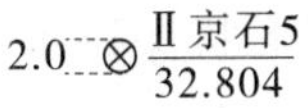	篱笆	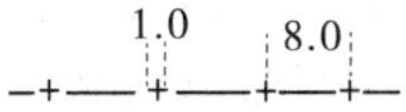	人行桥	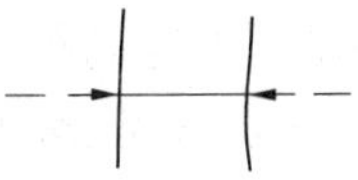
永久性房屋 (4层)	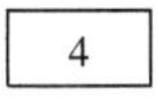	铁丝网	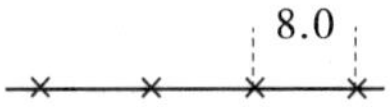	地类界	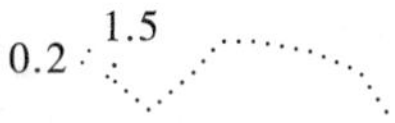
普通房屋	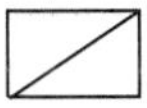	铁路	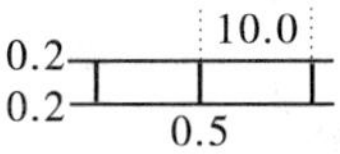	旱地	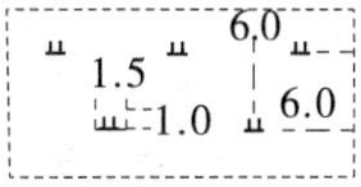
厕所		公路	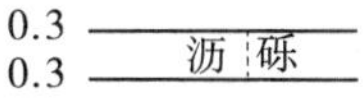	大面积的竹林	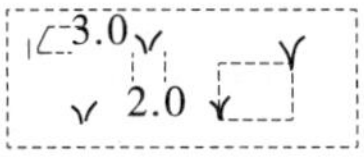
水塔	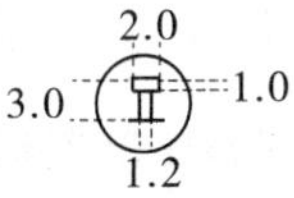	简易公路	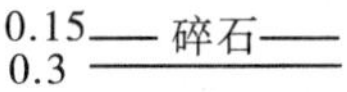	草地	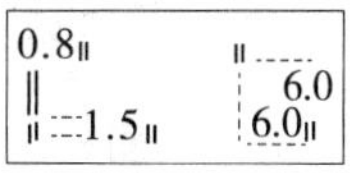
烟囱	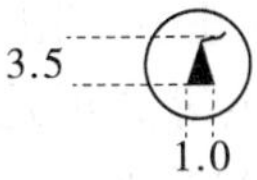	大车路	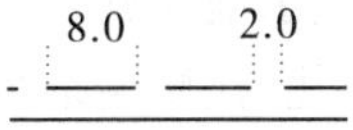	耕田 水稻田	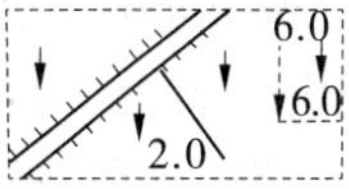
电力线高压	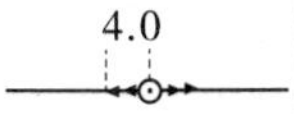	小路	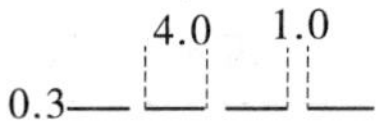	菜地	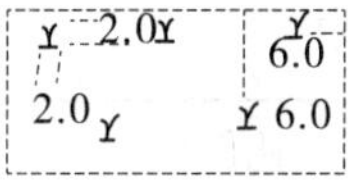
电力线低压	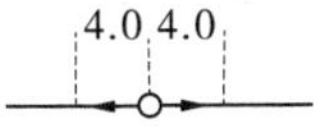	阶梯路	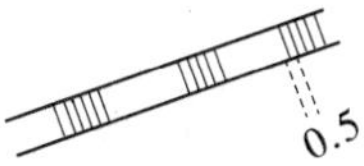		
围墙砖石 及混凝土墙	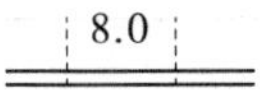	河流、湖泊、水库、水涯线及流向		等高线	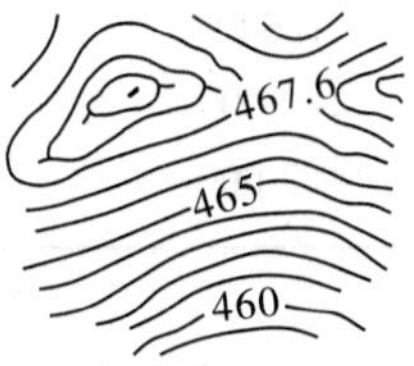

二、地貌的表示方法

(一)等高线

地面是起伏不平的,有高山、丘陵等,这种高低不平、形状各异的地貌是怎样表示在平面图纸上的呢？如图 8-6 所示，有一座山，假想从山底到山顶，按相等间隔把它一层一层地水平切开后，呈现各种形状的截口线。然后再将各截口线垂直投影到平面上，并按测图比例缩绘于图纸上，就得到用等高线表示该地貌的图形。由此可见，等高线表示地貌的原理是：从底到顶，相等高度，层层水平，垂直投影。等高线是地面上高程相等的相邻点连接而成的闭合曲线。

（二）等高距和等高线平距

等高距是相邻两等高线间的高差，以 h 表示，即图 8-7 中所示的水平截面间的垂直距离。同一地形图中等高距是相同的。等高线平距是相邻等高线之间的水平距离。因为同一幅图上等高距是一个常数，所以等高线多，山就高；等高线少，山就低。等高线密，坡度陡；等高线稀，坡度缓。等高线的弯曲形状和相应实地地貌形状保持水平相似关系，如图 8-7 所示。

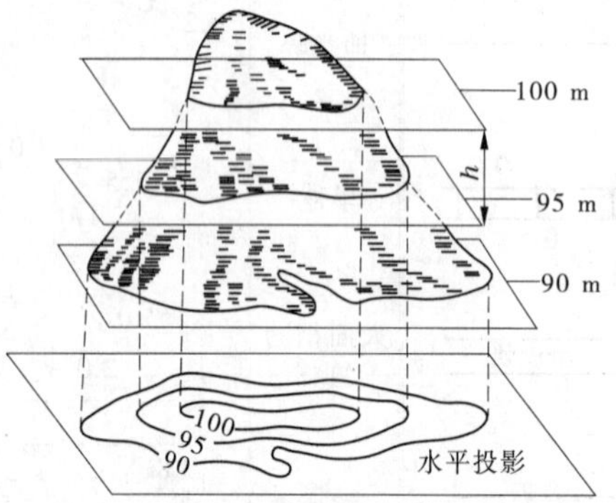

图 8-6　用等高线表示地貌的方法

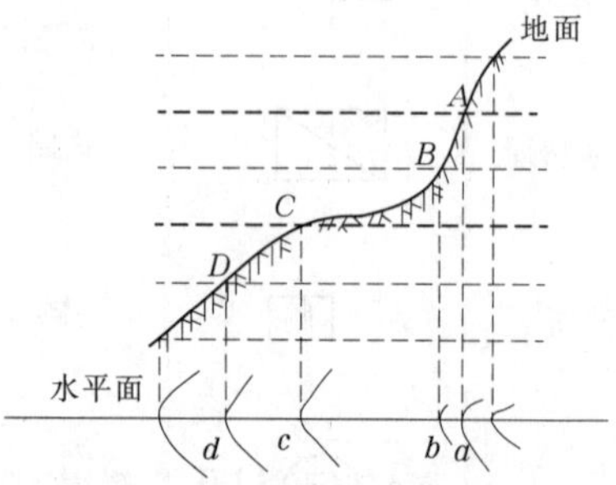

图 8-7　等高距和等高线平距

另外亦可看出：等高距越小，显示地貌就越详细。但等高距过小，图上的等高线就过于密集，就会影响图面的清晰。因此，在测绘地形图时，如何确定等高距是根据测图比例尺与测区地面坡度来确定的。地形测量规范中对等高距的规定见表 8-6。

表 8-6　等高距

比例尺	平地（0°~2°）(m)	丘陵地（2°~6°）(m)	山地（>6°）(m)
1:500	0.5	0.5	1.0
1:1 000	0.5	1.0	1.0
1:2 000	1.0	1.0	2.0

（三）几种典型地貌等高线的特征

山丘和盆地等高线都是由若干闭合的曲线组成，需要根据高程注记才能把两者加以区别，如图 8-8(a)、(b)所示。自外圈向里圈逐步升高的是山丘，自外圈向里圈逐步降低的是盆地。图中垂直于等高线顺山坡向下画出的短线称为示坡线，指出降低的方向。

山脊与山谷等高线都是抛物线形状，如图 8-8(c)所示。山脊等高线是凸向低处的曲线，各凸出处拐点的连线称为山脊线或分水线；山谷等高线是凸向高处的曲线，各凸出处拐点的连线称为山谷线或集水线。山脊或山谷两侧山坡的等高线近似于一组平行线。

鞍部是介于两个山头之间的低凹地，呈马鞍形的地形，其等高线的形状近似于两组双曲线簇，如图 8-8(d)所示；梯田及峭壁的等高线及其表示方法见图 8-8(e)、(f)。

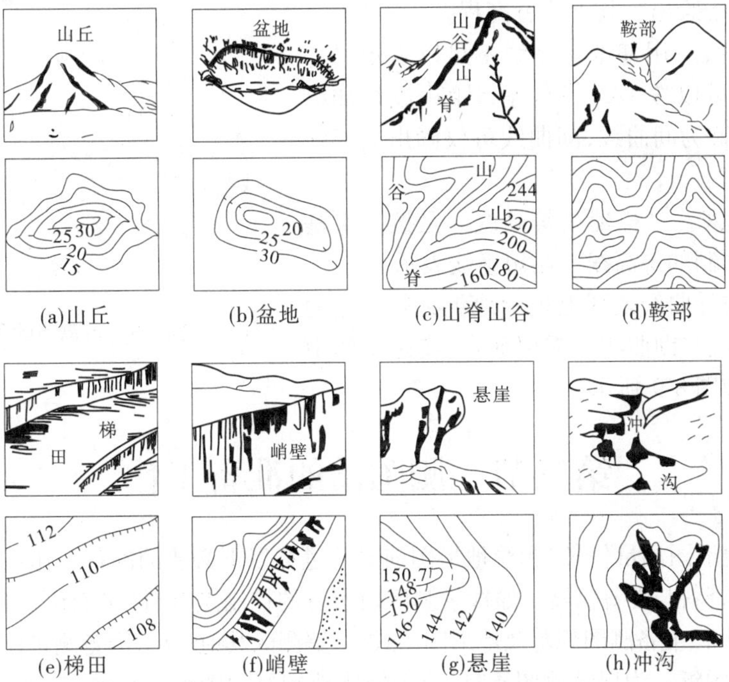

图 8-8　几种典型地貌的表示方法

在特殊情况下，悬崖的等高线出现相交的情况，覆盖部分为虚线，如图 8-8(g)所示；在坡地上，由于雨水冲刷而形成的狭窄而深陷的沟叫冲沟，如图 8-8(h)所示。

上述每一种典型的地貌形态，可以近似地看成由不同方向和不同斜面所组成的曲面，相邻斜面相交的棱线，在特别明显的地方，如山脊线、山谷线、山脚线等，称为地貌特征线或地性线。由这些地性线构成了地貌的骨骼，地性线的端点或其坡度变化处，如山顶点、盆底点、鞍部最低点、坡度变换点，称为地貌特征点，它们是测绘地貌的重要依据。

(四)等高线的特性

(1)等高性。同一条等高线上各点高程相等，但高程相等的点不一定在同一等高线上。

(2)闭合性。等高线为连续闭合曲线。如不能在本幅内闭合，必定在图幅外闭合。只有在遇到用符号表示的悬崖及陡坡处中断。

(3)非交性。除悬崖或绝壁外，等高线在图上不能相交或相切。

(4)正交性。山脊和山谷处等高线与山脊线和山谷线正交。

(5)密陡疏缓性。同一幅图内，等高线越密，地面坡度越陡；等高线越稀，坡度越缓。

(五)等高线的种类

(1)首曲线。即按规定等高距描绘的等高线，亦称基本等高线。大比例尺地形图上首曲线是线画直径为 0.15 mm 的实线，其上不注记高程。

(2)计曲线。亦称加粗等高线,为便于读图,从高程起算面起,每隔4条首曲线(即基本等高距的5倍)用粗线绘出。其上注有高程。

(3)间曲线。用基本等高线不足以表示局部地貌特征时,可以按1/2基本等高距用虚线加绘半距等高线,称为间曲线,间曲线可仅画出局部线段,可不闭合。

(4)助曲线。又称辅助等高线。是按1/4基本等高距而绘制的等高线。用短虚线表示。

首曲线与计曲线是图上表示地貌必须描绘的曲线,而间曲线与助曲线视需要而定,实际工作中应用较少。如图8-9所示。

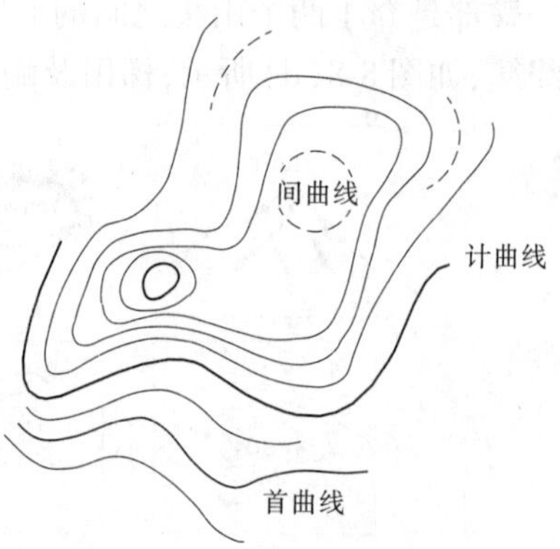

图8-9　等高线的种类

第三节　测图前的准备工作

要完成地形图测量任务,测绘地形图前必须进行以下必要的准备工作:

(1)收集资料与准备仪器。如抄录测区内所有的控制点资料(平面位置和高程位置)、收集已有的图件、准备测图规范及地形图图式、了解测区其他情况、准备测量仪器及工具。

(2)准备图纸。为保证测图质量,应选择质地较好的图纸。目前,各测绘部门大多采用厚度为0.07~0.1 mm、表面经打毛后的聚酯薄膜测图。聚酯薄膜具有透明度好、伸缩性小、不怕潮湿、可以水洗、牢固耐用等优点,并可直接在底图上着墨复晒蓝图。但聚酯薄膜有易燃、易折和老化等缺点,在使用和保管过程中应注意防火防折。

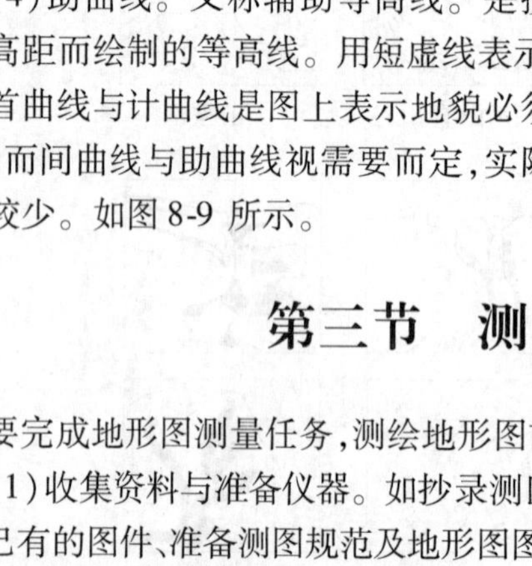

图8-10　控制点展绘

(3)绘制坐标格网。根据控制点的直角坐标值x、y将控制点展绘在图纸上,为提高展点精度并方便展点,需先在图纸上精确绘制10 cm×10 cm的直角坐标格网,并将坐标格网线的坐标值注在相应格网边线的外侧。通常用对角线法、坐标格网尺法或绘图仪绘制。

(4)展绘控制点。图8-10为1∶1 000比例尺展点示意图。展点时,先要根据控制点的坐标确定其所在的方格。如控制点A的坐标$x_A=647.43$ m,$y_A=634.52$ m,根据A点的坐标值即可确定其位置在$plmn$方格内。再按y坐标值分别从l、p点按测图比例尺向右各量34.52 m,得a、b两点。同法,从p、n点向上各量47.43 m,得c、d两点。连接a、b和c、d,其交点即为A点的位置。同法将图幅内所有控制点展绘在图纸上,并在点的右侧以分数形式注明点号及高程,如图中1、…、5等点。最后用比例尺量出各相邻控制点之间的距离,与相应的实地距离比较,其图纸上的尺寸差值不应超过图上 0.3 mm。

第四节　常规地形图测绘

常规的大比例尺地形图测绘主要使用经纬仪或全站仪，早前常用的平板仪（大平板、小平板）现在已经较少使用。

一、碎部测量

根据现场具体情况，测量碎部点平面位置可灵活选用前面介绍的极坐标法、直角坐标法、角度交会法或距离交会法等方法。实际工作中一般以极坐标法为主。

（一）经纬仪法

经纬仪测绘法是在控制点上安置经纬仪，测量碎部点位置的数据（水平角、距离、高程），用绘图工具展绘到图纸上，绘制成地形图的一种方法。

1. 施测方法

（1）将经纬仪安置在测站点 A（控制点）上，测图板安置在近旁（见图 8-11），测定竖盘指标差 x（每天开始时测一次）、量出仪器高 i；选定控制点 B 为起始零方向（即以 AB 方向的度盘读数为 0°00′00″），一并记入手簿（见表 8-7）。

图 8-11　经纬仪测绘法示意图

（2）依次照准所选碎部点上的立尺，读取下、上、中三丝读数，而后读取竖盘读数和水平角，记入手簿相应栏内。

（3）计算水平距离及高差，并算出碎部点的高程（算至厘米）。

（4）用半圆量角器和比例尺，按极坐标法将碎部点缩绘到图纸上，并注上高程（可以点位兼作高程数字的小数点，也可在点位右侧注上高程），边测边绘。

在施测过程中，应参照现场实际情况，及时在图上勾绘地物轮廓线与等高线。每测 20～30 点后，应检查起始方向是否正确。仪器搬站后，应检查上一站的若干碎部点，检查无误后，才能在新的测站上开始测量。

表 8-7 碎部测量手簿

______测区 ______年______月______日 天气______ 观测者______ 记录者______

测站A,方向B 测站高程46.54 m 仪器高i = 1.42 m 乘常数100 加常数0 指标差x = 0

测点	水平角 (° ′ ″)	尺上读数(m) 中丝	下丝 / 上丝	视距间隔 l (m)	竖盘读数 (° ′)	竖直角 (° ′)	高差 (m)	水平距离 (m)	测点高程 (m)	备注
1	43 44 00	1.42	1.520 1.300	0.220	88 06	+1 54	+0.73	22.00	47.27	
2	56 43 00	2.00	2.871 1.128	1.743	92 32	−2 32	−8.28	174.00	38.26	
3	175 11 00	1.42	2.000 0.895	1.105	72 19	+17 41	+31.98	100.30	78.52	

2. 碎部点的选择

地形图是根据测绘在图纸上的碎部点来勾绘的,因此碎部点选择恰当与否,直接影响地形图的质量,现将选择碎部点的若干要点介绍如下。

(1)对于地物特征点,应选择能反映地物形状的点,如房屋的房角、河流及道路的方向转变点、道路交叉点等,连接这些点便能绘出与实地相似的地物形状,如图 8-12 所示。

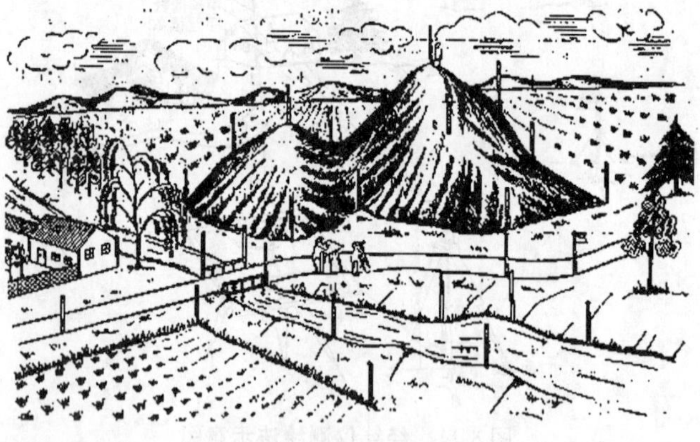

图 8-12 碎部点的选择

(2)对于地貌特征点,如图 8-12 中的山丘,应选择在山顶和鞍部、地性线——山脊线和山谷线上坡度与方向改变的地方,以及山脚地形变换点等处能控制地貌形状的特征点上立尺。为了能如实地反映地面情况,即使在地面坡度变化不大的地方,每相隔一定距离也应立尺。地形点密度和它离测站的最大距离,随测图比例尺的大小和地形变化情况而定(见表 8-8)。

(二)全站仪法

全站仪测绘地形图的方法与经纬仪测图方法基本相同。主要步骤如下:

表 8-8　碎部点的密度和最大视距长度

测图比例尺	地形点间隔(图上 cm)	测站到地形点最大视距长度(m)
1:500	1~3	70
1:1 000	1~3	120
1:2 000	1~3	200
1:5 000	1~1.5	300

(1)先在测站上安置全站仪,量出仪器高 i,后视另一控制点进行定向,使水平度盘读数为 0° 00′ 00″。

(2)立尺员在测杆上装好棱镜,将棱镜面向全站仪立于碎部点上,读出棱镜标志中心在测杆上的高度 v(尽量使 $v=i$)。

(3)观测员瞄准棱镜标志中心测出斜距 L、竖直角 α 和水平度盘读数 β,并作记录。

(4)将 α、L 输入计算器,计算平距 D 和碎部点高程 H。然后,与经纬仪测绘法一样,将碎部点展绘于图上。

二、地形图的绘制

在外业工作中,当碎部点展绘在图上后,就可对照实地随时描绘地物和等高线。如果测区较大,由多幅图拼接而成,还应及时对各图幅衔接处进行拼接检查,经过检查与整饰,才能获得合乎要求的地形图。

(一)地物描绘

地物要按地形图图式规定的符号表示。房屋轮廓需用直线连接起来,道路、河流的弯曲部分应逐点连成光滑的曲线。不能依比例描绘的地物,应按规定的非比例符号表示。

(二)等高线勾绘

当图纸上测得一定数量的地貌点后,即可勾绘等高线。先用铅笔轻轻地将有关地貌特征点连起勾出地性线,如图 8-13 中的虚线;然后在两相邻点之间,按其高程内插等高线。由于测量的碎部点是沿地性线在坡度变化和方向变化的立尺点,因此图上相邻点之间的地面坡度可视为均匀的,内插时可按平距与高差成正比的关系处理。

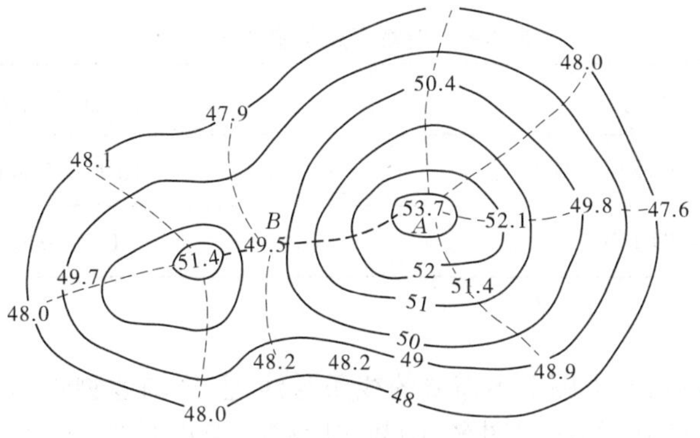

图 8-13　等高线的勾绘

如图 8-14 中 A、B 两点的高程分别为 53.7 m 及 49.5 m，两点间距离由图上量得为 21 mm，当等高距为 1 m 时，就有 53、52、51、50 m 四条等高线通过。内插时先算出中间两根等高距在图上的平距 $d = 21/4.2 = 5(\text{mm})$，然后计算两边两根等高线（53 m 和 50 m）至 A 点和 B 点的平距 x_1 和 x_2，定出 a 及 b 两点，$x_1 = 0.7 \times 5\ \text{mm} = 3.5\ \text{m}$，$x_2 = 0.5 \times 5\ \text{mm} = 2.5\ \text{mm}$；再将 ab 分为三等份，等分点即为 52 m 及 51 m 等高线通过的位置。同法定出其他各相邻碎部点间等高线的位置，将高程相同的点连成平滑曲线，即为等高线（见图 8-13）。

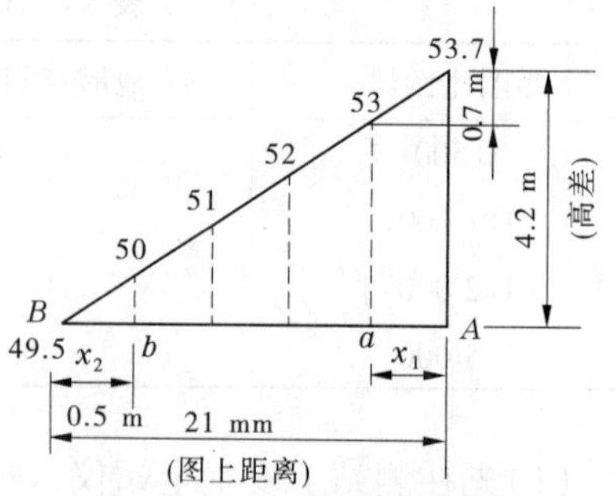

图 8-14　等高线内插原理

实际工作中，可采用目估法勾绘等高线。如图 8-13 所示，先按比例关系估计 A 点附近 53 m 及 B 点附近 50 m 等高线的位置，然后三等分求得 52、51 m 等高线的位置。如发现比例关系不协调时，可进行适当的调整。

（三）地形图的拼接、整饰、检查与验收

地形测量完毕后，应按测量规范要求进行拼接和整饰，还要根据质量检查制度进行检查，合格后，所测的图才能使用。

1. 图幅的拼接

当测区较大，采用分块、分幅测图时，所测的几幅图就需要进行拼接。为了拼接方便，测图时每幅图的西南两边应测出图框以外 2 cm 左右。

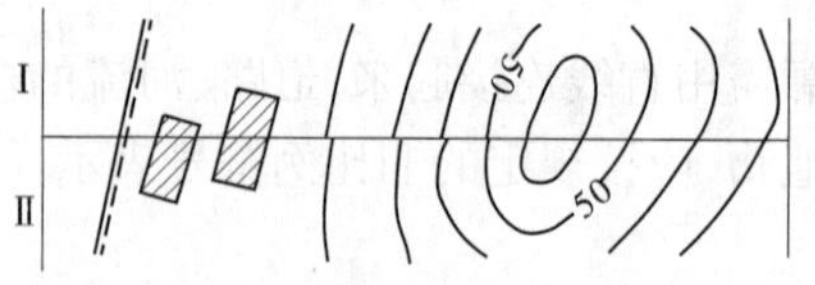

图 8-15　地形图的拼接

拼接方法是，将相邻两幅图衔接边处的地形蒙绘于一张透明纸条上，就可以看出相应地物与等高线衔接的情况（见图 8-15）。若地物位置相差不到 2 mm，等高线相差不大于相邻等高线的平距时，则可在透明纸上作合理的修正（一般取平均位置作修正），使图形和线条衔接，然后按透明纸上衔接好的图形转绘到相邻的图纸上去。如发现漏测或有错误，必须补测或重测。

大比例尺地形图的接边限差，不应大于规定的碎部点平面、高程中误差的 $2\sqrt{2}$ 倍。具体规定见表 8-9 和表 8-10。

表 8-9　地物点点位中误差

地区类别	地物点点位中误差
建筑区、平地及丘陵地	图上 0.5 mm
山地及旧街坊	0.75 mm

2. 整饰

每幅图拼接好以后，擦去图上不需要的线条与注记，修饰地物轮廓线与等高线，使其清晰、明了。最后整饰图框并注记图名、图号、比例尺、测图单位、测图时间等（如图 8-16 所示）。

表 8-10　等高线插求点的高程中误差

地形类别	平地	丘陵	山地	高山地
高程中误差（等高距）	1/3	1/2	2/3	1

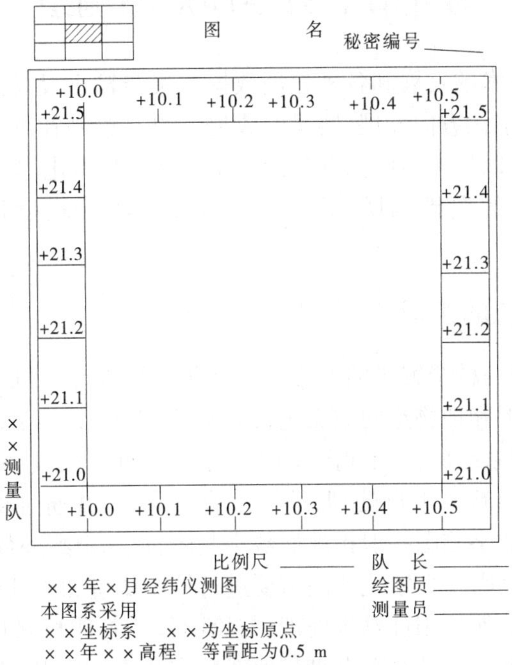

图 8-16　地形图图框整饰示例

3. 检查

当地形图野外观测任务完成后，应首先完成图纸与地形的校对工作，在准确无误后，还应进行必要的检查工作，保证地形图观测的现势性。检查工作包括图面检查、野外巡视和设站检查等。

1）图面检查

检查观测区域内图纸上的地物线条连接是否合理、表示地貌的等高线的连接是否合理、连接有无矛盾、区域内涉及的地物与地貌的名称注记有无错误或遗漏，如果发现与测图区域不相符合的地方，应及时修改，确保地形图准确无误。

2）野外巡视

在图面检查的基础上，将图纸带到测定区域将图纸与测区实地核对，检查测区内的地物、地貌有无遗漏，图纸上的地物、地貌连接是否与实际相符合。野外巡视检查中，对于发现的问题应及时处理，必要时应重新安置仪器进行检查并予以修正。

3）设站检查

完成上述工作后，应对测区内每幅图纸进行部分（约占测定区域的 1/10）检查，即对测定区域内的主要地物和地貌重新测量，如果发现问题，应及时修改。

4. 验收

检查工作完成后，将地形图观测过程中所涉及的有关测量原始记录与计算资料、手稿等整理好，待交付图纸时便于相关单位审核、评定质量，并作为测区测图的原始档案和资料保管好，作为以后用图的技术依据。

第五节　数字地形图测绘

随着计算机科学技术的发展和各种先进数据采集与输出设备的广泛应用，测绘科学技术正朝着自动化、数字化方向发展，测量的成果不再是绘制在纸上的地图，而是以数字形式存储在计算机中可以传输、处理、共享的数字地图。数字化测图作为一种先进的测量方法，已经替代了传统的白纸测图，其自动化程度和测量精度均是其他方法难以达到的。

一、数字测图系统的组成

数字化测图实质是一种全解析的方法。数字测图是以计算机为核心，在外联输入输出设备的支持下，对地形和地物空间数据进行采集、输入、成图、绘图、输出、管理的测绘方法。广义的数字化测图系统的框图如图 8-17 所示。数据采集设备采集地形数据输入计算机，由计算机内的成图软件进行处理、编辑生成地形图，并通过绘图仪输出可视图件。实际工作中，大比例尺数字测图一般指地面数字测图，也称全野外数字测图。与白纸测图定点的基本原理一样，全野外数字化测图需要进行控制测量和碎部测量，应用全站仪等测量仪器在实地采集数据，然后用计算机处理，与绘图仪或打印机联机，自动绘图和打印测量成果，最后将图形数据和属性数据存盘。地图数字化是利用数字化仪对已有的图件进行数字化，将图件上的各种要素以一定的规则输入计算机编辑处理。数字化测图是一种先进的测量方法，与白纸测图相比具有明显的优势，是近年来主要的成图方法。它具有自动化程度高、现势性强、整体性强、运用性强、精度高的特点。

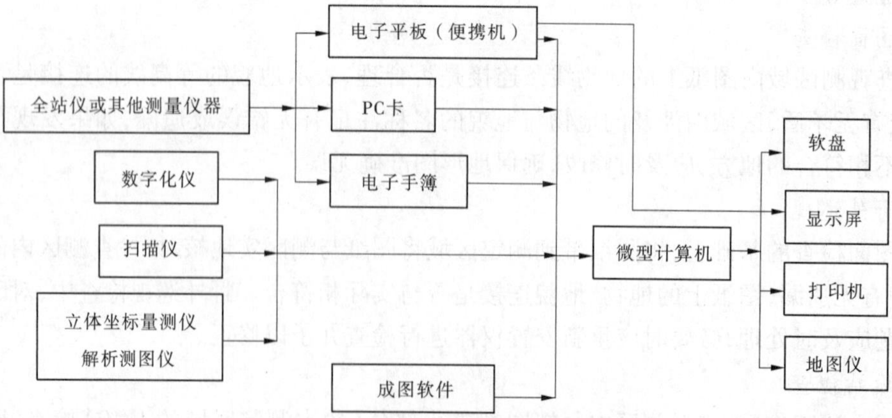

图 8-17　广义的数字化测图系统框图

二、数字化测图系统的硬件环境和软件系统

(一)数字化测图系统硬件的功能

数字化测图系统的硬件由计算机主机、全站仪、数据记录器(电子手簿)、数字化仪、打印机、绘图仪及其输出输入设备组成。

全站仪采集野外数据通过数据记录器(电子手簿、PC 卡)输入计算机。功能较全的全站仪可以直接与计算机进行数据传输。计算机包括台式、便携式 PC 机等。若用便携式机作电子平板,则可将其带到现场,直接与全站仪通信,记录数据,实时成图。

绘图仪和打印机是数字化成图系统不可缺少的输出设备。数字化仪通常用于现有地图的数字化工作。其他输入输出设备还有图像/文字扫描仪、磁带机等。计算机与外接输出设备的连接,可通过自身的串行接口、并行接口及计算机网络接口实现。

(二)数字化测图软件系统

数字化测图软件是数字测图系统的关键,一个功能比较完善的数字测图系统软件,应集数据采集、数据处理(包括图形数据的处理和属性数据以及其他数据格式的处理)、图形编辑与修改、成果输出与管理于一体,且通用性强,稳定性好,并提供与其他软件进行数据转换的接口。目前,用于数字测图的应用软件很多,不同的软件各有其特点,即使是同一种软件,由于版本的不同,其功能也有差异。

南方地形地籍成图软件 CASS 是广州南方测绘仪器公司基于 AutoCAD2004 平台开发的 GIS 前端数据采集系统,主要应用于地形成图、地籍成图、工程测量应用三大领域。它全面面向 GIS,彻底打通了数字化成图系统与 GIS 的接口。使用骨架线实时编辑、简码用户化、GIS 无缝接口等先进技术。自 CASS 软件推出以来,在我国大部分地区已经成为主流成图软件。目前较新版本为 CASS 7.0。

三、数字测图的野外数据采集

(一)测图前的准备工作

1. 图根控制测量

野外数据采集包括图根控制测量和碎部测量两个阶段。如高级控制点的密度不能满足大比例尺数字测图的需求时,应加密适当数量的图根控制点,直接供测图使用。如果利用全站仪采集碎部点,就常规成图方法而言,一般以在 500 m 以内能测到碎部点为原则。一般平坦而开阔地区每平方千米图根点的密度,对于 1∶2 000 比例尺测图不少于 4 个,对于 1∶1 000 比例尺测图不少于 16 个,对于 1∶500 比例尺测图不少于 64 个。

图根平面控制点的布设,除采用图根导线、图根三角、交会方法和 GPS RTK 等方法外,还可采用辐射法和一步测量法。辐射法是在某一通视良好的等级控制上,用极坐标测量方法一次测定周围几个图根点,这种方法无需平差计算,直接测出坐标,为保证图根点的可靠性,一般要进行两次观测(另选定向点);一步测量法(如图 8-18 所示)是将图根导线与碎部测量同时作业。利用全站仪一步测量法采集数据时,效率非常高,可少设一次站、少跑一遍路。

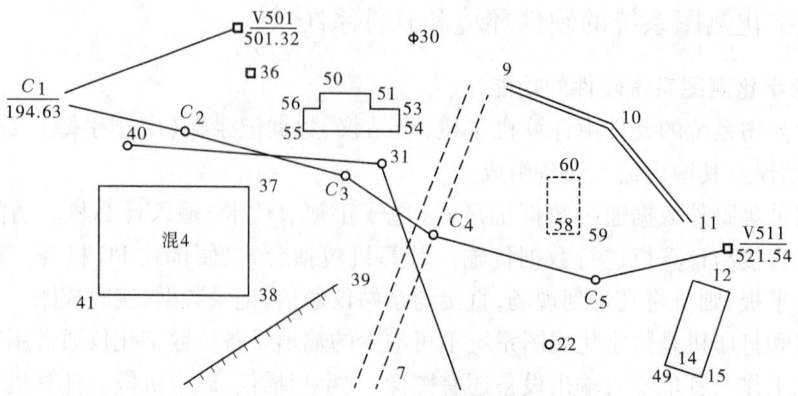

图 8-18　一步测量法示意图

2. 测站点的测定

数字测图时应尽量利用各级控制点作为测站点。在地形琐碎、房屋密集以及雨裂冲沟繁多的地方,需要增设一定数量的测站点,但不能用增设测站点做大面积的测图。

增设测站点是在控制点或图根点上,采用极坐标法、支导线法、辐射法等方法测定测站点的坐标和高程。测站点的点位精度,相对于附近图根点的中误差不应大于图上 0.2 mm,高程中误差不应大于测图基本等高距的 1/6。

(二)仪器器材、资料准备以及人员的安排

野外数据采集前,应准备好仪器、器材、控制成果和技术资料,合理配备测量人员。

1. 仪器器材的准备

仪器器材主要包括全站仪、对讲机、便携机、备用电池、通信电缆、花杆、反光棱镜、钢尺等。全站仪、对讲机应提前充电。

2. 资料的准备

数据采集前,最好提前将测区的全部已知点成果通过计算机输入全站仪的内存中,以方便调用。目前多数数字测图系统在野外进行数据采集时,要求绘制较详细的草图。如果测区有相近比例尺的地图,则可利用旧图或影像图并适当放大复制,裁成合适的大小(如 A4 幅面)作为工作草图。在这种情况下,作业员可先进行测区调查,对照实地将变化的地物反映在草图上,同时标出控制点的位置,这种工作草图也起到工作计划图的作用。在没有合适的地图可作为工作草图的情况下,应在数据采集时绘制工作草图。工作草图应绘制地物的相关位置、地貌的地性线、点号、丈量距离记录、地理名称和说明注记等。草图可按地物的相互关系分块绘制,也可按测站绘制,地物密集处可绘制局部放大图。草图上点号标注应清楚正确,并与全站仪内存或电子手簿记录的点号对应。

3. 外业作业人员的组织

外业作业是对数字测图而言,着重指碎部测量及其人员的组织。数字图的施测方式不同,人员的配备也有所不同。测记法施测时,作业人员一般配置为:观测员 1 人,领尺员 1 人,跑尺员 1 ~3 人(依测量作业熟练情况而定)。领尺员负责绘草图和室内成图,是核心成员。

（三）野外数据采集方式

大比例尺数字测图野外数据采集设备主要有全站仪和 GPS RTK。根据提供图形信息码的方式不同,全站仪野外数据采集的工作程序可分为测记法和电子平板法两种。

1. 全站仪采集数据

1）测记法

测记法是在观测碎部点时,绘制工作草图,在工作草图上记录地形要素名称、碎部点连接关系。然后在室内将碎部点显示在计算机屏幕上。根据工作草图,采用人机交互方式连接碎部点,输入图形信息码和生成图形。具体操作如下：

进入测区后,领尺员首先对测站周围的地形、地物分布情况大概看一遍,认清方向,制作如图 8-18 所示的含主要地物和地貌的工作草图(若在原有的旧图上标明会更准确),便于观测时在草图上标明所测碎部点的位置及点号。观测员指挥立尺员到事先选定好的某已知点上立镜定向;自己快速架好仪器,量取仪器高,启动全站仪,进入数据采集状态,选择保存数据的文件,按照全站仪的操作设置测站点、定向点,记录完成后,照准定向点完成定向工作。为确保设站无误,可选择检核点,测量检核点的坐标,若坐标差值在规定的范围内,即可开始采集数据,不通过检核不能继续测量。

完成上述工作后,观测员通知立尺员开始跑点。观测时要核对每个观测点的点号、属性、镜高并存入全站仪内存中。每观测完一点,观测员要告知绘草图者被测点的点号,以便及时对照全站仪内存中记录的点号和绘草图者标号,保证两者一致。若不一致,应查找原因,及时更正。测记法数据采集通常区分为有码作业和无码作业。有码作业需要现场输入野外操作码(如 CaSS 6.0)。无码作业现场不输入数据编码,而用草图记录绘图信息。绘草图人员在镜站把所测点的属性及连接关系在草图上反映出来,以供内业处理、图形编辑时用。

在进行地貌采点时,可以用一站多镜的方法进行。一般在地性线上要有足够密度的点,特征点也要尽量测到。例如在山沟底测一排点,也应该在山坡边再测一排点,这样生成的等高线才真实。测量陡坎时,最好在坎上坎下同时测点,这样生成的等高线才没有问题。在地形变化较小的地方,可以适当放宽采点密度。

需要注意的是,野外采集时,能测到的点要尽量测,实在测不到的点可利用皮尺或钢尺量距,将丈量结果记录在草图上,室内用交互编辑方法成图。

当一个测站上所有的碎部点测完后,要找一个已知点重测进行检核,以检查施测过程中是否存在误操作、仪器碰动或出故障等原因造成的错误。检查确定无误后,关机、装箱并搬站到下一测站,重新按上述采集方法、步骤施测。

2）电子平板法

电子平板法是采用笔记本电脑和 PDA 掌上电脑作为野外数据采集记录器,可以在观测碎部点之后,对照实际地形输入图形信息码和生成图形。基本操作过程如下：

(1)利用计算机将测区的已知控制点及测站点的坐标传输到全站仪的内存中,或手工输入控制点及测站点的坐标到全站仪的内存中。

(2)在测站点上架好仪器,并把笔记本电脑或 PDA 与全站仪用相应的电缆连接好,开机后进入测图系统;设置全站仪的通信参数;选定所使用的全站仪类型。分别在全站仪和笔记本电脑或PDA上完成测站、定向点的设置工作。

(3)全站仪照准碎部点，利用计算机控制全站仪的测角和测距，每测完一个点，屏幕上都会及时地展绘显示出来。

(4)根据被测点的类型，在测图系统上找到相应的操作，将被测点绘制出来，现场成图。

2. GPS RTK地形测量

Trimble 5700 GPS RTK流动站初始化完成后，进入测量菜单，就可以进行测量。测量形式一般有独立点测量和连续采集地形点两种。

1)独立点测量

(1)将流动站天线测杆放在一个待测点上，如果点上空有障碍物(如山、树)时，测量精度受影响。

(2)从TSC1主菜单选择测量菜单。

(3)在测量类型中选择RTK测量形式。

(4)在测量菜单选择测量点(Mensuye points)。

(5)在点属性类型(Type)中输入地形点(Topo)，在点名一栏输入数字点名、要素代码(Code)和天线高，注意天线高类型要正确。

(6)按"选项"(Options)：

①将自动结束测量点(Auto end point)设置为"否"(No)，这样可以手工存储点。

②按测量任务的精度要求改变精度设置、记录次数设置等。

(7)当天线对中点位，安放垂直后，等待初始化完成，这时屏幕显示RTK＝固定。按"测量"(Measuye)，按回车键。数据采集器记录数据，显示出静态图标，数据记录过程中，保持测杆垂直。

(8)TSC1控制软件为每一种类型的测点预设了测量次数，测量次数与跟踪的卫星个数、几何精度和精度要求有关。当预设次数测完，"记录"(store)命令显示时，检查以下精度：如果精度满意，按"记录"(Store)键记录；如果精度不满意，等待精度提高或选择"退出"(Esc)，出现"是否放弃?"提问，选择"是"。

(9)将测杆移到另一个点上继续测量，直到按需要测完待测点，结束测量。

2)连续采集地形点

(1)将流动站天线测杆放在一个待测点上，如果点上空有障碍物(如山、树)时，测量精度受影响。

(2)从TSCl主菜单选择测量菜单。

(3)在测量类型中选择RTK测量形式。

(4)在测量菜单中选择连续测量(Continuous Topo)。

(5)在点属性类型中输入地形点，在点名一栏输入数字点名、要素代码和天线高，注意天线高类型要正确。

(6)按"选项"：

①将自动结束测量点设置为"是"，这样可以自动存储点。

②按测量任务的精度要求改变精度设置、记录次数设置等。

③设置按时间记录的时间间隔，或按距离记录的距离间隔。

(7)当天线对中点位，放置垂直后，等待初始化完成时显示：RTK = 固定。按“测量”，按回车键。数据采集器自动记录存储数据，测量一个点后，TSC1 发出清脆的声音，点名自动累加。测量员可以按连续地形方向不断运动，TSCl 自动测量和记录。连续动态图标显示。测量过程中，保持 GPS 天线杆垂直。

(8)如果 TSCl 发出低沉的声音，提示精度低时，检查：

①一般情况是卫星个数少或周围环境有障碍物，则等待精度提高，自动记录，或移到环境较好的位置。初始化完成后，再回来测量，或放弃此处测量。

②按“选项”适当调整自动记录精度要求等。

(9)连续沿测量地形边走边测，直到按需要测完待测点，结束测量。

四、数字地形图成图方法

CASS 系统为数字测图提供了多种成图方法：简编码自动成图法、引导文件自动成图法、测点点号定位成图法、屏幕坐标定位成图法和电子平板测图法等。除电子平板测图法外，其余方法均为测记式成图法，即把野外采集的数据存储在电子手簿或全站仪的内存中，同时绘制草图，回到室内后再将数据传输到计算机内，对照草图完成各种地物与地貌的绘制编辑工作，最后形成地形图。

（一）测点点号定位成图法

利用该法绘制平面图，只需把上述“坐标数据文件”中的碎部点点号展现在屏幕上，利用屏幕测点点号，对照草图上标明的点号、地物属性和连接关系，将每个地物绘出。

1. 定显示区

在下拉菜单“绘图处理”中选定“定显示区”项，即弹出一个对话窗如图 8-19 所示。这时，可参考 Windows 选择打开文件的方法打开坐标数据文件，也可直接通过键盘输入，即在“文件名(N)：”(光标闪烁处)输入 C：\CASS6. 0\DEMO\STUDY. DAT，点击“打开(O)”，此时，命令区显示：

图 8-19　执行“定显示区”操作的对话框

最小坐标(米)：$X = 31\ 056.221$，$Y = 53\ 097.691$

最大坐标(米):$X = 31\ 237.455$, $Y = 53\ 286.090$

2. 选择测点点号定位成图法

在屏幕右侧菜单区选择并点击“测点点号”,即出现图 8-20 所示的对话框。输入点号坐标数据文件名 C:\CASS6.0\DEMO\STUDY.DAT 后,命令区提示:

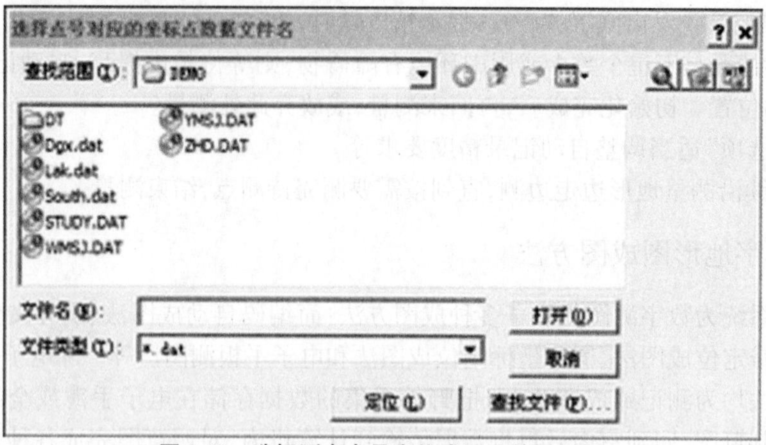

图 8-20　选择测点点号定位成图法的对话框

读点完成! 共读入 106 个点

3. 展野外测点点号

“展点”是将坐标数据文件中的各个碎部点点位及其属性(如点号、代码或高程等)显示在屏幕上。操作方法是在下拉菜单“绘图处理”中选择“展野外测点点号”项,按照系统提示输入待展出的坐标数据文件名后单击“打开”按钮,则数据文件中所有点以注记点号(见图 8-21)形式展现在屏幕上。若没有输入测图比例尺,命令行窗口将要求输入测图比例尺,输入比例尺分母后回车即可。

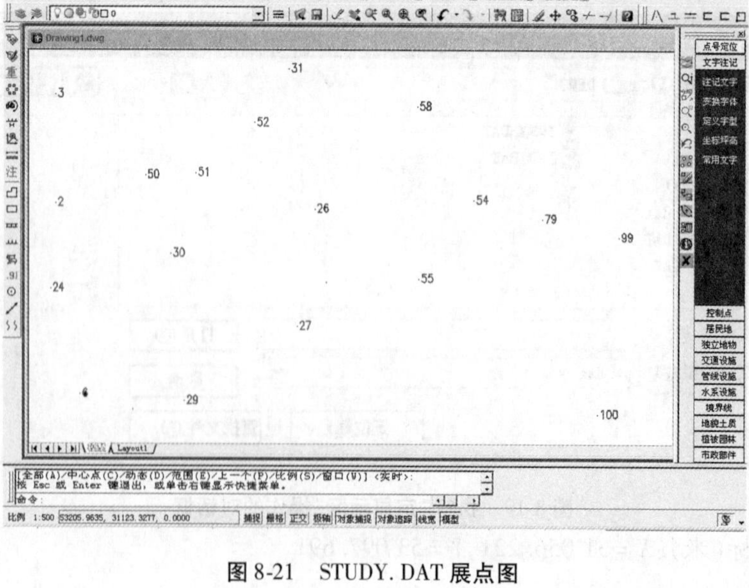

图 8-21　STUDY.DAT 展点图

4. 根据草图绘制相应的图式符号

软件将所有地物细分为文字注记、控制点、界址点、居民地等菜单并置于右侧屏幕。

如要绘制公路，则按其分类选择右侧屏幕菜单的“交通设施”按钮，此时，弹出图 8-22 的界面，通过“Next”按钮找到“平行等外公路”选中并点击“OK”，命令区提示：

绘图比例尺 1：输入 500，回车。

点 P/ <点号>：输入 92，回车。

点 P/ <点号>：输入 45，回车。

点 P/ <点号>：输入 46，回车。

点 P/ <点号>：输入 13，回车。

点 P/ <点号>：输入 47，回车。

点 P/ <点号>：输入 48，回车。

点 P/ <点号>：回车

拟合线 <N>？输入 Y，回车（输入 Y，将该边拟合成光滑曲线；输入 N（缺省为 N），则不拟合该线）。

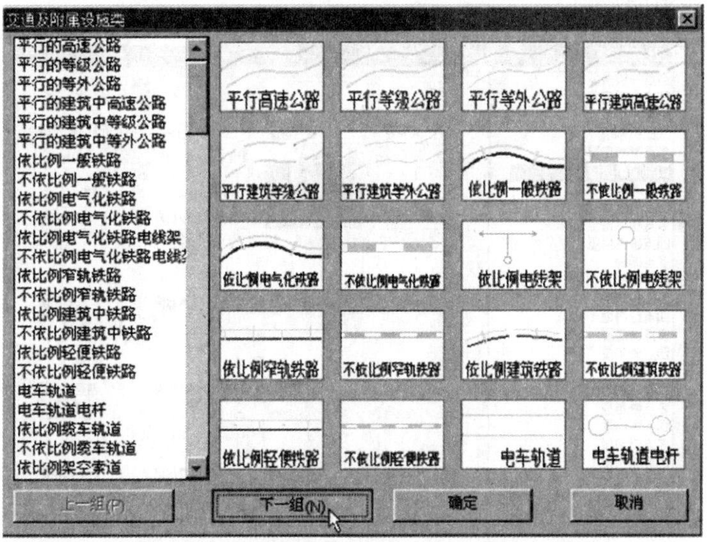

图 8-22 选择屏幕菜单“交通设施”

1. 边点式/2. 边宽式 <1>：回车（默认 1）（选 1（缺省为 1），将要求输入公路对边上的一个测点；选 2，要求输入公路宽度）。

对面一点

点 P/ <点号>：输入 19，回车。这时平行等外公路就做好了。如图 8-23 所示。

如要将草图中 34、33、35 号点连成一间普通房屋，则可选择并点击右侧屏幕菜单中的“居民地”，系统便弹出如图 8-24 所示的对话框。再移动鼠标选择“四点简单房屋”的图标，选择点击“OK”键。这时命令区提示：

绘图比例尺 1：输入 500，回车。

1. 已知三点/2. 已知两点及宽度/3. 已知四点 <1>:输入 1,回车(或直接回车默认选 1)(已知三点是指测矩形房子时测了三个点;已知两点及宽度是指测矩形房子时测了两个点及房子的一条边;已知四点则是测了房子的四个角点)。

点 P/ <点号>:输入 34,回车(点 P 是指由您根据实际情况在屏幕上指定一个点;点号是指绘地物符号定位点的点号,与草图的点号对应)。

点 P/ <点号>:输入 33,回车。

点 P/ <点号>:输入 35,回车(输入的点号必须按顺时针或逆时针的顺序输入,如上例的点号按 34、33、35 或 35、33、34 的顺序输入,否则就会绘出错误图形)。

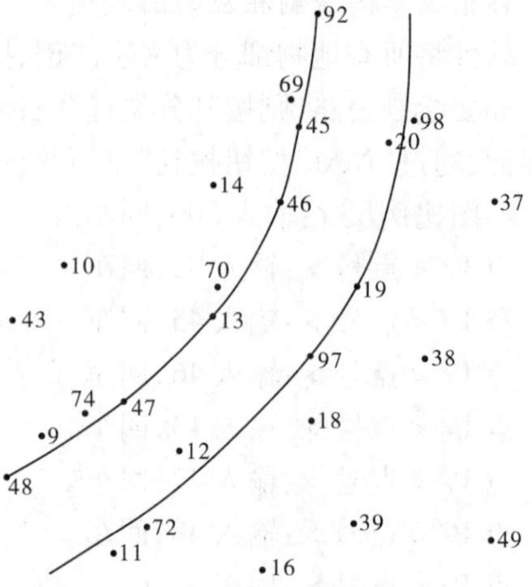

图 8-23　平行等外公路

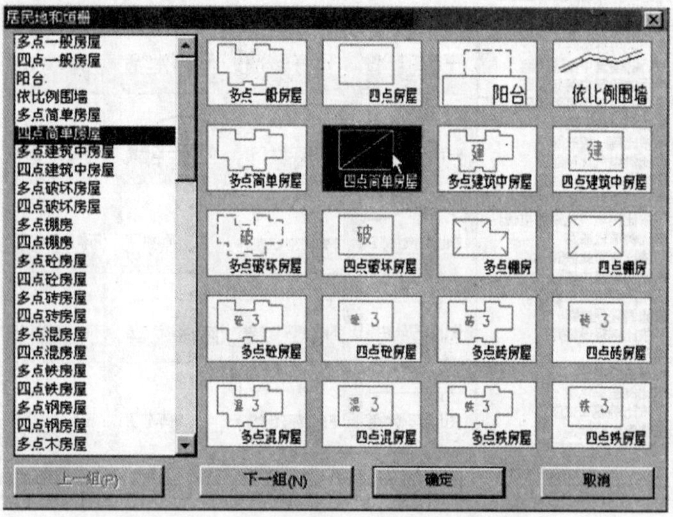

图 8-24　选择“居民地”图层的对话框

重复上述操作,将 37、36、41 号点绘成四点棚房;60、58、59 号点绘成四点破坏房子;12、14、15 号点绘成四点建筑中房屋;50、51、52、54、55、56、57 号点绘成多点一般房屋;27、28、29 号点绘成四点房屋。

同样在“居民地”层选择“依比例围墙”图标,将 9、10、11 号点绘成依比例的围墙;在“居民地”层选择“篱笆”图标将 47、45、23、43 号点绘成篱笆。

再把草图中的 19、20、21 号点连成一段陡坎,其操作方法是:在右侧屏幕菜单处选择“地貌土质”,这时系统便弹出如图 8-25 所示的对话框。

选中“未加固陡坎”符号并确认后,命令区便分别出现以下的提示:

请输入坎高,单位:米 <1.0>:输入坎高,回车(直接回车默认坎高 1 m)。在这里输

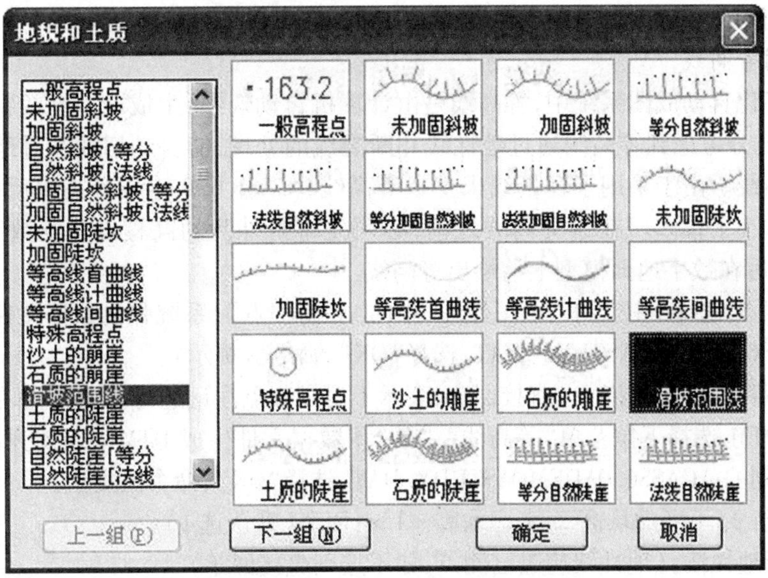

图 8-25　选择"地貌土质"图层的对话框

入的坎高(实测得的坎顶高程),系统将坎顶点的高程减去坎高得到坎底点高程,这样在建立(DTM)时,坎底点便参与组网的计算。

点 P/ <点号>:输入 19,回车。

点 P/ <点号>:输入 20,回车。

点 P/ <点号>:输入 21,回车。

点 P/ <点号>:回车或按鼠标的右键,结束输入。

拟合吗? <N> 回车或按鼠标的右键,默认输入 N(拟合的作用是对复合线进行圆滑处理)。

这时,便在 19、20、21 号点之间绘成陡坎的符号。完成上述操作后,其平面图如图 8-26 所示。重复上述的操作便可以将所有测点用地图图式符号绘制出来。在操作的过程中,

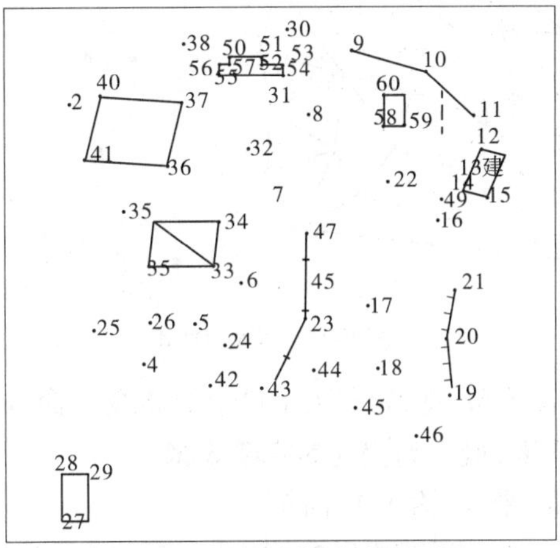

图 8-26　加绘陡坎后的平面图

可以套用别的命令，如放大显示、移动图纸、删除、文字注记等。

5. 绘制等高线

在数字化自动成图系统中，等高线是由计算机自动勾绘，生成的等高线精度相当高。CASS 6.0 充分考虑到等高线通过地性线和断裂线的处理，能自动切除通过地物、注记和陡坎的等高线。由于采用了轻量线来生成等高线，CASS 6.0 生成等高线后的文件大小比其他软件小了很多。在绘等高线之前，必须先将野外测的高程点建立数字地面模型（DTM），然后在数字地面模型上勾绘出等高线。

展高程点 选择下拉菜单“绘图处理”中的“展高程点”，系统弹出数据文件对话框，找到 C:\CASS6.0\DEMO\STUDY.DAT，选择“OK”，命令区提示：

注记高程点的距离（米）：直接回车，表示不对高程点注记进行取舍，全部展出来。

建立 DTM 选择下拉菜单“等高线”中的“用数据文件生成 DTM”，系统弹出数据文件对话框，找到 C:\CASS6.0\DEMO\STUDY.DAT，选择“OK”，命令区提示：

请选择：1. 不考虑坎高 2. 考虑坎高 <1>：回车（默认选 1）。

请选择地性线：（地性线应过已测点，如不选则直接回车）

Select objects：回车（表示没有地性线）。

请选择：1. 显示建三角网结果 2. 显示建三角网过程 3. 不显示三角网 <1>： 回 车（默认选 1）。

这样左部区域的点连接成三角网，其他点在 STUDY.DAT 数据文件里高程为 0，故不参与建立三角网。如图 8-27 所示。

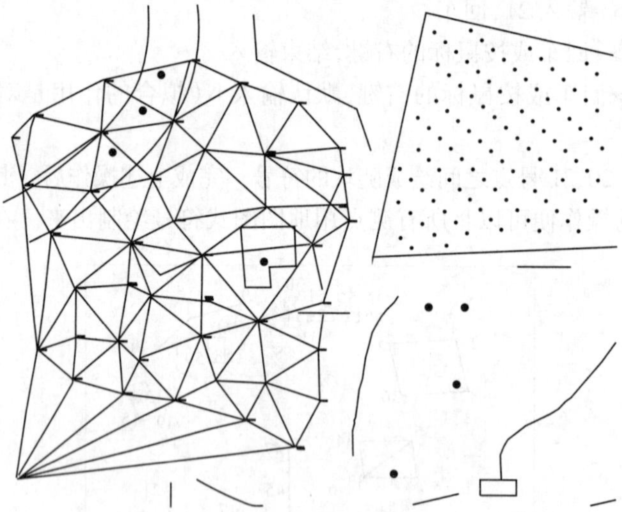

图 8-27 建立 DTM

绘等高线 选择下拉菜单“等高线”中的“绘等高线”，命令区提示：

最小高程为 490.400 米，最大高程为 500.228 米

请输入等高距 <单位：米>：输入 1，回车。

请选择：1. 不光滑 2. 张力样条拟合 3. 三次 B 样条拟合 4. SPLINE <1>：输入 3，回车。这样等高线就绘好了。

再选择“等高线”菜单下的“删三角网”。在“等高线”菜单下,选择“等高线修剪”二级菜单中的“切除穿建筑物等高线”,软件将自动搜寻穿过建筑物的等高线并将其进行整饰;点取“切除指定二线间等高线”,依提示依次用鼠标左键选取左上角的道路两边,软件将自动切除等高线穿过道路的部分;点取“切除穿高程注记等高线”,软件将自动搜寻并将等高线穿过注记的部分切除。

6. 加注记

在平行等外公路上加“经纬路”三个字。在右侧屏幕菜单中选择“文字注记”项,系统弹出如图 8-28 所示的界面。点击“注记文字”项后点取“OK”,命令区提示:

请输入图上注记大小(mm) <3.0>:回车(默认 3mm)。

请输入注记内容:输入“经”,回车。

请输入注记位置(中心点):在平行等外公路两线之间的合适的位置点击鼠标左键。

用同样的方法在合适的位置输入“纬”、“路”二字。

图 8-28 文字注记对话框

7. 加图框

在下拉菜单“绘图处理”中选择“标准图幅(50×40)”,系统弹出如图 8-29 所示的界面。在“图名”栏里输入“建设新村”;在“测量员”、“绘图员”、“检查员”栏里分别输入“张三”、“李四”、“王五”;在“左下角坐标”的“东”、“北”栏内分别输入“53 073”、“31 050”;在“删除图框外实体”栏打勾确认。这样这幅图就作好了,如图 8-30 所示。

8. 绘图

在下拉菜单“文件”中选择“用绘图仪或打印机出图”进行绘图。选好图纸尺寸、图纸方向之后,用鼠标左键点击“窗选”按钮,用鼠标圈定绘图范围;将“打印比例”一项选为“2∶1”(表示满足 1∶500 比例尺的打印要求);通过“部分预览”或“全部预览”可以查看出图效果,满意后就可单击“确定”按钮进行绘图。

图 8-29　输入图幅信息

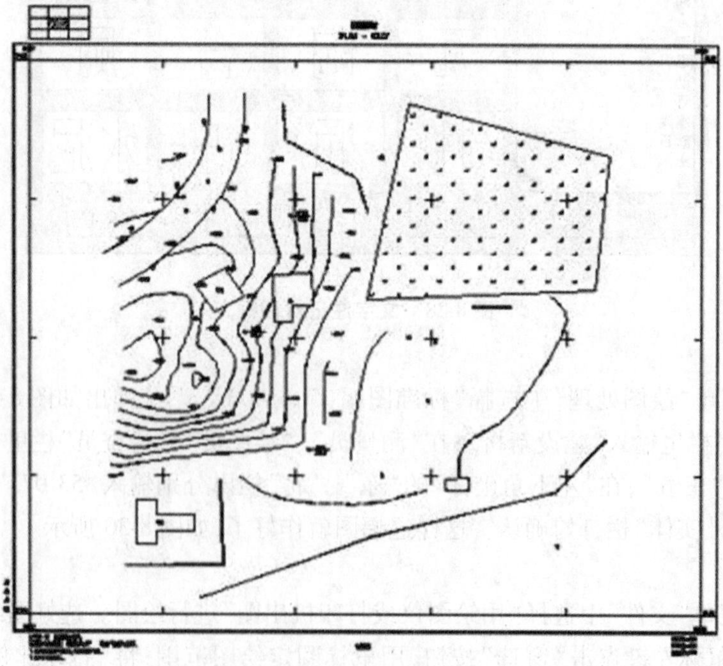

图 8-30　加图框

（二）简编码自动成图法

简编码自动成图法是在野外采集数据时，输入简编码，数据传入计算机后，经简单操作自动成图。

1. 定显示区

操作同前所述。

2. 简码识别

简码识别的功能是把简编码坐标文件中各点点位、连接关系和属性分文件归类，按照点结构、线结构、圆结构、注记等生成 12 个不同层的“ * DTA”文件和一个“PMT. CAS”文件，保存在指定的目录中，同时将简编码转换为其内部码，以便自动成图。

操作时，在下拉菜单“绘图处理”栏中选择“简码识别”，按系统提示输入简编码坐标数据文件名，随后根据系统提示，输入规则地物调整限差值（m），对不规则地物的图形进行调整。

3. 绘平面图

在下拉菜单“绘图处理”中选择“绘平面图”，屏幕上自动显示平面图。利用简编码自动成图法绘制的平面图，通常还要利用野外绘制的草图完成图形编辑。

（三）引导文件自动成图法

该成图法作业时，需要在内业人工编辑一个“引导文件”。引导文件是一个包含地物编码、地物的连接点号和连接顺序的文本文件，它是根据草图在室内由人工编辑而成的。然后将引导文件和坐标数据文件合并，生成一个包含地物全部信息的“简编码数据文件”。利用“简编码数据文件”即可把各种地物自动绘制成图。

1. 编辑引导文件

在绘图之前应编辑一个编码引导文件，该文件的主文件名一般取与坐标数据文件相同的文件名，后缀一般用“ * YD”，以区别其他文件项。

2. 定显示区

操作同前所述。

3. 编码引导

编码引导的功能是自动将坐标数据文件（如 CXKT.DAT）和前面编辑好的引导文件（如 CXKT. YD）合并，生成简码坐标文件。合并主要以点号为纽带，以点号建立联系。该简码坐标数据文件名为了便于记忆可为“ * YD DAT”，其中“ * ”用坐标数据文件名所代替。

编码引导时，在下拉菜单“绘图处理”中选择“编码引导”，根据对话框提示依次输入引导文件名、坐标数据文件名、简编码坐标数据文件名。当命令提示“引导完毕”时，表示编码引导成功。

4. 简码识别

操作同前所述。

5. 绘平面图

操作同前所述，可自动绘出平面图。

（四）屏幕坐标定位成图法

屏幕坐标定位成图法原理类似于测点点号定位成图法，不同之处是绘图时点位的获取不是通过点号而是利用“捕捉”功能直接在屏幕上捕捉所展的点。其具体操作步骤和测点点号定位成图法一样，依次为：定显示区、展点、利用右侧菜单的屏幕坐标定位法成图。

五、数字地形图的检查验收与质量评定

测绘产品的检查验收与质量是生产过程必不可少的环节，是对测绘产品的质量保证和质量的评价。为了控制测绘产品的质量，测绘工作者必须具有较高的质量意识和管理才能。因此，完成数字地形图成图后也必须做好检查验收和质量评定工作。

（一）检查验收

1. 选择检测点的一般规定与检测方法

选择检测点的一般规定是：数字地形图平面检测点应是均匀分布、随机选取的明显的物点。平面和高程检测点的数量视地物复杂程度、比例尺等具体情况确定，每幅图一般各选取 20 ~ 50 个点，采用外业散点法按测站点精度施测。

通过量取两相邻图幅接边处要素端点的距离 Δd 是否等于 0 来检查接边精度，未连接的记录其偏差值；检查接边要素几何上自然连接情况，避免生硬；检查面域属性、线划属性的一致情况，记录属性不一致的要素实体个数。

2. 检查工作的实施

（1）作业人员经自查，确认无误后方可按规定整理上交资料成果接受检查。

（2）在过程检查和最终检查中，如发现有不符合质量要求的产品，应退给作业单位进行处理，然后再进行检查，直到检查合格为止。

3. 验收工作的实施

（1）验收工作应在测绘产品经最终检查合格后进行。

（2）检验批一般应由同一区域、同一生产单位的测绘产品组成。同一区域范围较大时，可以按生产时间不同分别组成检验批。

（3）验收部门在验收时，一般按检验批中的单位产品数量 N 的 10% 抽取样本数 n。

当检验批单位产品数量 $N \leqslant 10$ 时，$n=2$；当 $N>10$ 且 $N\times 10\%$ 不为整数时，则取整后加 1 作为抽检样本数。

（4）抽样方法可采用简单随机抽样法或分级随机抽样法。对困难类别、作业方法等大体一致的产品，可采用简单随机抽样法；否则，应采用分级随机抽样法。

（5）对样本进行详查，并按规定进行产品质量核定。对样本以外的产品一般进行概查。当样本中经验收有质量不合格产品时，须进行二次抽样详查。

（6）根据规定判定检验批的质量。经验收判为合格的检验批，被检单位要对验收中发现的问题进行处理；经验收判为一次检验未通过的批，要将检验批全部或部分退回被检单位，令其重新检查、处理，然后重新复检。

（7）验收工作完成后，按规定编写验收报告，验收报告经验收单位上级主管部门审核（委托验收的验收报告送委托单位审核）后，随产品归档，并送生产单位一份。

（二）质量评定

数字测绘产品质量实行优级品、良级品、合格品、不合格品评定制；检验批质量实行合格批、不合格批评定制。产品质量由生产单位评定，验收单位则通过检验批进行核定。

习 题

一、填空题

1. 在同一幅图内，等高线密集表示__________，等高线稀疏表示________，等高线平距相等表示________。

2. 地物符号分为__________、__________、__________、__________。

3. 等高线是地面上__________相等的__________的连线。

4. 地形图测绘方法有__________、__________、__________。

5. 在碎部测量中采用视距测量法，不论视线水平或倾斜，视距是从__________到__________的距离。

6. 等高线的种类有__________、__________、__________、__________。

7. 地貌的地性线有__________、__________、__________等。

8. 大比例尺数字测图野外数据采集按碎部点测量方法，分为__________和__________方法。

9. 数字化测图实质是一种__________的方法。

10. 小面积大比例尺测图的两大步骤是__________、__________。

二、单项选择题

1. 在一张图纸上等高距不变时，等高线平距与地面坡度的关系是(　)。

A. 平距大则坡度小　　B. 平距大则坡度大　　C. 平距大则坡度不变

2. 地形测量中，若比例尺精度为 b，测图比例尺为 M，则比例尺精度与测图比例尺大小的关系为(　)。

A. b 与 M 无关　　B. b 与 M 成正比　　C. b 与 M 成反比

3. 在地形图上表示地形的方法是用(　)。

A. 比例符号、非比例符号、线形符号和地物注记　　B. 地物符号和地貌符号

C. 计曲线、首曲线、间曲线、助曲线

4. 测图前的准备工作主要有(　)。

A. 图纸准备、方格网绘制、控制点展绘　　B. 组织领导、场地划分、后勤供应

C. 资料、仪器工具、文具用品的准备

5. 按照基本等高距绘出的等高线是(　)。

A. 首曲线　　B. 计曲线　　C. 间曲线

6. 若地形点在图上的最大距离不能超过 3 cm，对于比例尺为 1∶500 的地形图，相应地形点在实地的最大距离应为(　)。

A. 15 m　　B. 20 m　　C. 30 m

7. 表示地面高低起伏形状的符号称为(　)。

A. 地物符号　　B. 比例符号　　C. 地貌符号

8. 按一定比例尺，在图上能表示地物、地貌平面位置和高程的正射投影图，称为(　)。

A. 平面图　　　　B. 地形图　　　　C. 专题地图

9. 测图的比例尺越大,采用基本等高距(　)。

A. 越大　　　　B. 越小　　　　C. 与比例尺无关

10. 1∶100 万地形图是按经差6°、纬差4°分幅编号的。由180°经线算起,(　)每经差6°为一行,把地球分为60纵行,依次用阿拉伯数字1、2、3、…、60表示。

A. 自东向西　　　　B. 自西向东　　　　C. 自南向北　　　　D. 自北向南

三、问答题

1. 何谓地形图及地形图比例尺?

2. 什么是比例尺的精度?

3. 表示地物的符号有哪几种? 举例说明。

4. 什么是等高线? 等高线平距? 等高线有哪几种?

5. 常规测图方法有哪几种?

6. 试述经纬仪测绘法测绘地形图的操作步骤。

7. 测绘地形图时,如何选择地形特征点?

8. CASS 系统数字成图方法有哪几种?

9. 大比例尺数字测图野外数据采集的方法有哪几种?

10. 图幅的拼接与整饰有哪些要求?

四、绘图题

图 8-31 为某丘陵地区所测得的各个地貌特征点。试根据这些地貌特征点,按等高距 $h=1$ m 内插并勾绘等高线。

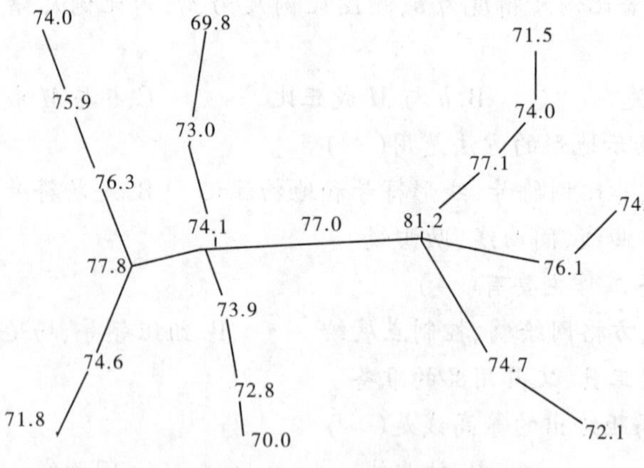

图 8-31　某丘陵地区各个地貌特征点

第九章　地形图的应用

第一节　地形图的识图

地形图详尽、精确、全面地反映了制图区域自然地理条件和社会经济状况，为人们认识、利用和改造客观环境提供了可靠的地理和社会经济方面的信息。要正确认识和使用地形图，必须了解地形图的内容，地形图的基本内容可分为数学要素、地理要素和辅助要素三部分。

一、数学要素

数学要素指构成地形图的数学基础的各元素，是使地形图具有必要精度的保障，如地形图的投影与分幅编号、坐标网、经纬网、控制点、比例尺、图廓、邻带坐标网重叠等。

（一）坐标网

（1）平面直角坐标网：用以确定点的平面位置。在1∶1万和1∶10万地形图上，为了便于迅速而准确地指示目标，测定位置、方向、距离和面积，绘有平面直角坐标网。它由平行于纵轴X和横轴Y的等间隔的直线构成，这些平行线叫坐标线。坐标线的坐标值以千米，为单位注记在内、外图廓之间相应坐标线的延长线上。

（2）经纬网：用以确定点的地理坐标，在1∶1万～1∶10万地形图的内、外图廓间，绘有黑白相间的线段，表示经差和纬差分别为1′的分度带，而不在图内绘经纬线。而1∶25万和1∶50万地形图除在内、外图廓间绘经纬线外，还在图幅内加绘了经纬网，如图9-1所示。

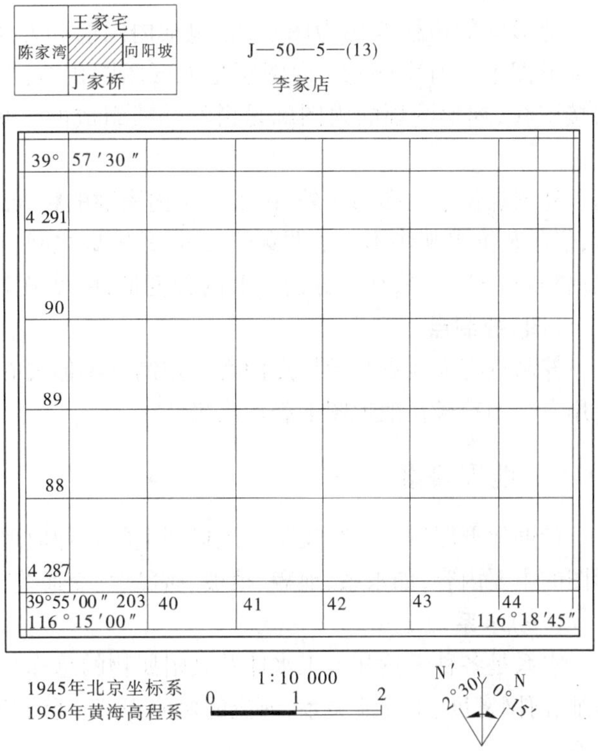

图9-1　1∶10 000比例尺图的图廓和格网

（二）邻带坐标网重叠

由于高斯投影带的经线向中央子午线弯曲，每带各有独立的坐标系，各图内点的坐标也从各带的原点起算，这就给邻带相邻图幅的拼接和使用（如量测跨落在两带上两点间连线的距离、方位角以及坐标等）带来不便。为了消除此种不便，只有使相邻图幅的坐标统一起来。因此规定，每投影带的西边缘经差30′以内和东边缘经差7.5′（1∶2.5万）、15′（1∶5万）以内各图幅，除绘有本带的坐标网外，还绘有邻带延伸过来的坐标网，称坐标网重叠。为了图面整洁和减少线划，邻带千米格网用短截线绘在外图廓线上，实际使用时，只要把图幅上注有相同坐标的短截线连接起来即可，如图9-2所示。

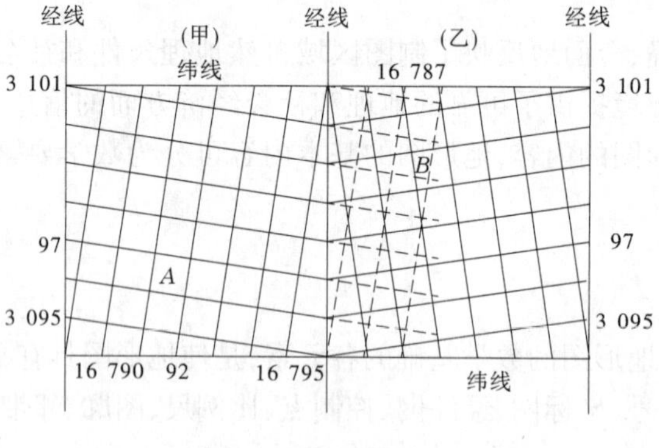

图9-2　坐标网的重叠

（三）图廓

地形图的边框线称为图廓，它包括内图廓和外图廓，梯形图廓，在大于和等于1∶10万地形图上还有中图廓。内图廓是地形图图幅范围的界线，也是相邻地形图拼接的公共接图线，梯形图幅的内图廓是由经纬线组成的。矩形图幅的内图廓由纵横坐标线组成。

外图廓位于内图廓之外，由平行于内图廓的粗线组成，外图廓不属于地形图的数学要素，仅起装饰美观作用。中图廓位于内、外图廓之间，在1∶2.5万～1∶10万地形图上绘有黑白相间并表示经、纬差分别为1′的分度带，用以确定图上任一点的地理坐标。

（四）控制点

控制点有大地点与图根点两类。控制点不但要在地面上建造测量标志加以固定，而且用专门的符号在地形图上表示出来。

二、地理要素

借助地形图符号系统反映于地形图上的各种地理事物，称为地形图的地理要素，是地形图的主要内容，如水系、地貌、植被、居民地、交通线、境界线等。

（一）水系

水系是各种天然和人工水体及其附属物的总称。地形图能正确反映水系类型和形态特征、河网密度、干支流关系、河流的弯曲程度、湖泊分布、水利工程以及海底地貌的基本形态等。

（1）河流。呈线状的天然水流称为河流，在地形图上，采用由河源向下逐渐加粗的单线或由窄变宽的双线符号表示，蓝色实线表示常年有水的水域；蓝色虚线符号表示季节性有水的水域，如时令河等。

另外，地形图上还以说明符号，说明注记和数字注记配合河流符号表示河流的流向、流速、河宽、水深、河底性质等。

(2)湖泊、沼泽与井泉。湖泊、水库是呈面状分布的水体，一般依比例尺用面状符号表示湖泊的类型、面积、形状特征、水质和分布特点，用蓝色实线表示常年湖，时令湖用蓝色虚线表示。为反映沼泽的分布、类型和通行性能，用蓝色水平花纹晕线符号表示能通行的沼泽，用蓝色水平晕线符号表示不能通行的沼泽或用文字说明其通行状况。

(3)水体附属物。水体的自然附属物，如瀑布、石滩等，用蓝色相应符号表示；建筑附属物，除与水联系密切者用蓝色相应符号外，其他均用黑色符号表示。

(二)地貌

地貌是地形图最重要的地理要素之一，它对气候变化、土壤形成、植物分布以及水系的发育等具有很大的影响，同时也是各项工程规划设计的依据之一。地貌按其形态和高度可分为平原、丘陵、高原、山地和盆地五种类型。

平原：陆地表面起伏微缓，相对高度一般小于 50 m 的广大坦荡平地称为平原。

丘陵：陆地表面坡度较小，相对高度在 100 m 以下的隆起地貌形态称为丘陵。

高原：地势较高，地面比较平缓的地区。其海拔一般在 500 m 以上。

山地：地表面起伏显著，群山连绵交错，高差一般在 200 m 以上的地区。一般山地都呈线状延伸，由许多条岭谷相间的山体组成，具有一定的走向，这就是山脉，若干条相邻的山脉在成因上有联系，并沿一定走向分布着，总称为山系。

盆地：周围有山岭环绕而中央低洼的盆形地貌，叫盆地。

(三)交通线

陆上交通线是联系工业、农业与商业的纽带。根据道路网，可以了解该地区交通条件、通行能力及通行数量，判断该地区的政治、经济和文化中心之间的联系。道路还是野外用图和空中判定方位的良好方位物。地形图上铁路用黑白相间的半依比例线形符号表示。

公路用双实线符号表示，用符号的连续性区别现有公路和建筑中的公路，其路面宽度和路面性质则用注记表示。还可用粗红实线表示主要公路，细红实线表示次要公路。

其他道路指比公路等级低的道路，在图上只表示它的通行情况，大车路以一虚一实双线表示，乡村路以单实线符号表示，小路以单虚线符号表示。

(四)境界线

我国行政区划界分为三级，它们的符号依行政等级的高低，用繁简不同的图形表示。如一短线两黑点表示省界，一短线一黑点表示县界。

(五)居民地

居民地是人口分布的标志，即体现了地区经济的发展状况和政治文化意义，又反映着水系、地貌、道路等其他要素与人类的联系，是重要的地理基础。地形图真实地反映了居民地的位置、范围、平面结构、通行概况、外围轮廓基本特征、行政意义和名称，以及民居地的分布特点等。

在小比例尺地形图上,居民地按性质和规模用不同图形符号表示;在大中比例尺地形图上,除独立房屋和特殊性居民地外均采用街区式平面图形表示。对于具有方位作用的独立房屋用依比例尺或不依比例尺的相应符号表示,居民地的名称行政等级用相应的字体和字级表示。

(六)植被

植被是指覆盖地面的植物及其群落的总称,是自然地理环境的主要要素。植被是经济建设的重要自然资源。同时植被又是部队行动的障碍、隐蔽的场所和判定方面的标志。由于植被一般具有成片分布、面积较大的特点,因此各种类型植被的分布界线均依比例尺缩绘于图上,用细点线或细实线描绘,并在其内配置符号或套印绿色配置符号、说明注记和数字注记,来反映植被的类型、分布范围和分布特征。

(七)其他要素

除上述六大基本要素外,地形图上还详细地表示出其他地物,如管线、垣栅,以及具有控制意义的各种测量标志和具有方位意义的各种独立地物等内容。

三、辅助要素

辅助要素又称为整饰要素,指便于识图和用图的注记、辅助图表、说明资料等。用以增强地形图的表现力和提高地形图的使用价值。

(一)图上注记

地形图上的文字和数字称为地形图注记。用来补充说明地形图各基本要素尚不能显示的内容,是阅读地形图的重要依据。

图上注记可分为名称注记、说明注记、数字注记三种。注记多用黑体字。

名称注记用以注释物体地理名称的文字注记。注记采用的字体、大小、位置、方向、排列、间隔等规定见《地形图图式》。

居民地的名称一般采用水平排列,间隔依居民地符号轮廓的形状和大小而定,以能概括整个图形为准,单位用全名或简名注出;道路名称一般不注记,只在道路符号被内图廓线截断时,在截断处图廓间加注通达注记,在公路符号上,每隔 15 ~ 20 cm 注出铺面材料、铺面宽度和路宽等;河流、渠道一般顺水流方向注记,间隔注记在相应符号近旁方便处。

植被的注记是在植被的地类界符号范围内的中央和重心位置;山岭、山脉的名称间隔注记在其走向的中心线上;山顶的名称注记在山顶的右边或上方;高程和比高注记在高程点或比高测定点符号的右边。

(二)说明资料

为了充分反映地形图的特性和用图方便而布置在图廓外的各种说明注记和数字注记,统称为说明资料,是地形图的辅助要素之一。

1. 图名、图号、接图表和密级

图名一般以本幅图内最著名的地名、最大的村庄或突出的地物、地貌的名称来命名，写于北图廓外中央；图号说明本幅图的编号，注在图名下方；接图表由 9 个小方格组成，中间有斜线的代表本图幅，用以说明本幅图与其相邻图幅的拼接关系；密级说明保管和使用地形图的保密等级。

2. 行政区域资料

行政区域资料用以说明本图幅范围内的行政归属，注在北图廓外图号的下面。

3. 坐标系

地形图的坐标系资料，用于说明测量地形图控制点水平位置所依据的坐标系统。目前，平面坐标系统主要有 1954 年北京坐标系和 1980 年国家大地坐标系；高程系统主要有 1956 年黄海高程系和 1985 年国家高程基准。

4. 其他说明资料

基本等高距用以说明图上相邻两条基本等高线的高程差，以便用图时了解地形图上显示地貌的详略程度和判读等高线高程；图式版本用以说明测、制本地形图是依据哪个机关制定的哪种版本的图式；成图方法和日期用于分析地形图的精确性和现势性；出版机关用于说明地形图的测、制出版单位，可供分析地形图质量时参考。

（三）量图图解

为便于在图上进行某些量测而在其图廓外设置的各种图解，称为量图图解。

1. 坡度尺

坡度尺是在地形图上量测地面坡度和倾角的图解工具，它按下列关系制成：

$$d = \frac{h}{M}\cot\alpha \text{ 或 } i = \frac{h}{dM}$$

式中 M——测图比例尺分母值；

α——地面倾角；

d——等高线平距；

i——地面坡度；

h——等高距。

用不同的坡度值代入上式可算出不同 α 角对应的 d 值，绘成平滑曲线即成坡度尺。在坡度尺上可量测相邻 2、6 条等高线间的坡度，如图 9-3 所示。

2. 直线比例尺

直线比例尺绘于数字比例尺下方，其尺长误差不超过 ±0.2 mm。利用直线比例尺可直接进行图上与相应实地水平距离的换算，从而消减图纸的伸缩误差。

3. 三北方向线

为量测目标的方位角或在实地标定地形图的方向，在 1∶2.5 万 ~ 1∶10 万地形图上绘有三北方向线，并使真子午线垂直于南图廓，如图 9- 4 所示。偏角值的大小用数字注记在相应的偏角内，使用地形图时，可借助偏角值进行方位角换算或在地形图定向时修正磁针用。

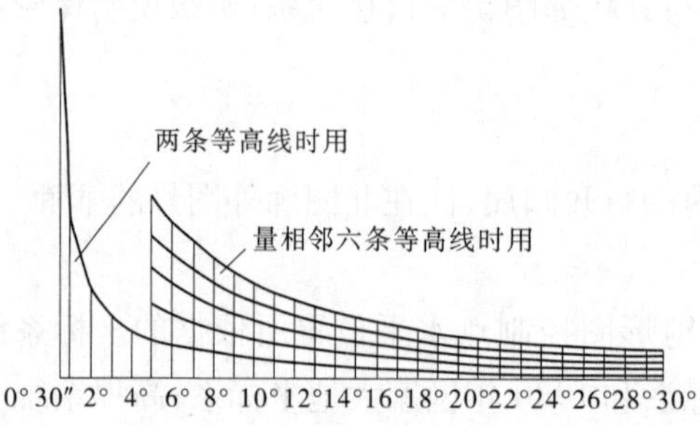

图 9-3　坡度尺

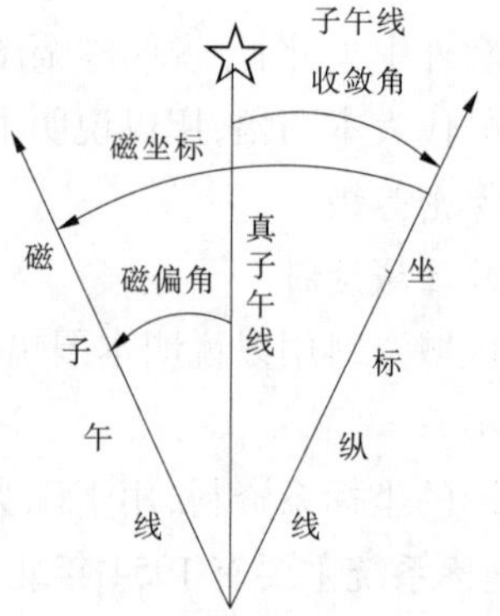

图 9-4　三北方向线偏角图

第二节　地形图的基本应用

一、确定图上点的平面位置

（一）求任一点的地理坐标

如图 9-5 所示，欲求 M 点的地理坐标，可根据地形图四角的经纬度注记和黑白相间的分度带来确定。初步知道 M 点在纬度 38°56′线以北，经度 115°16′线以东。再以对应的分度带用直尺绘出经纬度为 1′的网格，并量出经差 1′的网格长度为 57 mm，纬差 1′的长度为 74 mm；过 M 点分别作平行纬线 aM 和平行经线 bM 两直线，量得 $aM=23$ mm，$bM=44$ mm。则 M 点的经度 λ_M 和纬度 φ_M 按下式计算：

$$\lambda_M = 115°16' + \frac{23}{57} \times 60'' = 115°16'24.2''$$

$$\varphi_M = 38°56' + \frac{44}{74} \times 60'' = 38°56'35.7''$$

（二）求任一点的平面直角坐标

欲求图 9-6 中 K 点的平面直角坐标，过 K 点分别作平行于 X 轴和 Y 轴的两个线段 ab 和 cd。然后量 aK 和 cK 并按比例尺计算其实地长度，设 $aK=632$ m、$cK=361$ m，则

$$X_K = 4\ 311\ \text{km} + 0.632\ \text{km} = 4\ 311.632\ \text{km}$$

$$Y_K = 349\ \text{km} + 0.361\ \text{km} = 349.361\ \text{km}$$

若精确计算该点坐标，首先应量公里网格，看是否等于理论长度，并考虑图纸伸缩的影响。如图 9-6 所示 K 点的坐标应按下式计算：

$$X_K = 4\ 311\ 000\ \text{m} + \frac{aK}{ab} \times 1\ 000\ \text{m}$$

$$Y_K = 349\ 000\ \text{m} + \frac{cK}{cd} \times 1\ 000\ \text{m}$$

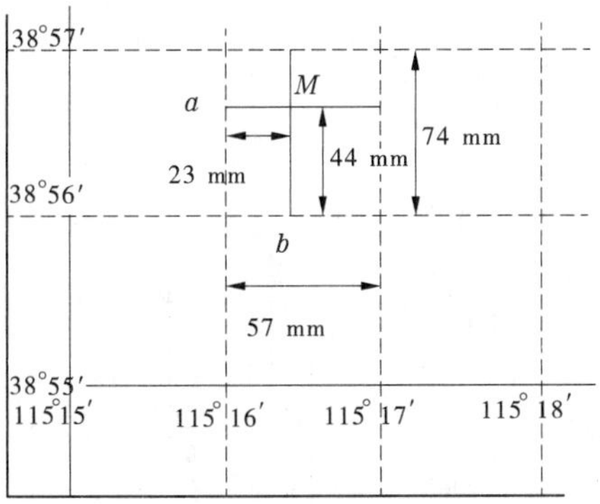

图 9-5　求 *M* 点地理坐标

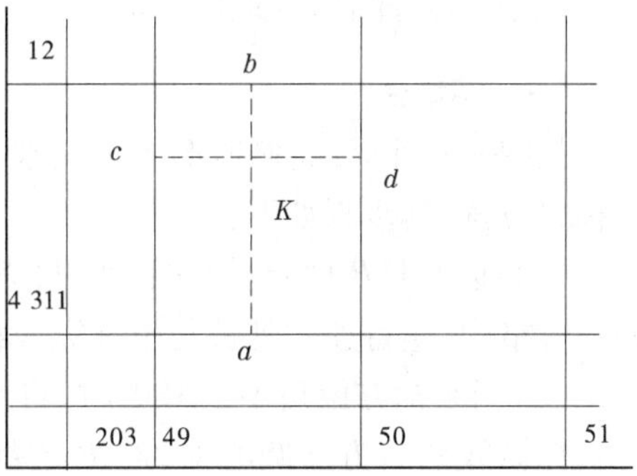

图 9-6　求 *K* 点的平面直角坐标

二、确定图上点的高程

(一)点在等高线上

如果所求点恰好位于等高线上,则该点高程等于所在等高线高程。

(二)点在等高线间

若所求点处于两条等高线之间,可按平距与高差的比例关系求得。如图 9-7 所示,为求 *B* 点高程,可过 *B* 点画一条大致垂直于两条等高线的直线,得交点 *m*、*n*,分别量取 *mn* 和 *mB* 的长度,则 *B* 点高程 H_B 可按下式计算:

$$H_B = H_m + \frac{mB}{mn} \cdot h \qquad (9\text{-}1)$$

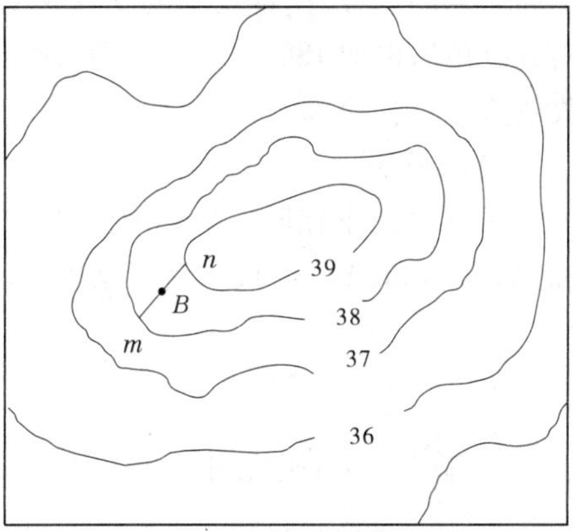

图 9-7　求点的高程

式中　H_m——*m* 点的高程 38 m;

h——等高距 1 m。

量得 $mn = 14$ m,$mB = 9$ m,则 *B* 点高程为

$$H_B = 38\ \text{m} + \frac{9}{14} \times 1\ \text{m} = 38.64\ \text{m}$$

实际工作中,*B* 点的高程可依据上述原理用目估法求得。

三、确定两点间的距离

(一)解析法

若地形图上没有直线比例尺,且图纸变形较大,或两点不在同一图幅内时,可用前述方法分别求出 *A*、*B* 两点的平面直角坐标,再用坐标反算公式计算两点间水平距离,即

$$D_{AB} = \sqrt{(x_B - x_A)^2 + (y_B - y_A)^2} \qquad (9\text{-}2)$$

(二)图解法

在地形图上量测两点间的水平距离,可用直尺先量得图上两点间的长度,乘以比例尺分母即得相应实地水平距离,也可直接用三棱尺量取两点间的实地水平距离。

四、确定图上直线的方向

(一)图解法

如图 9-8 所示,欲求地形图上某线段 AB 的坐标方位角,其步骤如下:

(1)通过 A、B 两点连一条直线(若两点在同一方格内,应将连线延长与坐标纵线相交)。

(2)当坐标方位角小于 180°时,将量角器置于坐标纵线的右方。圆心对准 AB 连线与坐标纵线的交点,零分划线朝北,并使量角器度盘上的 0°刻划线与坐标线重合。

(3)根据两点连线通过量角器边沿的分划,读出坐标方位角图中量得坐标方位角为63°00′。

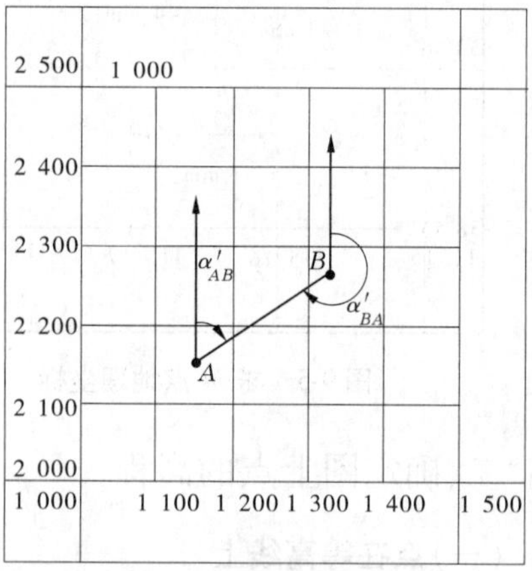

图 9-8　确定直线的方位角

当坐标方位角大于 180°时,应使量角器位于坐标纵线的左方,使量角器的 0°分划线朝南,读出方位角后再加 180°。欲求线段 AB 的磁方位角或真方位角,则可依磁偏角 δ 和子午线收敛角 γ 进行换算。

(二)解析法

当 A、B 两点不在同一幅地形图内时,可用前述方法,分别求得 A、B 两点的平面直角坐标(X_A,Y_A)和(X_B,Y_B),然后根据坐标反算公式计算 AB 坐标方位角 α_{AB}:

$$\alpha_{AB} = \arctan \frac{Y_B - Y_A}{X_B - X_A} \tag{9-3}$$

五、确定图上两点间地面坡度

(一)按公式量算坡度

地面某线段对其水平投影的倾斜程度就是该线段的坡度。设线段的坡度为 i,坡度角为 α,其水平投影长度为 d,端点间的高差为 h,则线段的坡度 i 为

$$i = \tan\alpha = h/d \tag{9-4}$$

按式(9-4),在地形图上量出线段的长度及其端点间的高差,便可算出该线段的坡度。坡度可用坡度角表示,也可用百分率或千分率表示。

(二)用坡度尺量测

使用坡度尺可在地形图上分别测定 2～6 条相邻等高线间任意方向线的坡度。方法如下:

如图 9-9 所示,先用两脚规量取图上 2 条(或 6 条)等高线间的宽度,然后到坡度尺上比量,在相应垂线下边读出它的坡度,要注意量几条比几条。

求某地区的平均坡度,先按该区域地形图等高线的疏密情况,将其划分为若干个同坡度区;然后在每个小区内绘一条最大坡度线,按前述方法求出各线的坡度作为该小区的坡度;最后取各小区的平均值,即为该地区的平均坡度。

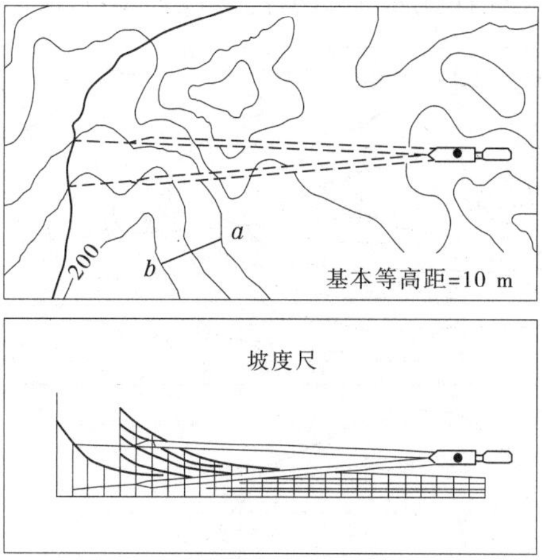

图 9-9　用坡度尺量算地面坡度

第三节　地形图在工程中的应用

一、地形图在线路工程中的应用

在山地或丘陵地区进行道路、沟渠和管线等线路工程设计时，经常对坡度条件提出要求，并在一定的坡度条件下，设计多个方案进行比较，选择最优方案。如图 9-10 所示，已知图的比例尺为 1∶10 000，等高距 $h=1$ m，需要从河边 A 点至山顶修一条坡度不超过 1/100的公路，此时路线经过相邻两等高线间的水平距离 $D=h/i=100$ m，换算为图上距离 $d=10$ mm，然后将两脚规的两脚调至 10 mm，自 A 点作圆弧交 81 m 等高线于 1 点，再自 1 点以 10 mm 的半径作圆弧交 82 m 等高线于 2 点，如此进行到 6 点所得的路线符合坡度的规定要求。如果某两等高线间的平距大于 10 mm，则说明该段地面小于规定的坡度，此时该段路线就可以向任意方向铺设。

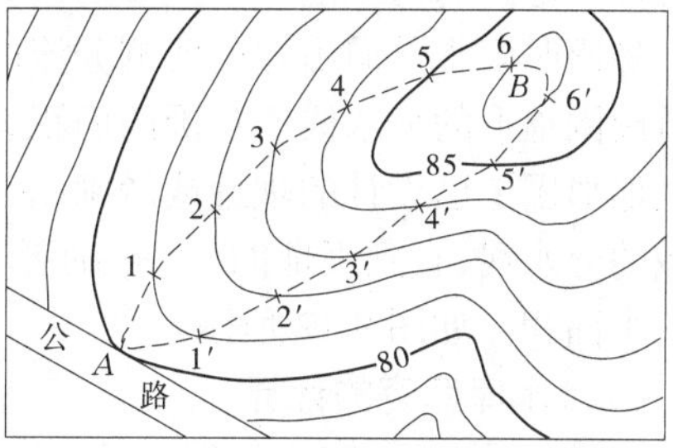

图 9-10　按限定坡度选定最短路线图

二、利用地形图绘制某一方向的断面图

如果要了解某一方向地面起伏的情况，则可以根据地形图绘出该方向的断面图。如图 9-11 所示，欲绘制 mn 方向断面图，先在地形图上连 mn 直线，与各等高线分别交于 a、b、c 各点。另取一张毫米方格纸，以横轴表示水平距离，以纵轴表示高程，根据地形图上量出的 ma、ab、bc、… 各点间的水平距离，按规定的比例尺将各点表示在横轴上得 m、a、b、c、…、n 点。然后过这些点依选定的高程比例尺按各点的高程将各点表示在纵轴方向，再将各点用光滑的曲线连起来，即得 mn 方向的断面图。为了能较清楚地表示出地形的变

化，断面图上的高程比例尺往往比水平距离比例尺大 10 ~ 20 倍。

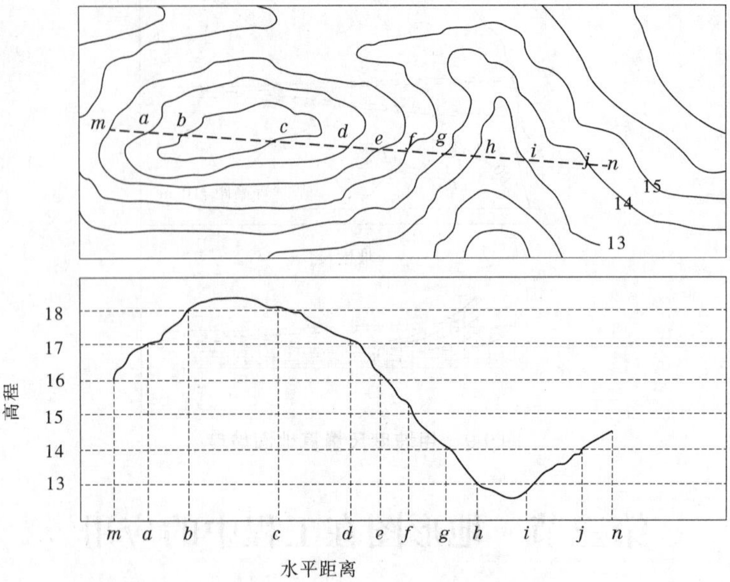

图 9-11　绘制 *mn* 线纵断面图

三、地形图在水利工程中的应用

（一）在地形图上确定汇水面积

山地果树建园规划，小流域综合治理，需要修建山塘、水库、道路和桥涵等工程，要了解有多大范围的雨水汇合于欲修的山塘或水库内，该范围的面积称汇水面积。

降雨时雨水是向山脊的两侧分流的，所以山脊线就是地面上的分水线，因此某水库或河道周围地形的分水线所包围的面积就是该水库或河道的汇水面积。要确定汇水面积可以从地形图上已设计的坝址或涵闸的一端开始，经过一系列的山顶和鞍部，连续勾绘出该流域的分水线，直到坝址的另一端而形成的一条闭合曲线，即汇水面积的边界线，然后求出汇水面积。如图 9-12 所示。

（二）水库库容的计算

在进行水库设计时，如坝的溢洪道起点的高程已定，就可以确定水库的淹没面积。淹没面积以下的蓄水量就是水库的库容。库容计算常用等高线法。先计算出各条等高线和坝断面所围成的面积，再计算相邻等高线间的体积，各体积的总和就是库容。

如图 9-12 所示，坝的溢洪道高程为 125 m，则被 125 m 等高线所围成的面积将全部被淹没。在计算水库的容量时，必须先求出 125、120、115、110、105 m 各条等高线与坝 *AB* 所围成的面积，分别以 S_{125}、S_{120}、S_{115}、S_{110}、S_{105} 表示。设 h 为等高距，本例等高距为 5 m，则各层的体积为：

$$\left.\begin{aligned} V_1 &= 1/2(S_{125} + S_{120}) \times h \\ V_2 &= 1/2(S_{120} + S_{115}) \times h \\ V_3 &= 1/2(S_{115} + S_{110}) \times h \\ V_4 &= 1/2(S_{110} + S_{105}) \times h \end{aligned}\right\}$$

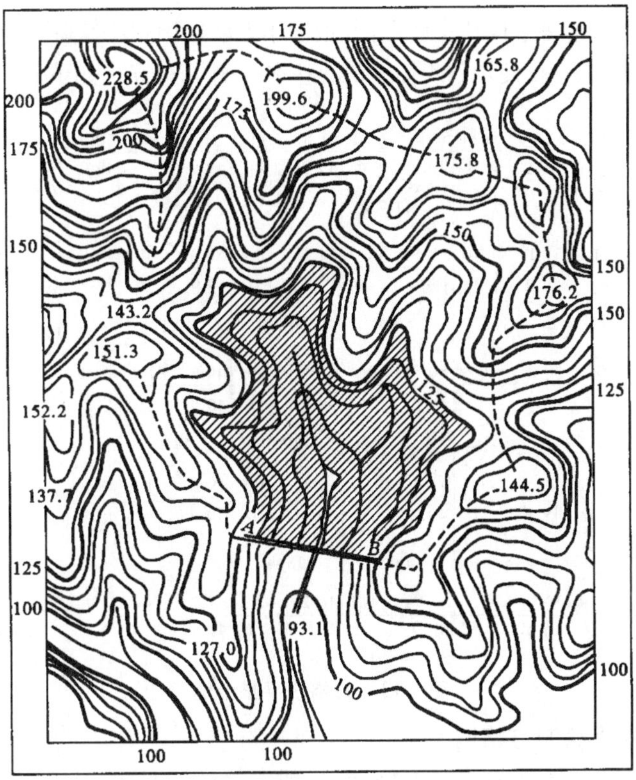

图 9-12　确定汇水周界

设 105 m 等高线和库底高程之差为 h'，则 105 m 等高线和库底高程之间所形成的体积为

$$V_{4'} = 1/3 \times S_{105} \times h'$$

水库总库容为

$$V = V_1 + V_2 + V_3 + V_4 + V_4' = [(S_{125}/2) + S_{120} + S_{115} + S_{110} + (S_{105}/2)]h + 1/3 \times S_{105} \times h'$$

有时，溢洪道高不恰好是地形图上某一等高线的高程，就必须根据溢洪道的高程用内插法求出水库的淹没线，然后再计算库容。但这时水库淹没线和下一条等高线的高差不再等于等高距 h，必须另行计算。

四、地形图在平整土地中的应用

在工程建设中，常需要对场地的自然地形加以平整改造，然后再开挖基础进入正式施工。有了地形图，就可以计算填（挖）土石方量，以便确定经济合理的平整方案。土石方量计算方法有方格网法、等高线法和断面法三种，在此主要介绍方格网法。

在地形图上，在平整的范围内绘出方格网，边长一般为 10～20 m，方格边长依地形复杂程度而定。地形复杂方格边长应短；地形简单，方格边长可适当放长。绘好方格后，根据等高线内插法求出各方格顶点的地面高程，并注记在相应格。然后计算地块的平均高程，推算设计高程和施工量，最后计算土方量。

图9-13是一块要整平的场地，地形图的比例尺为1∶1 000，等高距为1 m，拟将原地面平整成某一高程的水平面，使填、挖土石方量基本平衡。其方法如下。

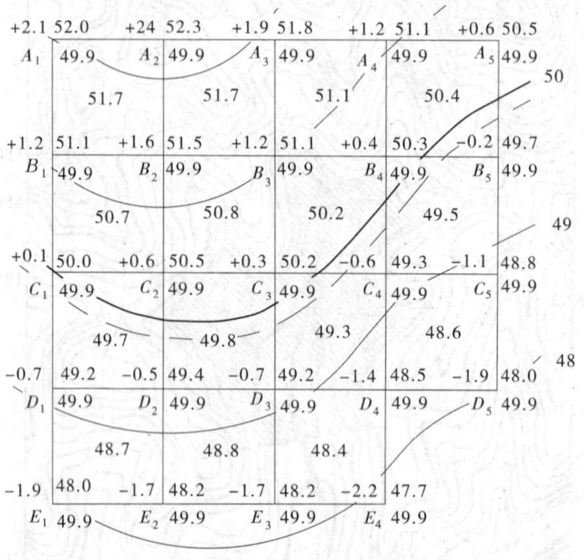

图9-13 方格法平整土地

（一）在地形图上绘制方格网

在地形图上拟平整场地内绘制方格网，一般方格的边长为10 m或20 m。图中方格为20 m×20 m。各方格顶点号注于方格点的左下角，如图中的A_1、A_2、B_1、B_2等。

（二）求各方格顶点的地面高程

根据地形图上的等高线，用内插法求出各方格顶点的地面高程，并注于方格点的右上角。如图中的52.0、52.3、51.1、51.5等。

（三）计算设计高程

分别求出各方格四个顶点的平均值，即各方格的平均高程，写在方格的中央。

将各方格的平均高程求和并除以方格数n，即得到设计高程H。本例求得的设计高程$H=49.9$ m，注于方格顶点右下角。

（四）确定方格顶点的填、挖高度

各方格顶点地面高程H'与设计高程H之差，为该点的填、挖高度，即

$$h = H' - H$$

h为"+"表示挖深、为"-"表示填高。并将h值标注于相应方格顶点左上角，如图中的+2.1、+2.4、…。

（五）确定填挖边界线

在地形图上用内插法绘出设计高程H =49.9 m等高线，该线就是填、挖边界线。

（六）计算填、挖土石方量

土石方量按填方和挖方两种情况计算。现以方格$B_1B_2C_2C_1$、$C_1C_2D_2D_1$和$D_1D_2E_2E_1$为例，介绍其土方量计算方法：

方格 $B_1B_2C_2C_1$ 为全挖方，挖方量为

$$V_{\text{Ⅰ挖}} = \frac{1}{4}(1.2\ \text{m} + 1.6\ \text{m} + 0.1\ \text{m} + 0.6\ \text{m}) \times 20\ \text{m} \times 20\ \text{m} = 350\ \text{m}^3$$

方格 $C_1C_2D_2D_1$ 既有挖方，又有填方。应先在图 9-13 上利用填挖边界线分别计算挖、填面积 $A_{\text{Ⅱ挖}}$和 $A_{\text{Ⅱ填}}$，再根据填、挖高度分别计算挖、填方量 $V_{\text{Ⅱ挖}}$、$V_{\text{Ⅱ填}}$：

$$A_{\text{Ⅱ挖}} = \frac{1}{2} \times (3.2 + 11.5) \times 20 = 147(\text{m}^2)$$

$$V_{\text{Ⅱ挖}} = \frac{1}{4}(0.1\ \text{m} + 0.6\ \text{m} + 0 + 0) \times A_{\text{Ⅱ挖}} = 25.725\ \text{m}^3$$

$$A_{\text{Ⅱ填}} = \frac{1}{2} \times (16.8 + 8.5) \times 20 = 253(\text{m}^2)$$

$$V_{\text{Ⅱ填}} = \frac{1}{4}(0 + 0 - 0.7\ \text{m} - 0.5\ \text{m}) \times A_{\text{Ⅱ填}} = -75.9\ \text{m}^3$$

方格 $D_1D_2E_2E_1$ 为全填方，填方量为

$$V_{\text{Ⅲ填}} = \frac{1}{4}(-0.7\ \text{m} - 0.5\ \text{m} - 1.9\ \text{m} - 1.7\ \text{m}) \times 20\ \text{m} \times 20\ \text{m} = -480\ \text{m}^3$$

求出每一方格的填挖土方量后，把所有方格的填、挖方量分别相加即得总的填、挖方量，两者应大致相等，否则要对设计高程进行修正，直到填挖方量大致相等为止。

习　题

1. 地形图图廓外注记内容有哪些？其中直线比例尺、三北方向线和坡度尺各有何作用？

2. 试述地形图的基本内容及地形图的作用。

3. 如何求地形图上点的坐标？当图纸发生伸缩变形时应怎样考虑其影响？

4. 在地形图上量测两点间的距离和坐标方位角的方法有哪些？

5. 如何在地形图上求点的高程？应注意哪些问题？

6. 按一定方向绘制断面图时，高程比例尺为何要比水平距离比例尺大？

7. 地形图在工程设计中的应用有哪些？

第十章　施工放样的基本方法

放样也叫测设，是施工测量的主要内容。它通常是将设计图纸上建筑物的平面位置和高程换算成水平角、水平距离和高差三个基本要素后，根据控制点，运用相应的仪器将其标定在施工场地上的工作，并在施工过程中指导施工，使工程严格按设计要求进行建设。

第一节　施工放样的基本工作

施工放样的基本工作包括水平距离的放样、水平角的放样和高程的放样。下面分别介绍这三项基本工作的方法。

一、水平距离的放样

地面上已知一点及其直线的方向，根据设计图纸上给定的水平距离，在地面上标定出另一点位置的工作就是水平距离放样。

如图 10-1 所示，放样可以从已知点 A 开始，沿定出的 AB 方向线，初步量出给定的水平距离 D，并在终点的木桩顶上以 B' 点标出；精确测定 AB' 的水平距离 D' 得较差 ΔD（$\Delta D = D' - D$，如图中的 4 mm），若符合精度要求，则根据 ΔD 的符号用小钢尺沿 AB' 方向量出 ΔD（4 mm）得 B 点，至此，水平距离测设完毕。

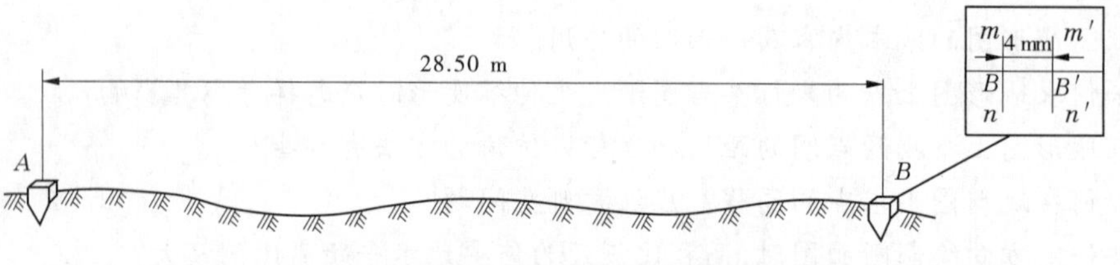

图 10-1　已知水平距离的放样

对精度要求较高的距离放样，必须考虑尺长、温度、倾斜等对距离放样的影响，进行尺长、温度和倾斜改正计算。较长距离、地形复杂或精度要求高的放样常用全站仪进行。

二、水平角的放样

以地面上已知的一条直线为起始方向，按设计的水平角来标定另一直线方向，叫水平角放样。水平角放样与距离放样结合，可在地面上确定一个点的平面位置。

如图 10-2 所示，OA 为已知方向，现测设水平角 $\angle AOB$ 等于设计值 β。测设方法如下：

（1）在 O 点安置经纬仪或全站仪，用盘左瞄准 A 点，读取水平盘读数；松开照准部制动螺旋，顺（逆）时针转动照准部使水平盘读数增加（减少）β，此时望远镜视线方向即为欲测设的方向；最后在此方向上定出 B' 点。

(2)倒转望远镜成为盘右,同样方法测设 β 角定出 B''点。

(3)取 B'、B''的中点 B,则 OB 方向即为需要测设的方向。

当测设精度要求较高时,可用多测回测角并采用垂距改正来提高放样精度。

如图 10-3 所示,在 O 点安置仪器,先用一般测设方法确定 B'点;用测回法对 $\angle AOB'$ 进行多测回观测得平均角值 β',计算观测角 β' 与设计角 β 之差 $\Delta\beta$ 和需改正的垂距 ΔD;过 B'点作 OB'的垂线并截取 $B'B = \Delta D$ 定出 B 点,则 $\angle AOB$ 就是要放样的水平角 β。垂距 ΔD 的计算公式为

$$\Delta D = \frac{\Delta\beta}{\rho}D$$

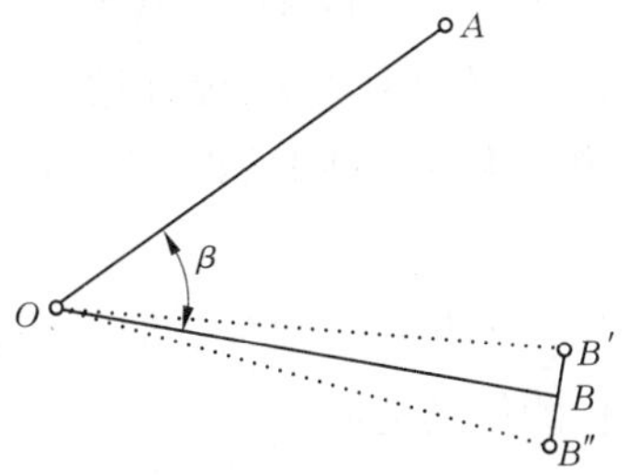

图 10-2　已知水平角的放样

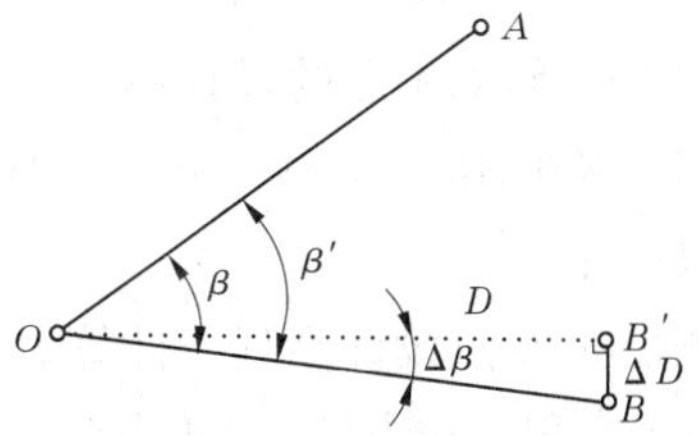

图 10-3　精确放样水平角

三、高程的放样

在施工中,高程放样多采用水准测量的方法。高程放样就是利用附近的已知水准点将设计的高程标定于实地。

如图 10-4 所示,已知水准点 A 的高程为 H_A,需放样的 P 点高程为 H_P。先将水准仪架在 A 与 P 之间,后视 A 点读数为 a。要使 P 点高程等于 H_P,则前视尺读数应为 $b = (H_A + a) - H_P$。

放样时,将水准尺贴靠在 P 点木桩一侧,水准仪照准 P 点处的水准尺。当水准管气泡居中时,将 P 点水准尺上下移动,当十字丝中丝读数为 b 时,此时水准尺的底部就是 P 点设计高程,在尺底的木桩侧面上画一水平线,测设完成。

在基坑等工程施工中,需测设点的高程与水准点高程相差很大,可先将高程传递到坑底或低处的临时水准点上,再用临时水准点进行放样。如图 10-5 所示,设 A 为地面上的水准点,欲将高程传递到坑底的临时水准点 B 上,先在基坑边埋一吊杆,上面悬挂钢卷尺,零端朝下并挂一 10 ~ 20 kg 的重锤。用两架性能相同的水准仪测设,一架安置在地面,后视 A 点水准尺读数为 a,前视钢尺读数为 c;另一架水准仪安置在基坑内,后视钢尺读数为 d,前视 B 点水准尺读数为 b,则临时水准点 B 点高程为

$$H_B = H_A + (a - c) + (d - b) \tag{10-1}$$

同样方法也可将高程从地面传递到高处。

四、坡度的放样

在场地平整、管道敷设和道路整修等工程中,常常需要将已知坡度测设到地面上。

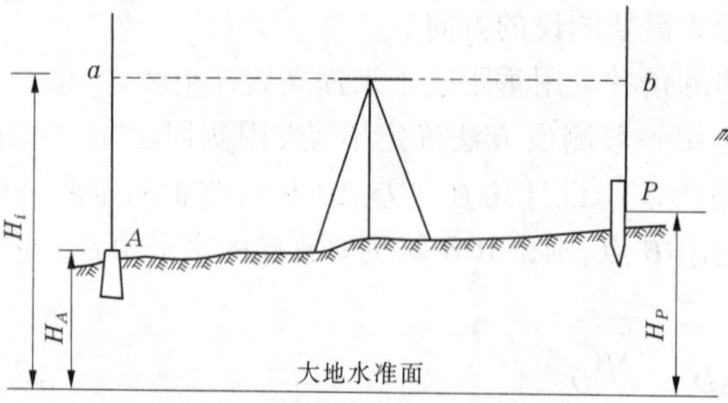

图 10-4　高程的放样

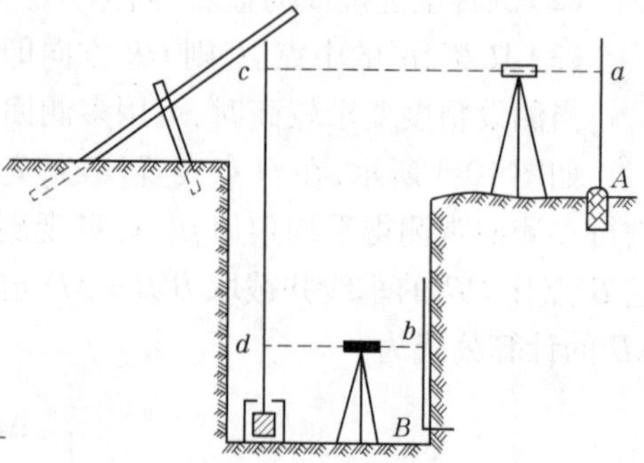

图 10-5　基坑内高程的放样

如图 10-6 所示，A 点的设计高程为 H_A，AB 两点间水平距离为 D，设计坡度为 -1%。为便于施工，需在 AB 中心线上每隔一定距离打一木桩，并在木桩上标出该点设计高程。具体做法如下：

(1)测设 A、B 点设计高程。计算 B 点设计高程 $H_{B设}=H_A-D\times1\%$，然后通过附近水准点，用前述高程放样方法，把 A 点和 B 点的设计高程测设到地面上。

(2)A 点安置水准仪，量取仪高 i。瞄准 B 点水准尺，转动微倾螺旋使中丝读数为 i，这时水准仪的视线平行于设计的坡度线。

(3)在 AB 间的 1、2、3、…木桩处立尺，上下移动水准尺，使中丝读数均为 i，此时尺底部即为该点的设计高程，沿尺子底面在木桩侧面画一标志线。各木桩标志线的连线即为已知坡度线。

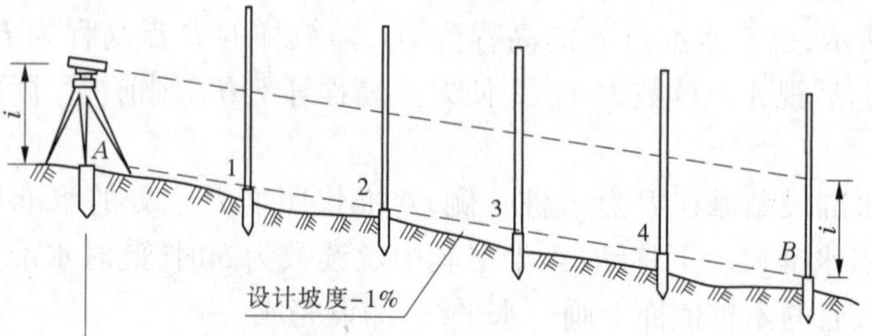

图 10-6　已知斜坡的放样

以上所述方法仅适合于设计坡度较小的情况。如果设计坡度较大，可以用经纬仪进行测设，其方法与上述方法基本相似。

第二节　点的平面位置放样方法

测设点的平面位置方法应根据控制网(点)布设情况、放样的精度要求和施工场地的条件来选择。常用方法有直角坐标法、极坐标法、角度交会法和距离交会法。

一、直角坐标法

当施工控制网为方格网或彼此垂直的主轴线时采用此法较为方便。

如图 10-7 所示，A、B、C、D 为方格网的四个控制点，P 为欲放样点。放样前计算出 P 点相对控制点 A 的坐标增量：

$$\Delta x_{AP} = AM = x_P - x_A \quad \Delta y_{AP} = AN = y_P - y_A$$

放样步骤如下：

(1)在 A 点安置经纬仪瞄准 B 点，沿此方向放样水平距离 $AN = \Delta y$ 得 N 点。

(2)在 N 点安置经纬仪瞄准 B 点，仪器左转 90°并沿此方向丈量 $NP = \Delta x$ 得 P 点。

二、极坐标法

当施工控制网为导线时，常采用极坐标法进行放样。特别是当控制点与测点距离较远时，用全站仪进行极坐标法放样非常方便。

如图 10-8 所示，A、B 为已知控制点，其坐标分别为 $A(x_A, y_A)$ 和 $B(x_B, y_B)$，P 为待放样点，其设计坐标为 $P(x_P, y_P)$。放样前，根据 A、B 和 P 点坐标，计算出 AB、AP 边的方位角、AP 的距离和 $\angle BAP$ 的水平角 β。

$$\left.\begin{aligned} \alpha_{AB} &= \operatorname{arccot}\frac{\Delta y_{AB}}{\Delta x_{AB}} \\ \alpha_{AP} &= \operatorname{arccot}\frac{\Delta y_{AP}}{\Delta x_{AP}} \\ D_{AP} &= \sqrt{\Delta x_{AP}^2 + \Delta y_{AP}^2} \\ \beta &= \alpha_{AP} - \alpha_{AB} \end{aligned}\right\} \tag{10-2}$$

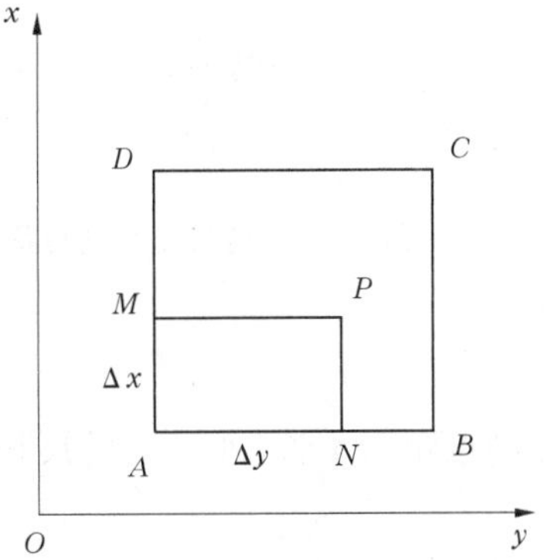

图 10-7　直角坐标法放样点位

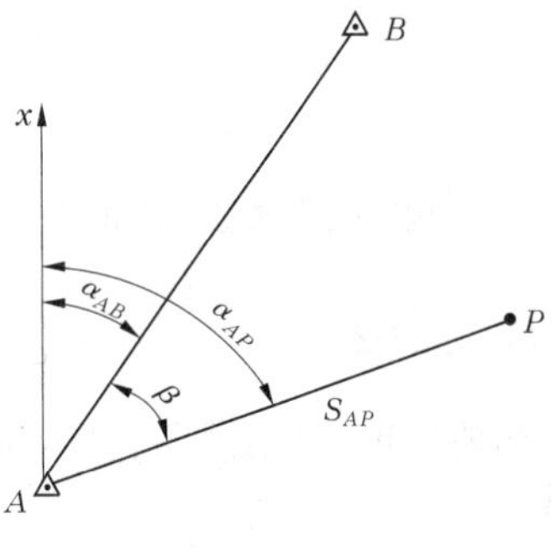

图 10-8　极坐标法放样点位

用极坐标法放样的工作步骤如下：

(1)经纬仪架在 A 点上，对中、整平。

(2)以 AB 为起始边，顺时针转动望远镜，测设水平角 β，然后固定照准部。

(3)在望远镜的方向上测设距离 D_{AP} 即得 P 点。

三、角度交会法

当欲测设的点位远离控制点，地形起伏较大，距离丈量困难且没有全站仪时，可采用经纬仪角度交会法来放样点位。

如图 10-9 所示，A、B、C 为已知控制点，待放样点 P 的坐标由设计人员给出或从图上量得。放样前，用坐标反算各边的方位角 α_{AB}、α_{AP}、α_{BP}、α_{CP} 和 α_{CB}，并根据方位角计算 α_1、β_1 和 β_2 角值。

用前方交会法放样的步骤是：

（1）分别在 A、B、C 三点安置经纬仪，依次以 AB、BA、CB 为起始方向，分别放样水平角 α_1、β_1 和 β_2。

（2）通过交会概略定出 P 点位置，打一大木桩。

（3）由观测者指挥，在桩顶平面上定出三条方向线即 Aa、Bb 和 Cc。

（4）理论上三条线应交于一点，由于放样存在误差，形成了一个误差三角形（见图 10-9）。当误差三角形内切圆的半径在允许误差范围内时，取内切圆的圆心作为 P 点的位置。

为保证 P 点的测设精度，交会角一般不得小于 30°和大于 150°，理想的交会角是 70°～110°。

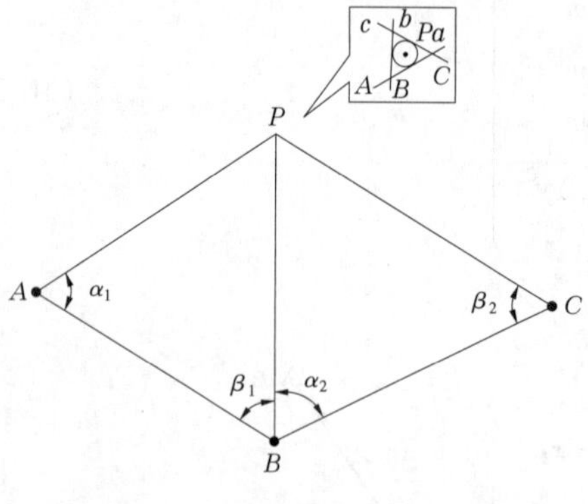

图 10-9　前方交会法放样点位

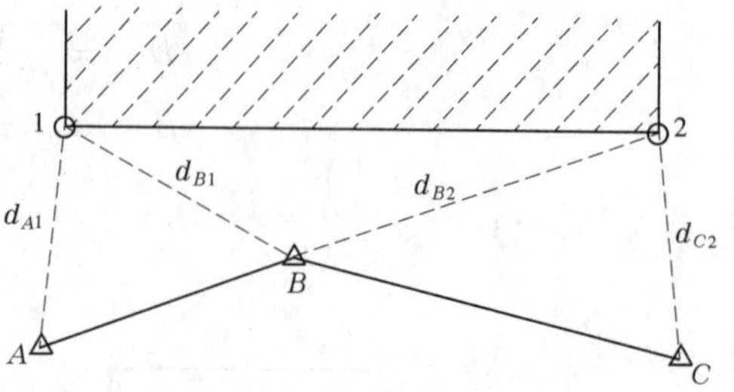

图 10-10　距离交会法放样点位

四、距离交会法

当施工场地平坦，易于量距，且测设点与控制点距离不长（小于一整尺长），常用距离交会法测设点位。

如图 10-10 所示，A、B、C 为控制点，1、2 为要测设的两个点位。放样前，根据 A、B、C 的坐标和 1、2 点坐标，用坐标反算法计算出距离 d_{A1} 和 d_{B1}、d_{B2} 和 d_{C2}；测设时，分别以 A、B、C 点为起点，用钢尺丈量 d_{A1} 和 d_{B1}、d_{B2} 和 d_{C2}，两两相交的交点即为 1、2 点。

最后，根据 1、2 点的坐标反算其水平距离。用实测的 1、2 点距离与反算距离比较进行校核。

第三节　曲线放样

一、圆曲线的测设

在曲线测设中，圆曲线是路线平曲线的基本组成部分，圆曲线是指具有一定半径的圆弧线，是平曲线的基本线形。圆曲线的测设工作一般分两步进行，先测设曲线主点桩，然后进行曲线细部放样即曲线桩加密，从而完整地标定出圆曲线的位置。

（一）圆曲线主点测设

1. 圆曲线测设元素计算

图 10-11 中，P 为路线交点 JD 的位置；α 为路线转角；R 为圆曲线半径；A、B 为直线与圆曲线的切点，即圆曲线的起点 ZY 和终点 YZ；M 为分角线与圆曲线的相交点，即圆曲线的中点 QZ。根据几何关系，圆曲线元素可按下列公式计算：

$$\left.\begin{aligned} T &= R\cdot\tan\frac{\alpha}{2} \\ L &= R\cdot\alpha\cdot\frac{\pi}{180^\circ} \\ E &= R\left(\sec\frac{\alpha}{2}-1\right) \\ D &= 2T-L \end{aligned}\right\} \tag{10-3}$$

式中　T——圆曲线的切线长；

L——圆曲线曲线长；

E——交点 JD 至圆曲线中点 M 的距离，称为圆曲线的外矩。

D——切曲差或超距。

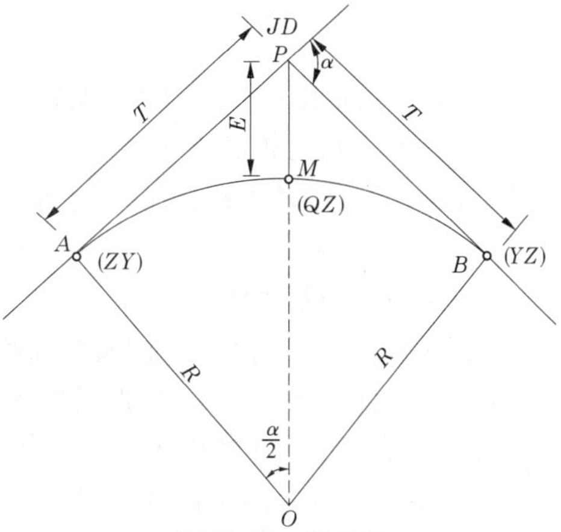

图 10-11　圆曲线

2. 主点里程计算

交点 JD 的里程由中线丈量得到，根据交点的里程和曲线元素值，可算出各主点的里程。从图 10-11 可知：

$$\left.\begin{aligned} ZY\text{ 里程} &= JD\text{ 里程} - T \\ YZ\text{ 里程} &= ZY\text{ 里程} + L \\ QZ\text{ 里程} &= YZ\text{ 里程} - L/2 \\ JD\text{ 里程} &= QZ\text{ 里程} + D/2\text{（校核）} \end{aligned}\right\} \tag{10-4}$$

【例 10-1】　交点 JD 的里程桩为 K8 + 518.88，路线转角 $\alpha_y = 104°40'00''$，圆曲线半径 $R = 30$ m，计算圆曲线元素及主点里程桩号。

解：(1) 圆曲线元素的计算：

$$T = R\tan\frac{\alpha}{2} = 30 \times \tan\frac{104°40'}{2} = 38.86(\text{m})$$

$$L = \pi\alpha R/180 = \pi \times 104°40' \times 30/180° = 54.80(\text{m})$$

$$E = R(\sec\frac{\alpha}{2} - 1) = 30 \times (\sec\frac{104°40'}{2} - 1) = 19.09(\text{m})$$

$$D = 2T - L = 2 \times 38.86 - 54.8 = 22.92(\text{m})$$

(2)圆曲线主点里程计算：

JD	K8 +518.88	
$-)T$	38.86	
ZY	K8 +480.02	
$+)L$	54.80	
YZ	K8 +534.82	
$-)L/2$	27.40	
QZ	K8 +507.42	
$+)D/2$	11.46	
JD	K8 +518.88	（校核无误）

3. 主点测设

如图 10-11 所示，在交点 JD 上安置经纬仪，后视直线中线方向并将度盘置零，在此方向上量取切线长 T，打桩定出 ZY 点；经纬仪顺转至水平度盘读数为 $180° + \alpha$ 处，在此方向上量取切线长 T 得 YZ 点；再顺转至水平度盘读数为 $270° + \alpha/2$ 处，在此方向上量取外距 E 得 QZ 点。

（二）圆曲线细部放样

主点测设后，还要设置更多的曲线桩才能确切地反映圆曲线的形状。圆曲线的细部放样就是指测设除主点桩以外的一切曲线桩，下面介绍两种常用的圆曲线细部放样方法。

1. 偏角法

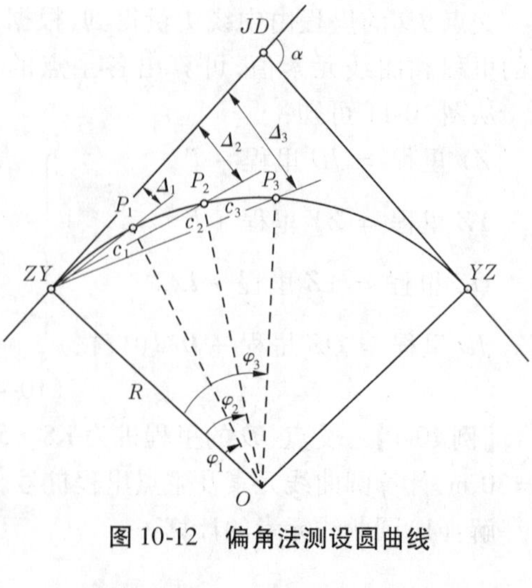

图 10-12　偏角法测设圆曲线

偏角法测设圆曲线加桩是依据极坐标原理进行的，以曲线起点 ZY 至曲线任一待定点 P_i 的弦线与切线之间的弦切角（偏角）Δ_i 和弦长 c_i 来确定 P_i 点的位置。如图 10-12 所示，根据几何原理，偏角 Δ_i 应等于相对应弧长 l_i 所对圆心角之半，即

$$\Delta_i = \frac{\varphi_i}{2} = \frac{l_i}{2R} \cdot \frac{180°}{\pi}$$

$$c_i = 2R\sin\frac{\varphi_i}{2} = 2R\sin\Delta_i \tag{10-5}$$

$$\zeta_i = l_i - c_i = \frac{l_i^3}{24R^2}$$

【例 10-2】 按例 10-1 结果计算偏角法细部放样圆曲线的测设数据。

解:按桩距 $l_0 = 10$ m 设桩,测设数据计算结果见表 10-1。

表 10-1 圆曲线偏角计算

桩 号	各桩至起点曲线长	偏 角	度盘偏角读数	相邻间距弧长	相邻间距弦长
ZY K8 +480.02	0.00	0°00′00″	0°00′00″	0	0
K8 +490	9.98	Δ_A =9°31′49″	9°31′49″	9.98	9.93
K8 +500	19.98	19°04′46″	19°04′46″	10.00	9.95
QZ K8 +507.42					
K8 +510	29.98	28°37′43″	28°37′43″	10.00	9.95
K8 +520	39.98	38°10′40″	38°10′40″	10.00	9.95
K8 +530	49.98	47°43′37″	47°43′37″	10.00	9.95
YZ K8 +534.82	(l_B =4.82) 54.80	Δ_B =4°36′10″ 52°19′47″	52°19′47″	4.82	4.81
校核	$\alpha/2$ =52°20′00″,Δ_{YZ} =52°19′47″。两者相差 13″,属计算取位误差。				

下面根据例 10-2 的计算数据,介绍偏角法测设步骤如下:

(1)将经纬仪置于 *ZY* 点上,瞄准 *JD* 并将水平度盘配置在 0°00′00″。

(2)转动照准部使水平度盘读数为 9°31′49″,此时视线方向为桩 K8 +490 的方向,从 *ZY* 点沿此方向量取弦长 9.93 m,标定 K8 +490 桩。

(3)转动照准部使水平度盘读数为桩 K8 +500 的偏角读数 19°04′46″,由桩 K8 +490 量弦长 9.95 m 与视线方向相交得 K8 +500 桩。

(4)按上述方法逐一定出 K8 +510、K8 +520、K8 +530 和 *YZ* K8 +534.82 各桩,此时 *YZ* 点应与主点测设时定出的 *YZ* 点重合,如不重合,其差值应不得超过如下规定值,否则重测。

半径方向(横向):±0.1 m;切线方向(纵向):±*L*/1 000(*L* 为曲线长)。

2. 切线支距法

切线支距法是以曲线的起点(*ZY*)或终点(*YZ*)为坐标原点,以圆曲线的切线为 *x* 轴,过原点的半径方向为 *y* 轴,根据坐标(*x*,*y*)测设细部点。

如图 10-13 所示。设 P_i 为曲线上欲测设的点位,其弧长为 l_i,对应圆心角为 φ_i,圆曲

线半径为 R,则

$$\left.\begin{aligned} x_i &= R\sin\varphi_i \\ y_i &= R(1-\cos\varphi_i) \end{aligned}\right\} \tag{10-6}$$

式中

$$\varphi_i = \frac{l_i}{R}\cdot\frac{180^\circ}{\pi}$$

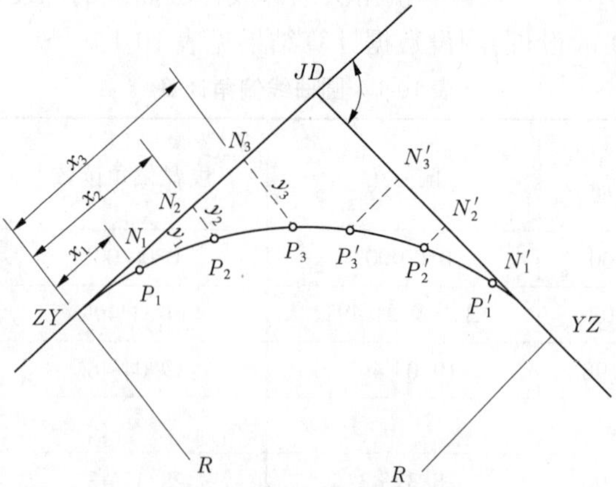

图 10-13　切线支距法测设圆曲线

为避免量距过长,一般由 ZY 和 YZ 点分别向 QZ 点施测,将曲线分成两部分进行。

【例 10-3】　按例 10-1 的结果,计算按切线支距法测设圆曲线的测设数据。

解:按整桩号法设桩,桩距 l_0 = 10 m,计算测设数据见表 10-2。

表 10-2　圆曲线支距计算

桩号	各桩至起点曲线长	x	y
ZY　K8 + 480.02	0.00	0.00	0.00
K8 + 490	9.98	9.8	1.64
K8 + 500	19.98	18.54	6.41
QZ　K8 + 507.42	27.40	23.75	11.67
K8 + 510	24.82	22.08	9.69
K8 + 520	14.82	14.22	3.59
K8 + 530	4.82	4.80	0.39
YZ　K8 + 534.82	0.00	0.00	0.00

切线支距法测设步骤如下:

(1)根据各点坐标,用皮尺从曲线起点 ZY 沿 JD 方向量取 P_i 点横坐标 x_i 得垂足 N_i,并用测钎标记。

(2)在各垂足 N_i 上用方向架作垂线量取 y_i 即可定出曲线上 P_i 点,用测钎加以标记。

(3)各点测设完毕后,应丈量各点间的弦长进行校核。如果不符或超限,应查明原因,予以改正。

二、缓和曲线的测设

缓和曲线是在直线和圆曲线之间插入一段半径由无限大逐渐减小至圆曲线半径 R 的曲线,主要用于缓和行车状态,使行驶更舒适、安全。

(一)缓和曲线基本公式及要素的计算

1. 基本公式

我国公路和铁路设计时,一般采用回旋线作为缓和曲线,回旋线是曲率半径 r 随曲线长度 l 的增长而成正比地均匀减小的曲线,起点处 $r=+\infty$,终点处 $r=R$,则任一点的 r 为

$$r = C/l \quad 或 C = rl$$

式中 C——缓和曲线半径的变换率,其值与车速 V 有关,通常取 $C=0.035V^3$。

由于缓和曲线与圆曲线相交时 $r=R$,缓和曲线长度 $l=l_s$,因此

$$C = rl = Rl_s \tag{10-7}$$

则缓和曲线全长为

$$l_s = 0.035\frac{V^3}{R} \tag{10-8}$$

《公路工程技术标准》规定:采用回旋线作为缓和曲线的长度应根据等级公路的计算车速求算,并应大于表 10-3 中数值。

表 10-3 各等级公路的 l_s 值

公路等级	高速公路				一		二		三		四	
地形	平原微丘	重丘	山岭		平原微丘	山岭重丘	平原微丘	山岭重丘	平原微丘	山岭重丘	平原微丘	山岭重丘
计算行车速度(km/h)	120	100	80	60	100	60	80	40	60	30	40	20
缓和曲线最小长度(m)	100	85	70	50	85	50	70	35	50	25	35	20

2. 切线角(也称缓和曲线角)计算公式

如图 10-14 所示,缓和曲线上任一点 P 的切线与过起点切线的交角 β 称为切线角,其值与 P 点弧长 l 所对圆心角相等,即

$$\beta = \frac{l^2}{2Rl_s} 或 \beta = \frac{l^2}{2Rl_s} \times \frac{180^\circ}{\pi} \tag{10-9}$$

$l=l_s$ 时缓和曲线终点的 β_0 角为

$$\beta_0 = \frac{l_s}{2R} 或 \beta_0 = \frac{l_s}{2R} \times \frac{180^\circ}{\pi} \tag{10-10}$$

3. 缓和曲线的参数方程

如图 10-14 所示,以 ZH(或 HZ)为坐标原点,以 ZH(或 HZ)点的切线方向为 x 轴,垂直于切线的方向(半径方向)为 y 轴,则缓和曲线上任一点的坐标为

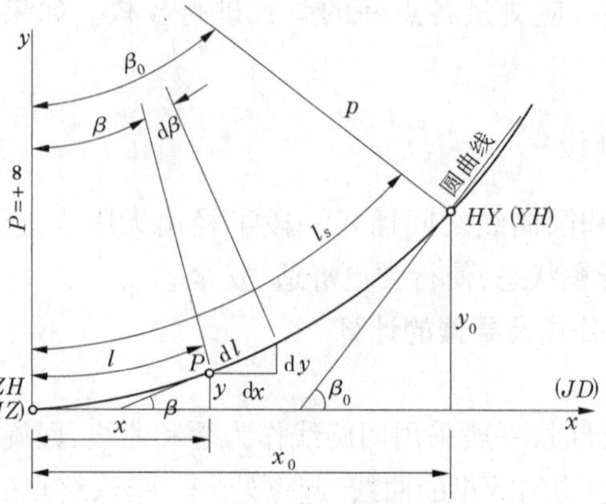

图 10-14　缓和曲线

$$x = l - \frac{l^5}{40R^2 l_s^2}, y = \frac{l^3}{6Rl_s} \tag{10-11}$$

$l = l_s$ 时，缓和曲线终点坐标为

$$x_0 = l_s - \frac{l_s^3}{40R^2}, y_0 = \frac{l_s^2}{6R} \tag{10-12}$$

（二）带有缓和曲线的圆曲线的主点测设

1. 内移值和切线增值

如图 10-15 所示，当直线和圆曲线之间加设缓和曲线段后，为使缓和曲线起点位于切线上，必须将圆曲线向内移动一段距离 p（即内移值），此时，曲线发生变化，使切线增长距离 q（即切线增长值），圆曲线弧长变短为 CMD：

$$\left.\begin{aligned} p &= \frac{l_s^2}{24R} \\ q &= \frac{l_s}{2} - \frac{l_s^3}{240R^2} \end{aligned}\right\} \tag{10-13}$$

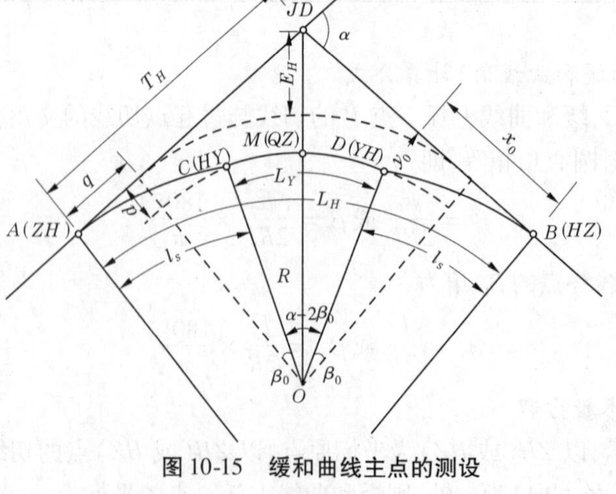

图 10-15　缓和曲线主点的测设

2. 缓和曲线主点元素计算

如图 10-15 所示，计算曲线测设元素：

$$\left.\begin{array}{ll}\text{切线长} & T_H = (R+p)\tan\dfrac{\alpha}{2}+q \\ \text{曲线长} & L_H = R(\alpha-2\beta_0)\dfrac{\pi}{180^\circ}+2l_s = R\alpha\dfrac{\pi}{180^\circ}+l_s \\ \text{外距} & E_H = (R+p)\sec\dfrac{\alpha}{2}-R \\ \text{切曲差} & D_H = 2T_H-L_H\end{array}\right\} \quad (10\text{-}14)$$

式中 L_Y——圆曲线长，其值为 $R(\alpha-2\beta_0)\dfrac{\pi}{180^\circ}$。

3. 主点里程计算

根据交点里程和曲线测设元素，计算主点里程：

$$\left.\begin{array}{ll}\text{直缓点} & ZH\text{ 里程} = JD\text{ 里程} - T_H \\ \text{缓圆点} & HY\text{ 里程} = ZH\text{ 里程} + l_s \\ \text{圆缓点} & YH\text{ 里程} = HY\text{ 里程} + T_Y \\ \text{缓直点} & HZ\text{ 里程} = YH\text{ 里程} + l_s \\ \text{曲中点} & QZ\text{ 里程} = HZ\text{ 里程} - L_H/2 \\ \text{交点} & JD\text{ 里程} = QZ\text{ 里程} - D_H/2\text{（校核）}\end{array}\right\} \quad (10\text{-}15)$$

4. 主点的测设

主点 ZH、HZ 和 QZ 的测设方法与前述圆曲线主点测设方法相同。HY 和 YH 可按式(10-12)计算(x_0, y_0)，用切线支距法测设。

（三）带有缓和曲线的圆曲线的详细测设

1. 切线支距法

以 ZH 或 HZ 为坐标原点，以切线方向为 x 轴，过原点的半径方向为 y 轴，利用缓和曲线和圆曲线上任一点的坐标(x, y)进行测设。缓和曲线上各桩点的坐标(x, y)可按式(10-11)计算，也可查表得到；圆曲线上各点坐标可按下式计算：

$$\left.\begin{array}{l} x_i = R\sin\varphi_i + q \\ y_i = R(1-\cos\varphi_i) + p \end{array}\right\} \quad (10\text{-}16)$$

测设方法：算出缓和曲线和圆曲线上各点坐标后，按圆曲线切线支距法进行测设。圆曲线上各点也可按 HY(或 YH)点为坐标原点，用切线支距法测设，如图 10-16 所示。

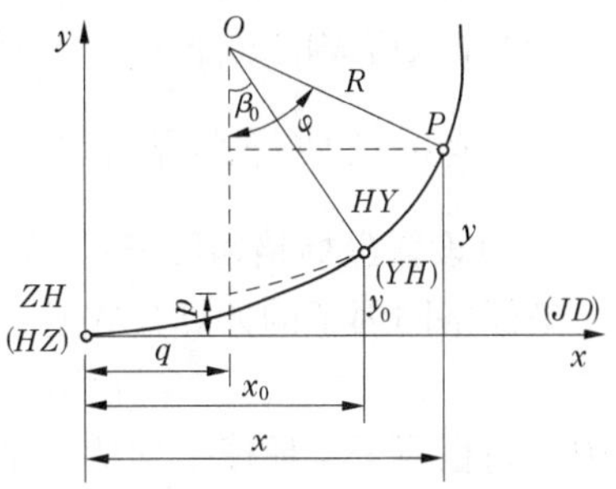

图 10-16　切线支距法测设缓和曲线

2. 偏角法

如图 10-17 所示，设缓和曲线上任一点 P 至 ZH 点的曲线长为 l，偏角为 Δ，其弦近似与曲线长相等。则

$$\sin\Delta = \frac{y}{R}$$

因Δ很小,又$C \approx l$,则

$$\Delta = y/l$$

将式(10-11)代入上式得

$$\Delta = \frac{l^2}{6Rl_s} \qquad (10\text{-}17)$$

当$l = l_s$时,结合式(10-10)可得:

$$\Delta_0 = \frac{l_s}{6R} = \frac{\beta_0}{3} \qquad (10\text{-}18)$$

从式(10-17)和式(10-18)得

$$\Delta = (\frac{l}{l_s})^2 \Delta_0 \qquad (10\text{-}19)$$

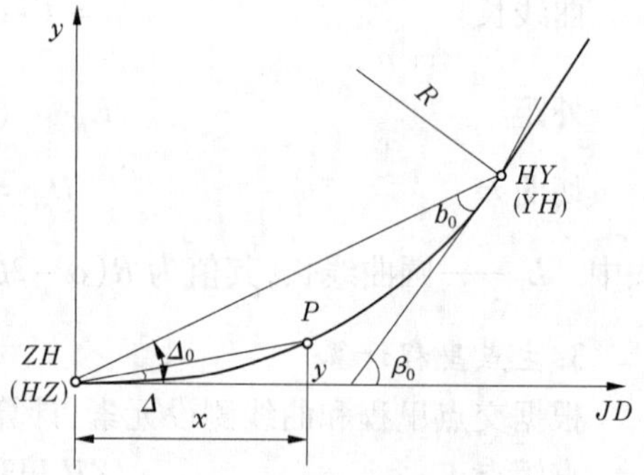

图 10-17　偏角法测设缓和曲线

放样时,将经纬仪置于 *ZH* 或 *HZ* 点上,与偏角法测设圆曲线一样测设缓和曲线,弦长可用弧长代替。将仪器迁至 *HY* 或 *YH* 点上,定出 *HY* 或 *YH* 点的切线方向,计算角 b_0,与无缓和曲线的圆曲线一样测设圆曲线上各点。

第四节　全站仪放样

全站仪放样模式有两个功能,即测定放样点和利用内存中的已知坐标数据设置新点。如果坐标数据未被存入内存,则可从键盘直接输入,也可通过计算机从传输电缆输入仪器内存。

一、全站仪放样步骤

下面以国产南方全站仪 NTS-320 为例,介绍全站仪放样的具体步骤:

(1)选择数据采集文件,使其所采集数据存储在该文件中。

(2)选择坐标数据文件。可进行测站坐标数据及后视坐标数据的调用。

(3)置测站点。

(4)置后视点,确定方位角。

(5)输入所需的放样坐标,开始放样。

二、全站仪放样准备工作

(一)设置坐标格网因子

坐标格网因子的计算公式是:

坐标格网因子 = 高程因子 × 比例尺因子

式中　高程因子 = 地球平均曲率半径/(地球平均曲率半径 + 高程);

比例尺因子 = 测站上的比例尺因子。

坐标格网因子的设置方法如表 10-4 所示。

表 10-4　坐标格网因子的设置

操作过程	操作	显示
①由放样菜单 2/2 按[F3](格网因子)	[F3]	放样　　2 / 2 F1:选择文件 F2:新点 F3:格网因子　　P↓ 格网因子 =0.998 843 >修改?　　[是][否]
②按[F3](是)键	[F3]	格网因子 高程. - >1 000 m 比例:0.999 000 输入 --- --- 回车 1234　5678 90. -[ENT]
③按[F1](输入)键,输入高程 * 1),按[F4](ENT)键	[F1] 输入高程 [F4]	格网因子 高程. :2 000 m 比例 - > 1.001 000 输入 --- --- 回车
④按同样方法输入比例尺因子,显示坐标格网因子 1 ~ 2 s,然后显示屏返回到放样菜单 2/2	[F1] 输入高程 [F4]	格网因子 = 1.000 685

注:高程输入范围: -9 999 ~ +9 999 m;比例尺因子输入范围:0.990 000 ~ 1.010 000。

(二)坐标数据文件的选择

运行放样模式先要选择一个坐标数据文件。可直接输入一个新文件名,或从现有坐标数据文件中调用一个文件(若菜单文件已被选定,则在该文件名的右边显示一个符号)。

(三)设置测站点

设置测站点的方法有直接键入测站点的坐标数据或利用内存中的坐标文件设置两种,具体设置方法见表 10-5 和表 10-6。

表 10-5 利用内存中的坐标数据文件设置测站点

操作过程	操作	显示
①由放样菜单 1/2 按 [F1]（输入测站点）键，即显示原有数据	[F1]	测站点 点号：________ 输入　调用　坐标　回车
②按 [F1]（输入）键	[F1]	测站点 点号 = PT－01 1234　5678 90．－[ENT]
③输入点号，按 [F4]（ENT）键	输入点号 [F4]	仪高 输入 仪高：　　0.000 m 输入　－－－　－－－　回车
④按同样方法输入仪器高，显示屏返回到放样单 1/2	[F1] 输入仪高 [F4]	放样　　1/2 F1：输入测站点 F2：输入后视点 F3：输入放样点　　P↓

表 10-6 直接输入坐标设置测站点

操作过程	操作	显示
①由放样菜单 1/2 按 [F1]（测站点号 输入）键，即显示原有数据	[F1]	测站点 点号：________ 输入　调用　坐标　回车
②按 [F3]（坐标）键	[F3]	N：　　0.000 m E：　　0.000 m Z：　　0.000 m 输入　－－－　点号　回车
③按 [F1]（输入）键，输入坐标值按 [F4]（ENT）键	[F1] 输入坐标 [F4]	N：　　10.000 m E：　　25.000 m Z：　　63.000 m 输入　－－－　点号　回车

续表 10-6

操作过程	操作	显示
④按同样方法输入仪器高,显示屏返回到放样菜单 1/2	[F1] 输入仪高 [F4]	仪器高 输入 仪高: 0.000 m 输入 --- --- 回车 1234 5678 90. -[ENT]
⑤返回放样菜单	[F1] 输入 [F4]	放样 1/2 F1:输入测站点 F2:输入后视点 F3:输入放样点 P↓

(四)设置后视点

设置后视点有三种方法:利用内存中的坐标数据文件设置、通过键入坐标数据直接设置、通过键入设置角设置。输入坐标直接设置后视点的方法与输入坐标直接设置测站点方法(见表 10-6)基本相同,这里仅介绍其他两种设置方法,分别见表 10-7、表 10-8。

表 10-7 利用内存中的坐标数据文件设置后视点

操作过程	操作	显示
①由放样菜单[F2](后视)键	[F2]	后视 点号:________ 输入 调用 NE/AZ 回车
②按[F1](输入)键	[F1]	后视 点号 = BA - 01 1234 5678 90. -[ENT]
③输入点号,按[F4](ENT)键	输入点号 [F4]	后视 H(B) = 120°30′20″ >照准? [是] [否]
④照准后视点,按[F3](是)键显示屏返回到放样菜单 1/2	照准后视点 [F3]	放样 1/2 F1:输入测站点 F2:输入后视点 F3:输入放样点 P↓

每按一下[F3]键,输入后视定向角方法与直接键入后视点坐标数据依次变更

方法 1 按[F3](NE/AZ)键调用已有点号

方法 2 按[F3](AZ)键直接输入坐标

方法 3 按[F3](点号)键直接输入角度

表 10-8　直接输入坐标设置后视点

操作过程	操作	显示
①由放样菜单 1/2 按 F2 (后视)键,即显示原有数据	F2	后视 点号 = : 输入　调用　NE/AZ　回车
②按 F3 (NE/AZ)键	F3	N - >　　　0.000 m E:　　　0.000 m 输入　- - -　点号　回车
③按 F1 (输入)键,输入坐标值按 F4 (回车)键	F1 输入坐标 F4	后视 H(B) = 120°30′20″ >照准?　　[是]　[否]
④照准后视点	照准后视点	
⑤按 F3 (是)键,显示屏返回到放样菜单 1/2	照准后视点 F3	放样　　1 / 2 F1:输入测站点 F2:输入后视点 F3:输入放样点　　P↓

三、全站仪放样方法

全站仪放样有两种方法:通过调用内存中的点号放样或直接键入待放样点的坐标值进行放样。表 10-9 以调用内存中的坐标值为例,介绍了具体的放样方法。

表 10-9　调用内存中的坐标值进行放样

操作过程	操作	显示
①由放样菜单 1/2 按 F3 (放样)键	F3	放样　　1/2 F1:输入测站点 F2:输入后视点 F3:输入放样点　　P↓ 放样 点号:________ 输入　调用　坐标　回车
② F1 (输入)键,输入点号	F1 输入点号 F4	镜高 输入 镜高:　　0.000 m 输入　- - -　- - -　回车

续表 10-9

操作过程	操作	显示
③按同样方法输入反射镜高，当放样点设定后，仪器就进行放样元素的计算 HR:放样点的水平角计算值 HD:仪器到放样点的水平距离计算值	[F1] 输入镜高 [F4]	计算 HR:122°09′30″ HD:245.777 m 角度　距离　－－－　－－－
④照准棱镜，按[F1]角度键 点号:放样点 HR:实际测量的水平角 dHR:对准放样点仪器应转动的水平角 =实际水平角－计算的水平角 当 dHR＝0°00′00″时，即表明放样方向正确	照准 [F1]	点号:　LP － 100 HR:　2°09′30″ dHR:　22°39′30″ 距离　－－－　坐标　－－－
⑤按[F1]（距离）键 HD:实测的水平距离 dHD:对准放样点尚差的水平距离 =实测距离－计算距离	[F1]	HD＊[r]　<m dHD:　m dZ:　m 模式　角度　坐标　继续 HD＊　245.777 m dHD:　－3.223 m dZ:　－0.067 m 模式　角度　坐标　继续
⑥按[F1]（模式）键进行精测	[F1]	HD＊[r]　<m dHD:　m dZ:　m 模式　角度　坐标　继续 HD＊　244.789 m dHD:　－3.213 m dZ:　－0.047 m 模式　角度　坐标　继续
⑦当显示值 dHR，dHD 和 dZ 均为 0 时，则放样点的测设已经完成		
⑧按[F3]（坐标）键，即显示坐标值	[F3]	N:　12.322 m E:　34.286 m Z:　1.577 2 m 模式　角度　－－－　继续
⑨按[F4]（继续）键，进入下一个放样点的测设	[F4]	放样 点号:________ 输入　调用　坐标　回车

注:若文件中不存在所需的坐标数据，则无需输入点号。

习　题

一、填空题

1. 根据地形条件和施工控制点布设的不同,测设点的平面位置可采用________法、________法、________法和________法。

2. 圆曲线的测设元素是指________、________、________、________。

3. 圆曲线的主点有________、________、________;带有缓和曲线段的圆曲线主点是________、________、________。

4. 用切线支距法测设圆曲线一般是以________为坐标原点,以________为 x 轴,以________为 y 轴。

5. 已知后视 A 点高程为 H_a,A 尺读数为 a、前视点 B 尺读数为 b,其视线高为______,B 点高程等于______。

二、问答题

1. 施工放样与测图的根本区别是什么?

2. 测设点位的基本方法有哪几种?各适合什么场地?

3. 用水准仪进行坡度测设的方法和步骤是什么?

4. 怎样推算圆曲线的主点里程?圆曲线主点位置是如何测定的?

5. 偏角法测设圆曲线的原理是什么?测设操作步骤是怎样的?

6. 切线支距法详细测设圆曲线的原理是什么?操作步骤是怎样的?

7. 设置缓和曲线有何作用?带缓和曲线的曲线要素值怎样计算?如何进行主点的测设?

三、综合题

1. 初步测设出直角 AOB 后,用经纬仪精确测量 $\angle AOB$,其结果是 $90°00'45''$。并且已知 OB 长度为 100.00 m。作草图并计算:

(1)在垂直 OB 的方向上,B 点移动多少距离才能使 $\angle AOB$ 为 $90°$?

(2)B 点向哪个方向移动?

2. 已知 $\alpha_{MN}=280°08'30''$,$x_M=17.33$ m,$y_M=88.55$ m;$x_A=45.54$ m,$y_A=83.00$ m。绘草图并设计出测设 A 点的方案。

3. 已知弯道 JD_{10} 的桩号为 K5 + 199.99。右角 $\beta=136°24'$,$R=300$ m,试计算圆曲线主点元素和主点里程。并叙述测设曲线主点的操作步骤。

4. 交点 JD_9 的桩号为 K4 + 555.76,转角 $\alpha_{右}=54°18'$,$R=250$ m,按整桩号法设桩,分别计算以 ZY、YZ 为原点用切线支距法测设两半圆曲线各桩的 x 和 y,叙述测设方法并按 1:2 000 比例绘制曲线图。

5. JD_{21} 桩号为 K14 + 287.54,转角 $\alpha_{右}=36°32'$,$R=150$ m。用偏角法进行圆曲线细部测设。

6. 三级公路设计行车速度 $V=60$ km/h,已知 JD_{18} 的桩号为 K18 + 476.21,转角 $\alpha_{右}=38°14'$,拟定圆曲线半径 $R=300$ m,缓和曲线长度 $l_s=60$ m,求曲线元素值及主点里程。

7. 已知某弯道半径 $R=300$ m，JD 里程为 K10+064.43，转角 $\alpha=21°18'$。已求出曲线常数 $p=0.68$ m，$q=34.98$ m。缓和曲线长 $L_s=70$ m，并求出 ZH 点里程为 K9+972.92，HY 点里程为 K10+042.91，QZ 点里程为 K10+063.68，YH 点里程为 K10+084.44，HZ 点里程为 K10+154.44。现以缓和曲线起点 ZH 点为坐标原点，用切线支距法按统一坐标计算 K10+000、K10+060 两桩点的坐标值。

8. 已知某弯道半径 $R=250$ m，缓和曲线长 $L_s=70$ m，ZH 点里程为 K3+714.39，用偏角法测设曲线，在 ZH 点安置仪器，后视交点 JD，试计算缓和曲线上 K3+720 和 K3+740 桩点的偏角。

第十一章　工程施工测量

第一节　概　述

施工测量是施工过程中进行的一系列测量工作的总称。目的是按一定的精度要求，将设计的建(构)筑物的平面位置和高程测设在地面上(即放样)，作为施工的依据。

施工测量贯穿于整个施工过程。从场地平整、建筑物定位、基础施工到建筑物构件的安装等都需要进行施工测量；工程竣工后，为便于维修和扩建，必须绘制竣工图；有些高大或特殊的建筑物建成后，还要定期进行变形观测，以便积累资料，掌握变形的规律，为今后建筑物的维护和使用提供资料。

一、施工测量的原则

施工现场上的各种建(构)筑物分布较广，开工兴建时间不同。为保证各个建(构)筑物在平面和高程位置都符合设计要求，互相连成统一的整体，施工测量和测绘地形图一样，也要遵循"从整体到局部，先控制后碎部"的原则。即先在施工现场建立统一的平面控制网和高程控制网，然后以此为基础，测设出各个建(构)筑物的位置。

施工测量的检核工作也很重要，必须采用各种不同的方法加强外业和内业检核工作。

二、施工测量的特点

测绘地形图是将地面上的地物、地貌测绘在图纸上，而施工放样则和它相反，是将设计图纸上的建(构)筑物按其设计位置测设到相应的地面上。

测设精度的要求取决于建(构)筑物的大小、材料、用途和施工方法等因素。一般高层建筑物的测设精度应高于低层建筑物，钢结构厂房的测设精度应高于钢筋混凝土结构厂房，装配式建筑物的测设精度应高于非装配式建筑物。

施工测量工作与工程质量及施工进度有着密切的联系。测量人员必须了解设计的内容、性质及其对测量工作的精度要求，熟悉图纸上的尺寸和高程数据，了解施工全过程，并掌握施工现场的变动情况，使施工测量工作能够与施工密切配合。

另外，施工现场工种多，交叉作业频繁，并有大量土、石方填挖，地面变动很大，又有动力机械的震动，因此各种测量标志必须埋设在稳固且不易破坏的位置。还应做到妥善保护，经常检查，如有破坏，应及时恢复。

第二节　施工控制测量

工程项目进入施工阶段时，为保证各建(构)筑物的测设精度，必须根据工地地形、工程性质、施工组织与计划等,建立不同形式的施工控制网。

一、施工测量控制网的特点

一般来说,施工测量控制网与测图控制网相比主要有以下几个方面的特点:

(1)控制的范围小,控制点密度大。与测图区域相比,工程施工的范围比较小,因此控制网所控制的范围也较小。例如,中小型水利枢纽工程的控制面积一般只有几平方千米,有些小型工业建筑区的控制面积往往不到一平方千米。即使施工控制面积较小,由于施工阶段所有工作均集中在工程建筑区内,各种建筑物的分布错综复杂,没有密集而精确的控制点是无法满足测设工作的。

(2)施工控制精度要求高。勘测阶段建立的控制网是为测图服务的,一般不能满足施工放样需求,而施工测量控制网是为放样建筑物轴线服务的,这些轴线的位置偏差都有一定的限制,精度要求比较高。例如,主要水工建筑物轮廓点放样的点位相对中误差要求为 ±2 cm,工业厂房主轴线定位的精度要求为 2 cm 等。相对于地形测绘来说,这样的精度要求是相当高的,因此施工控制网的精度一般要高于测图控制网。

(3)使用频繁。在施工过程中,控制点经常直接用于放样,例如在水利枢纽建筑区,主要建筑物(如坝、闸等)一般都很高,在不同的高度层上,具有不同的形状、不同的尺寸及不同的附属工程,往往对每一层都要进行放样工作。通常一个大坝分为 10 ~20 余个坝段,一个坝段每浇高 1.5 m 或 3 m,就需要进行一次施工放样。桥墩施工也要随着它们的浇筑升高经常进行放样工作。这就对控制点点位的稳定性、使用时的方便性和精度以及在施工期间是否易于保存提出了较高的要求。

(4)受施工干扰大。现代化施工均采用立体交叉作业,使得工地上各建筑物的施工标高相差悬殊,再加上人员车辆如吊车、建筑材料运输机等的交叉来往,都有可能妨碍控制点间的相互通视。建筑工地在施工过程中的临时建筑物,也会成为阻挡视线的主要障碍,使控制点难以保存。因此,放样控制点的位置分布应该恰当,密度也应较大,以便在作业时有选择控制点的余地。即使有个别点被碰动,也能及时进行校核并恢复。

此外,当工程规模较大或所在地区离所属投影带的中央子午线较远或海拔高程较大时,控制网的边长要投影到工程中主要建筑物所在的高程面上。如在工业建设场地,常将施工测量控制网投影到厂区平均高程面上;有的工程要求边长投影到定线放样精度要求最高的平面上,以保证设备、构件的安装精度,如桥梁施工测量控制网的边长要求投影到桥墩顶的平面上。

上述特点决定了施工测量控制网的布设应该作为整个工程施工设计的一部分,布网时必须考虑到施工的程序、方法以及施工场地的布置情况。

二、施工测量控制网的布设原则和布设形式

施工测量控制点的布设必须顾及施工的顺序、方法、场地情况、放样精度要求、放样方法以及控制点的使用频度等因素。例如水利枢纽的大部分建筑物位于坝的下游,若控制点按一般情况均匀分布,则随着坝体的升高,上下游控制点间的通视将受到阻挡而必然使上游的一部分点失去作用;蓄水后,布设于上游地势较低的控制点的稳定性受到影响,甚

至被毁。所以,布网时点的分布应以下游为主、适当照顾上游。

一般工程项目往往是各种建(构)筑物、铁路、公路的综合体,因此施工控制网一般采用两级布网方案。即首先建立布满整个工程地区的第一级控制网(即基本网),其主要作用是用来放样各个建筑项目的主要轴线;其次,在此基础上用插点、插网、交会定点等方法建立加密的第二级控制网(即加密网)。基本网的点位尽量选在地质条件好、离爆破震动远、施工干扰小的地方,以便能长期保存和基本稳定。加密点一般选在靠近建筑物的地方供直接放样用。

施工控制基本网的布设形式应根据总平面设计和施工地区的地形条件来确定。对于建筑物布置比较规则和密集的工业场地,由于建筑物一般多为矩形而且沿两个互相垂直的方向布置,施工平面控制网一般采用矩形网,即所谓建筑方格网;在面积不大且不十分复杂的建筑场地,可用一条或几条直线作为施工控制测量的平面控制网,称为建筑基线;对于起伏较大的山岭地区(如水利枢纽)及跨越河谷的工程(如桥梁),一般可采用三角网、测边网、边角网、导线网、GPS 控制网的方法建立施工测量控制网。

高程控制网可布设成水准网或测距三角高程网。在施工期间,要求在建筑物近旁的不同高度上都必须布设临时水准点,临时水准点的密度要在放样时保证只设一个测站就能够把高程传递到建筑物上去。高程控制网通常也分为两级布设,即布满整个施工场地的基本高程网与根据各施工阶段放样需要而布设的加密网。基本高程控制网一般采用三等水准测量施测,加密高程控制网可用四等水准测量。

对于起伏较大的山区(如水利枢纽地区)平面和高程控制网一般各自单独布设。而在平坦地区(如一般工业场地),平面控制网与高程控制网联合布设。

三、布设施工测量控制网的工作步骤

(1)收集资料。接到测量任务后,首先要收集资料。这些资料包括施工区域的大比例尺地形图、建(构)筑物相互关系位置图、施工技术设计、施工总平面图等;勘测单位在过去所完成的测量资料或已完成的地面控制资料;施工地区的气象、水文、地质以及交通运输等方面的资料。资料收集工作将直接影响以后控制网的布网、观测以及使用等方面。

(2)现场踏勘。对所收集的资料进行初步研究后,必须到施工区域进行详细的现场踏勘,注重了解建(构)筑物、地形、施工设施布置、水源、居民点以及交通等情况。

(3)选点布网。选定布网方案后,应结合现场踏勘进行选点,并根据设计网形和预期观测精度,进行控制网的精度估算和优化设计。施工区域有大比例尺地形图时,一般可参考大比例尺地形图确定控制点的点位。

第三节　渠道测量

一、踏勘选线

渠道或管道选线的任务是在地面上选定渠道或管道的合理路线,标定渠道或管道中心线的位置。渠线或管线的选择直接关系到工程效益和修建费用的大小,因此必须全面

分析，认真研究各方面的因素，才能合理地确定渠道或管道中线的位置并给出定位的数据，即渠道或管道的起点、转向点及终点的坐标和高程。

对于渠道选线，不但要考虑开挖和填筑的土、石方量和所需修建的附属建筑物要少，而且要求中小型渠道的布置与土地规划相结合，做到田、渠、林、路协调布置，为采用先进农业技术和农田园田化创造条件，同时还要考虑渠道沿线有较好的地质条件，少占良田，以减少修建费用。

对于管道选线来讲，由于管道工程种类较多（主要有给水、排水、煤气、热力、输油和工业管道等），分布较广，而且纵横交错，因此为了合理地敷设各种管道，满足工业生产和人民生活的需要，应当经过现场详细踏勘和周密调查，然后在地形图上进行规划设计，其方法和步骤与渠道基本相同。

（一）实地查勘

查勘前最好先在地形图（比例尺一般为 1∶1万 ~1∶10 万）上初选几条比较方案，然后依次对所经地带进行实地查勘，了解和收集有关资料（如土壤、地质、水文、施工条件等），并对所选路线中某些控制性的点（如渠首、沿线沟谷、跨河点等）进行简单测量，了解其相对位置和高程，以便分析比较。

（二）室内选线

在室内进行图上选线，即在适合的地形图上选定渠道或管道中心线的平面位置，并在图上标出渠道或管道转折点到附近明显地物点的距离和方向（由图上量得）。

（三）外业选线

将室内选线的结果转移到实地上，标出渠道或管道的起点、转折点和终点。外业选线还要根据现场的实际情况，对图上所定渠线或管线做进一步研究和补充修改，使之完善。实地选线时，一般应借助仪器选定各转折点的位置。

渠道或管道中线选定后，应在渠道或管道的起点、各转折点和终点用大木桩或水泥桩在地面上标定出来，并绘略图注明桩点与附近固定地物的相互位置和距离，以便寻找。

（四）水准点的布设与施测

为了满足渠线或管线的探高测量和纵断面测量的需要，在渠道或管道选线的同时，应沿渠线或管线附近每隔 1 ~2 km 在施工范围以外布设一些水准点，并组成附合或闭合水准路线，当路线不长（15 km 以内）时，也可组成往返观测的支水准路线。水准点的高程一般用四等水准测量的方法施测（大型渠道或管道工程有的采用三等水准测量）。

二、中线测量

中线测量的任务是根据选线所定的起点、转折点及终点，通过量距测角把渠道或管道中心线的平面位置在地面上用一系列的木桩标定出来。

距离丈量，一般用皮尺或测绳沿中线丈量（用经纬仪或花杆目视定直线），为了便于计算路线长度和绘制纵断面图，沿路线方向每隔 100、50 m 或 20 m 钉一木桩，以距起点的里程进行编号，是为里程桩（整数），并将桩号用红漆书写在木桩一侧。图 11-1 中的 1 +

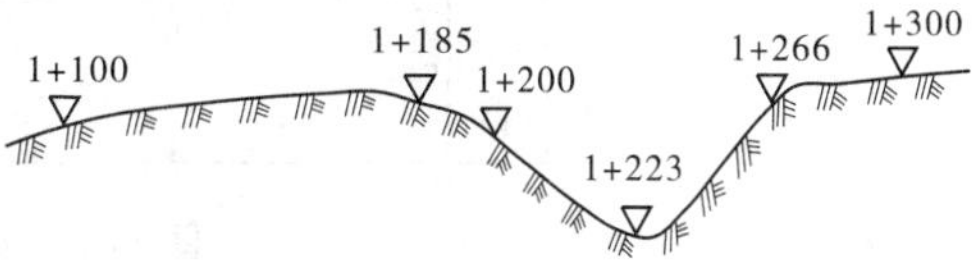

图 11-1　路线跨沟时的中心桩设置图

185、1 +233 及 1 +266 为路线跨过小沟边及沟底的加桩。

测角和测设曲线，距离丈量到转折点，渠道或管道从一直线方向转向另一直线方向，此时，将经纬仪安置在转折点，测出前一直线的延长线与改变方向后的直线间的夹角 α，称为偏角，在延长线左的为左偏角，在右的为右偏角，因此测出的 α 角应注明左或右。

中线测量完成后，对于大型渠道一般应绘出渠道测量路线平面图，在图上绘出渠道走向、各弯道上的圆曲线桩点等，并按第十章第三节介绍的方法测设圆曲线各桩点。

三、纵、横断面测量

(一)渠道纵断面测量

渠道或管道纵断面测量的任务，是测出中心线上各里程桩和加桩的地面高程，了解纵向地面高低的情况，并绘出纵断面图，供设计路线纵坡用。

1. 纵断面测量外业

纵断面测量是以相邻水准点为依据，按普通水准测量的要求从一个水准点开始引测，测出一段路线上各中心桩的地面高程后，附合到下一个水准点进行校核。

2. 纵断面图的绘制

纵断面图一般绘在毫米方格纸上，以中桩里程为横轴，其比例尺通常取 1∶1 000 ~ 1∶5 000；高程为纵轴，为了能明显地表示出地面起伏情况，其比例尺大 10 ~ 50 倍。图 11-2 的水平距离比例尺为 1∶5 000，高程比例尺为 1∶100。根据各桩点的里程和高程在图上标出相应地面点的位置，依次连接各点绘出地面线，再根据设计的路线起点高程和道路比降绘出路线的设计线。

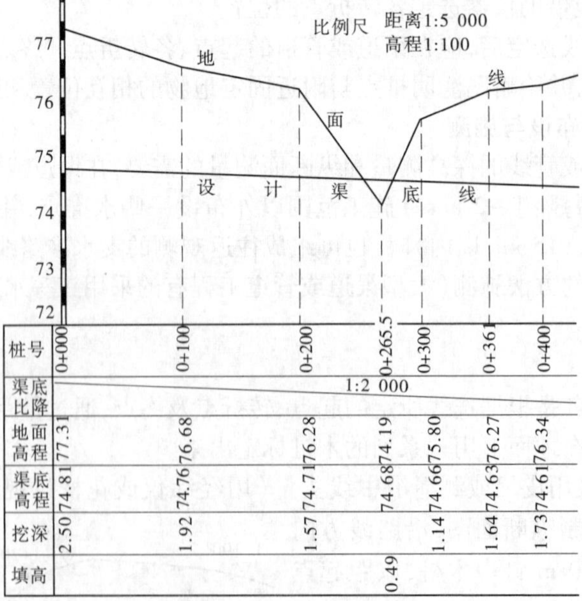

图 11-2 渠道纵断面图

（二）渠道横断面测量

横断面测量的任务，是测出各中心桩处垂直于路线方向的地面高低情况，并绘出横断面图。横断面图是设计渠道横断面、计算土石方和施工时确定渠道填挖边界的依据。

1. 横断面测量外业

进行横断面测量时，以中心桩为起点测出横断面方向上地面坡度变化点间的距离和高差。测量范围与渠道宽度大小和挖（或填）深度有关，一般以在横断面图上套绘出设计横断面为准，并留有余地。如图 11-3 所示。

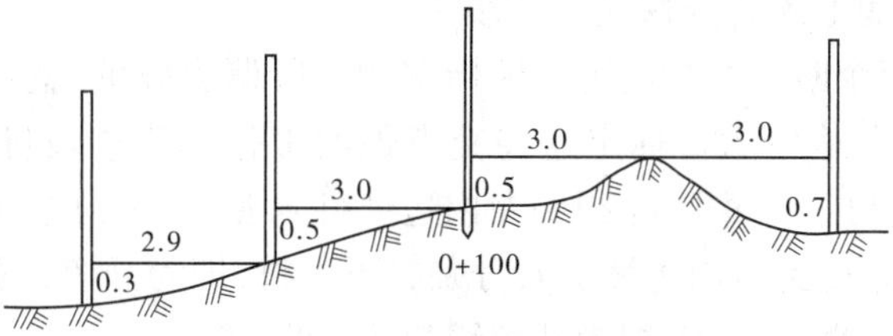

图 11-3 横断面测量示意图

2. 横断面图的绘制

横断面图仍以里程为横轴、高差为纵轴绘在方格纸上。为方便计算，纵横轴比例尺应一致，一般取 1:100 或 1:200。如图 11-4 所示，绘图时，先在方格纸适当位置定出中心桩点，从中桩开始，依次将特征点画在图上，连接相邻点即可绘出横断面的地面线。

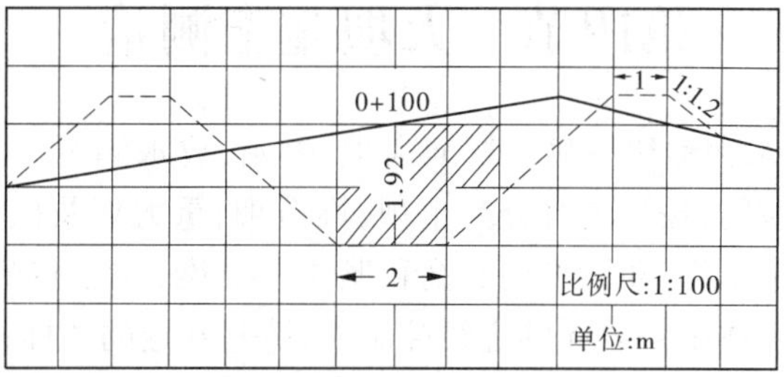

图 11-4 渠道横断面图

四、渠道的工程量计算

为了编制渠道工程的经费预算，以及安排劳力，均需计算渠道开挖和填筑的土、石方数量。设相邻两中心桩应挖（或填）的横断面面积为 A_1、A_2，两中心桩间的距离为 D，则两中心桩之间的土方量 V 可用平均断面法按下式计算：

$$V = \frac{1}{2}(A_1 + A_2) \times D \tag{11-1}$$

五、渠道施工放样及验收测量

渠道施工前，必须沿着渠道中心线，把各里程桩和加桩处的设计横断面与地面线的交点标定在实地，作为填土和挖土的依据，这项工作叫放样。放样工作包括以下几项。

（一）标定中心桩的挖深或填高

施工前首先应检查中心桩有无丢失，位置有无变动。如有丢失应进行恢复，然后根据纵断面图上所计算各中心桩的挖深或填高数，分别用红油漆写在各中心桩上。

（二）边坡桩的放样

边坡放样的主要任务是：在每个里程桩和加桩上将渠道设计横断面按尺寸在实地标定出来，以便施工。为了指导渠道的开挖和填土，需要在实地标明开挖线和填土线。在挖方断面上需标出开挖线，填方断面上需标出填方的坡脚线，挖填方断面上既有开挖线也有填土线，这些挖、填线在每个断面处是用边坡桩标定的。所谓边坡桩，就是设计横断面线与原地面线交点的桩，在实地用木桩标定这些交点桩的工作称为边坡桩放样。如图 11-5 所示，从中心桩 O 沿左侧方向量取 L_1 得到左内边坡桩 e，量 L_3 得到左外坡脚桩 d，再从中心桩沿右侧方向量取 L_2 得到右内边坡桩 f，分别打下木桩，即为开挖、填筑界线的标志，连接各断面相应的边坡桩，撒上石灰，即为开挖线和填土线。

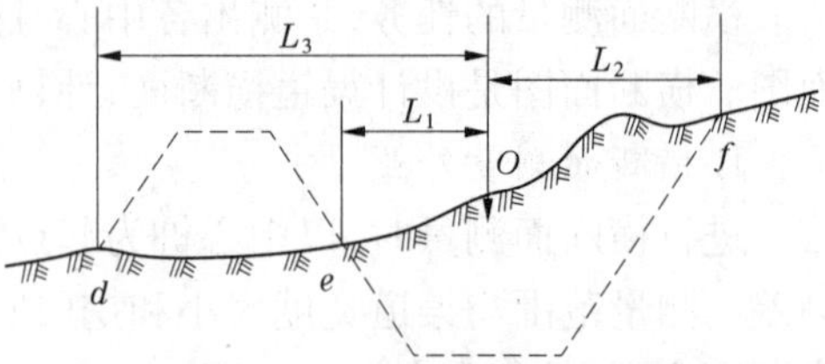

图 11-5　边坡桩放样示意图

（三）验收测量

为保证渠道修建质量，修建大中型渠道时应对已完工的渠段及时进行检测和验收测量。渠道验收测量一般用水准测量方法检测渠底高程，有时还需检测渠堤的堤顶高程、边坡坡度等，以保证渠道按设计要求完工。

第四节　大坝施工测量

如图 11- 6 所示，水利枢纽一般由拦河大坝、电站、放水涵洞、溢洪道等建筑物组成。大坝是重要的水工建筑物，按坝型可分为土坝、堆石坝、重力坝及拱坝等。修建大坝需按施工顺序进行下列测量工作：布设平面和高程基本控制网，控制整个工程的施工放样；确定坝轴线和布设控制坝体细部放样的定线控制网；清基开挖的放样；坝体细部放样等。对于不同筑坝材料及不同坝型施工放样的精度要求有所不同，内容也有些差别，但施工放样的基本方法大同小异。

一、土坝施工测量

（一）土坝控制测量

土坝是一种较为普遍的坝型。根据土料在坝体的分布及其结构的不同，其类型又有多种。图 11-7 为黏土心墙土坝的示意图。

土坝的控制测量是根据基本网确定坝轴线，然后以坝轴线为依据布设坝身控制网以控制坝体细部的放样。

1. 坝轴线的确定

中小型土坝的坝轴线，一般由工程设计人员和勘测人员组成选线小组，深入现场进行实地踏勘，根据当地的地形、地质和建筑材料等条件，经过方案比较后直接在现场选定。

对于大型土坝以及与混凝土坝衔接的土质副坝，一般经过现场踏勘、图上规划等多次调查研究和方案比较，确定建坝位置，并在坝址地形图上结合枢纽的整体布置，将坝轴线

图 11-6　水利枢纽示意图

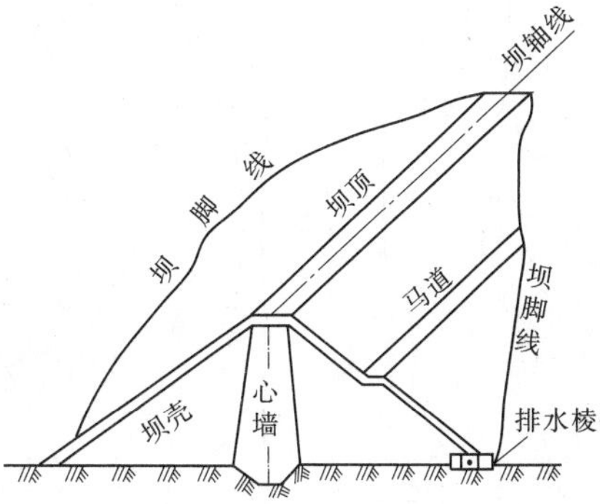

图 11-7　黏土心墙土坝的示意图

标于地形图上，为了将图上设计好的坝轴线标定在实地上，一般可根据预先建立的施工控制网用角度交会法测设到地面上。如图 11-8 所示。

坝轴线的两端点在现场标定后，应用永久性标志标明。为了防止施工时端点被破坏，应将坝轴线的端点延长到两面山坡上。

2. 坝身控制线的测设

坝身控制线一般要布设与坝轴线平行和垂直的一些控制线。这项工作需在清理基础前进行。

1）平行于坝轴线的控制线测设

平行于坝轴线的控制线可布设在坝顶上下游线、上下游坡面变化处、下游马道中线，也可按一定间隔布设，如 10、20、30 m 等以便控制坝体的填筑和进行收方。

2）垂直于坝轴线的控制线测设

垂直于坝轴线的控制线，一般按 50、30 m 或 20 m 的间距以里程来测设。

3. 高程控制网的建立

用于土坝施工放样的高程控制，可由若干永久性水准点组成基本网和临时作业水准点两级布设。基本网布设在施工范围以外，并应与国家水准点连测，组成闭合或附合水准路线，用三等或四等水准测量的方法施测。如图 11-9 所示。

临时水准点直接用于坝体的高程放样，布置在施工范围以内不同高度的地方。临时水准点应根据施工进程及时设置，附合到永久水准点上。

（二）土坝清基开挖测量

1. 清基开挖线的放样

为使坝体与岩基很好结合，坝体填筑前，必须对基础进行清理。为此，应放出清基开挖线，即坝体与原地面的交线。

清基开挖线的放样精度要求不高，可用图解法求得放样数据在现场放样。为此，先沿坝轴线进行纵断面测量，绘出纵断面图，求出各里程桩的中心填土高度，再在每一里程桩进行横断面测量，绘出横断面图，最后根据里程桩的高程、中心填土高度与坝面坡度，在横断面图上套绘大坝的设计断面。

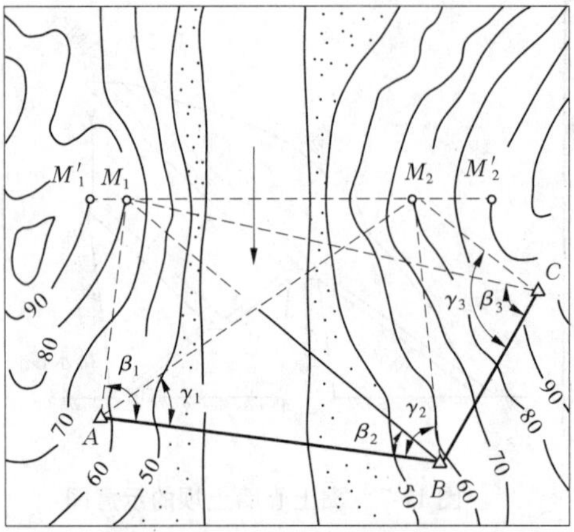

图 11-8　坝轴线测设示意图

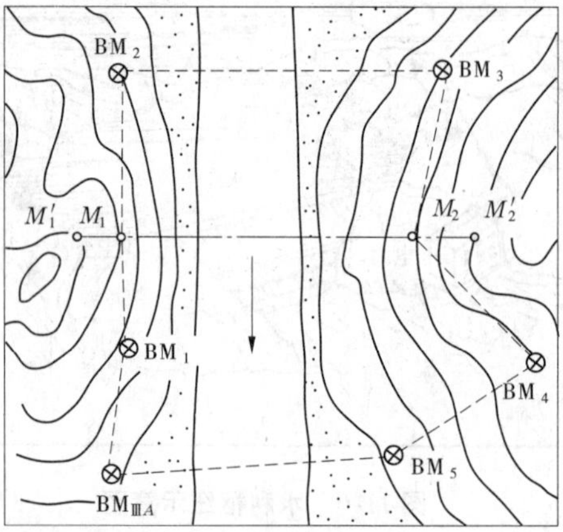

图 11-9　土坝高程基本控制网

2. 坡脚线的放样

清基后应放出坡脚线，以便填筑坝体。坝底与清基后地面的交线即为坡脚线。平行线法放样坡脚线是在地形图上用已知高程的坝坡面（为一组平行于坝轴线的直线），求得它与相应等高线的交点（即坡脚点）后，放样这些坡脚点就可确定土坝的坡脚线。如图 11-10 所示。

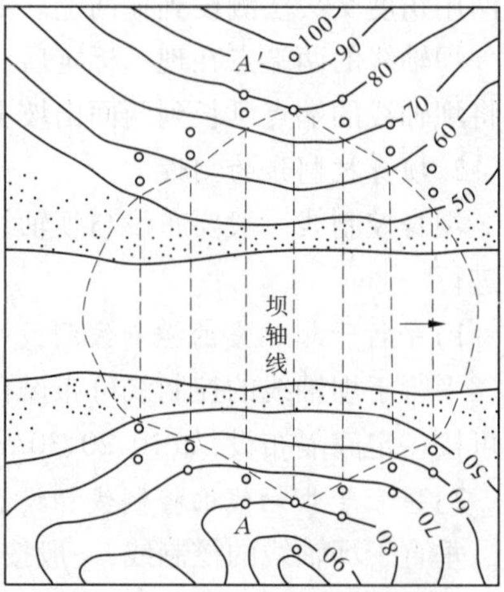

图 11-10　平行线法放样坡脚线

（三）坝体填筑施工测量

1. 边坡放样

坝体坡脚放出后，就可填土筑坝。为了标明上料填土的界线，每当坝体升高 1 m 左右，就要用桩（称为上料桩）将边坡的位置标定出来。标定上料桩的工作称为边坡放样。

2. 坡面修整

大坝填筑至一定高度且坡面压实后，还要进行坡面的修整，使其符合设计要求。此时可用水准仪或经纬仪按测设坡度线的方法求得修坡量（削坡或回填度）。

二、混凝土重力坝施工测量

（一）大坝控制测量

混凝土坝在结构和建筑材料方面相对土坝来说更为复杂，其放样精度比土坝要求高。施工平面控制网一般按两级布设，不多于三级，精度要求最末一级控制网的点位中误差不超过 ±10 mm。

1. 基本平面控制网

基本平面控制网作为首级平面控制，一般布设成三角网，并应尽可能将坝轴线的两端点纳入网中作为网的一条边。根据建筑物重要性的不同要求，一般按三等以上三角测量的要求施测，大型混凝土坝的基本网兼作变形观测监测网，要求更高，需按一、二等三角测量要求施测。如图 11-11 所示。为了减少安置仪器的对中误差，三角点一般建造混凝土观测墩，并在墩顶埋设强制对中设备，以便安置仪器和觇标。如图 11-12 所示。

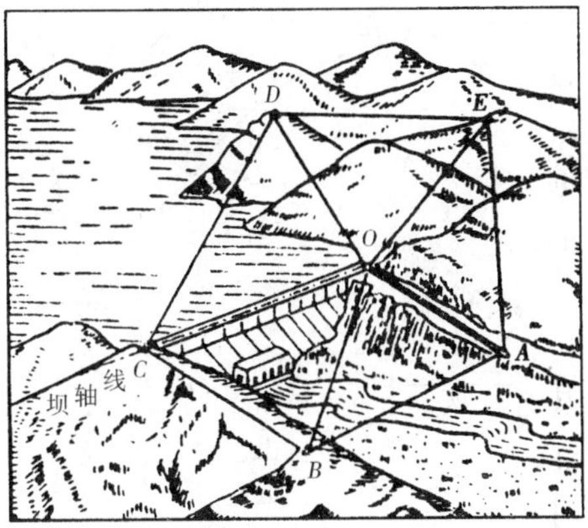

图 11-11　混凝土坝施工平面控制网

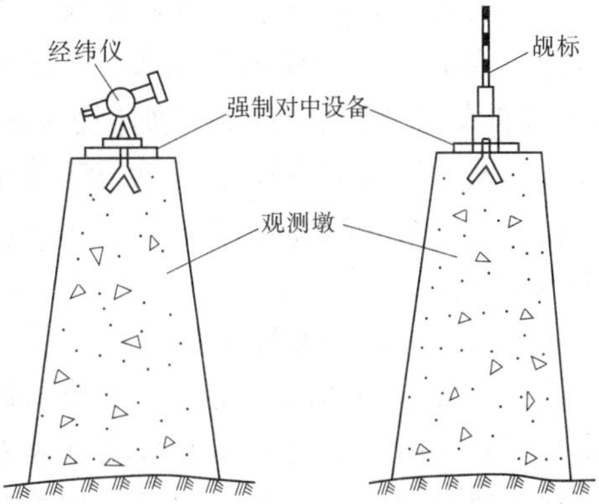

图 11-12　强制对中观测墩

2. 坝体控制网

混凝土坝采取分层施工，每一层中还分跨分仓或分段分块进行浇筑。坝体细部常用方向线交会法和前方交会法放样。为此，坝体放样的控制网，有矩形网和三角网两种，前者以坝轴线为基准，按施工分段分块尺寸建立矩形网，后者则由基本网加密建立三角网作为定线网。

3. 高程控制网

高程控制网分两级布设，基本网是整个水利枢纽的高程控制。视工程的不同要求按二等或三等水准测量施测，并考虑以后可用作监测垂直位移的高程控制。作业水准点或施工水准点随施工进程布设，尽可能布设成闭合或附合水准路线。作业水准点多布设在施工区内，应经常由基本水准点检测其高程，如有变化应及时改正。

4. 大坝清基开挖测量

清基开挖线是确定对大坝基础进行清除基岩表层松散物的范围，它的位置根据坝两侧坡脚线、开挖深度和坡度决定。标定开挖线一般采用图解法。和土坝一样先沿坝轴线进行纵横断面测量，绘出纵横断面图，由各横断面图定坡脚点，获得坡脚线及开挖线。

实地放样时，在各横断面上由坝轴线向两侧量距得开挖点。在清基开挖过程中，还应控制开挖深度，在每次爆破后及时在基坑内选择较低的岩面测定高程，精确到厘米即可，并用红漆标明，以便施工人员和地质人员掌握开挖情况。

（二）坝体浇筑施工测量

1. 坡脚线的放样

基础清理完毕，可以开始坝体的立模浇筑，立模前首先找出上、下游坝坡面与岩基的接触点，即分跨线上下游坡脚点。

2. 重力坝的立模放样

坝体分块立模时，应将分块线投影到基础面上或已浇好坝坡脚放样示意图的坝块面上，模板架在分块线上，因此分块线也叫立模线，但立模后立模线被覆盖，还要在立模线内侧弹出平行线，称为放样线，用来立模放样和检查校正模板位置。放样线与立模线间的距离一般为0.2～0.5 m。

一般可用方向线交会法或角度前方交会法进行放样。方向线交会法简易方便，放样速度也较快，但往往受到地形限制，或因坝体浇筑逐步升高，挡住方向线的视线不便放样，在实际工作中可根据条件把方向线交会法和角度交会法结合使用。如图11-13所示。

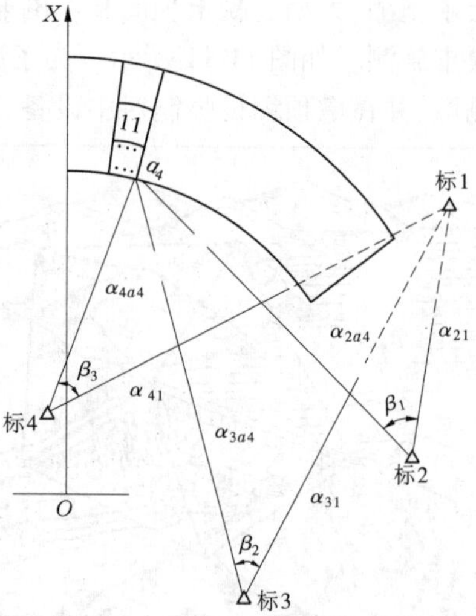

图11-13 重力坝的立模放样

3. 混凝土浇筑高度的放样

模板立好后，还要在模板上标出浇筑高度。其步骤是在立模前由最近的作业水准点或邻近已浇好坝块上所设的临时水准点，在仓内增设两个临时水准点，待模板立好后，水准点按设计高度在模板上标出若干点，并以规定的符号标明，以控制浇筑高度。

第五节 建筑工程施工测量

民用建筑指的是住宅、办公楼、食堂、俱乐部、医院和学校等建筑物。施工测量的任务是按照设计的要求，把建筑物的位置测设到地面上，并配合施工以保证工程质量。

一、测设前的准备工作

在施工测量之前，应做好以下准备工作：

(1)熟悉图纸。设计图纸是施工测量的依据，在测设前，应熟悉建筑物的设计图纸，了解施工的建筑物与相邻地物的相互关系，以及建筑物的尺寸和施工的要求等。

(2)现场踏勘。目的是了解现场的地物、地貌和原有测量控制点的分布情况，并调查与施工测量有关的问题。

(3)平整和清理施工现场，以便进行测设工作。

(4)拟定测设计划和绘制测设草图，对各设计图纸的有关尺寸及测设数据应仔细核对，以免出现差错。

二、控制测量

在勘测时已建立有控制网，由于它是为测图而建立的，未考虑施工的要求，控制点的分布、密度和精度都难以满足施工测量的要求。另外，由于平整场地控制点大多被破坏，因此在施工之前，建筑场地上要重新建立施工控制网。

在大中型建筑施工场地上，施工控制网多用正方形或矩形格网组成，称为建筑方格网或矩形网。在面积不大又不十分复杂的建筑场地上，常布置一条或几条基线，作为施工测量的平面控制，称为建筑基线。

（一）建筑方格网

1. 建筑方格网的坐标系统

为了工作方便，设计和施工部门常采用一种独立坐标系统，称为施工坐标系或建筑坐标系，其纵轴通常用 A 表示、横轴用 B 表示，因此施工坐标也叫 A、B 坐标。施工坐标系的 A 轴和 B 轴，应与施工区主要建筑物或主要道路、管线方向平行。坐标原点设在总平面图的西南角，使所有建筑物和构筑物的设计坐标均为正值，如图 11-14 所示。施工坐标系与国家测量坐标系之间的关系，可用施工坐标系原点 O' 在测量坐标系中的坐标以及旋转角 α 按下式确定：

$$\left.\begin{aligned} x_P &= x_{O'} + A_P\cos\alpha - B_P\sin\alpha \\ y_P &= y_{O'} + A_P\sin\alpha + B_P\cos\alpha \end{aligned}\right\} \tag{11-2}$$

2. 建筑方格网的布设

1）建筑方格网的布置和主轴线的选择

建筑方格网的布置，应根据建筑设计总平面图上各建（构）筑物、道路及各种管线的布设情况，结合现场的地形情况拟定。布置时应先选定建筑方格网的主轴线，然后再布置方格网。方格网的形式可布置成正方形或矩形。当场区面积较大时，常分两级。首级可采用“十”字形、“口”字形或“田”字形，然后再加密方格网。当场区面积不大时，尽量布置成全面方格网，如图 11-15 所示。

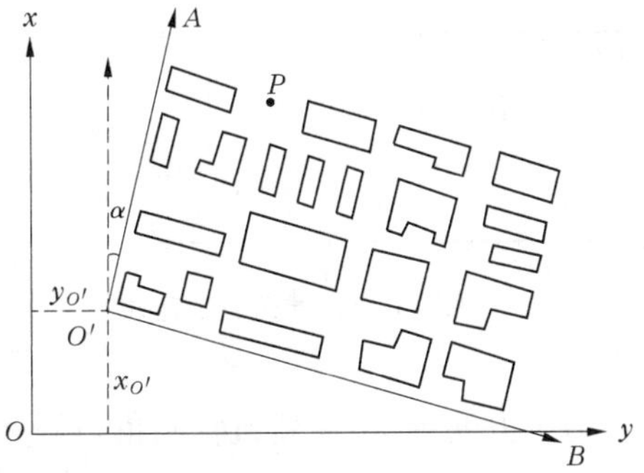

图 11-14　施工与测量坐标转换

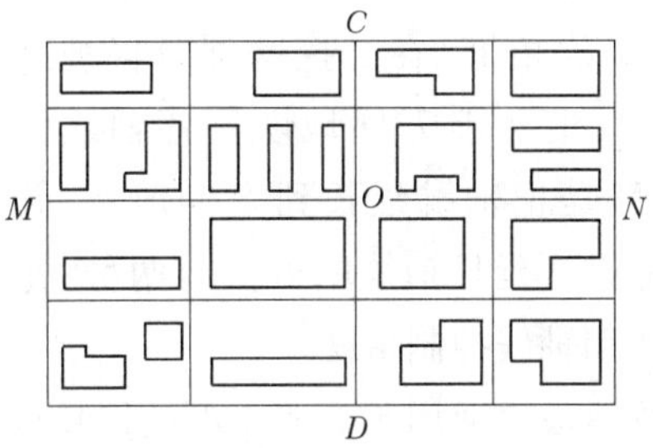

图 11-15　建筑方格网示意图

布网时，方格网的主轴线应布设在厂区的中部，并与主要建筑物的基本轴线平行。方格网的折角应严格成 90°。方格网的边长一般为 100 ~ 200 m；矩形方格网的边长视建筑物的大小和分布而定，为了便于使用，边长尽可能为 50 m 或其整倍数。方格网的边应保证通视且便于测距和测角，点位标石应能长期保存。

2）确定主点的施工坐标

建筑方格网的主轴线，它是建筑方格网扩展的基础。当场区很大时，主轴线很长，一般只测设其中的一段，主轴线的定位点称主点。主点的施工坐标一般由设计单位给出，也可在总平面图上用图解法求得一点的施工坐标后，再按主轴线的长度推算其他主点的施工坐标。

3）求算主点的测量坐标

当施工坐标系与国家测量坐标系不一致时，在施工方格网测设之前，应把主点的施工坐标转换为测量坐标,以便求算测设数据。可按式(11-2)计算。

3. 建筑基线

建筑基线的布置是根据建筑物的分布、场地的地形和原有控制点的状况选定的。建筑基线应靠近主要建筑物,并与其轴线平行,以便采用直角坐标法进行测设,通常可布置成"十"、"∟"、"┬"等几种形式。为了便于检查建筑基线点有无变动,基线点数不应少于3个。

(二)测设工作的高程控制

在建筑场地上,水准点的密度应尽可能满足安置一次仪器即可测设出所需的高程点。建筑方格网点可兼作高程控制点,只要在方格网点桩面上中心点旁边设置一个突出的半球状标志即可。在一般情况下,采用四等水准测量方法测定各水准点的高程,而对连续生产的车间或下水管道等,则需采用三等水准测量的方法测定各水准点的高程。

三、建筑物的定位放线

建筑物的定位,就是把建筑物外廓各轴线交点测设在地面上,然后根据这些点进行细部放样。测设时,如现场已有建筑方格网或建筑基线,可直接采用直角坐标法进行定位。如图11-16所示。

(一)龙门板和轴线控制桩的设置

建筑物定位以后,所测设的轴线交点桩(或称角桩)在开挖基础时将被破坏。施工时为能方便地恢复各轴线位置,一般是把轴线延长到安全地点,并做好标志。延长轴线的方法有两种:龙门板法和轴线控制桩法。

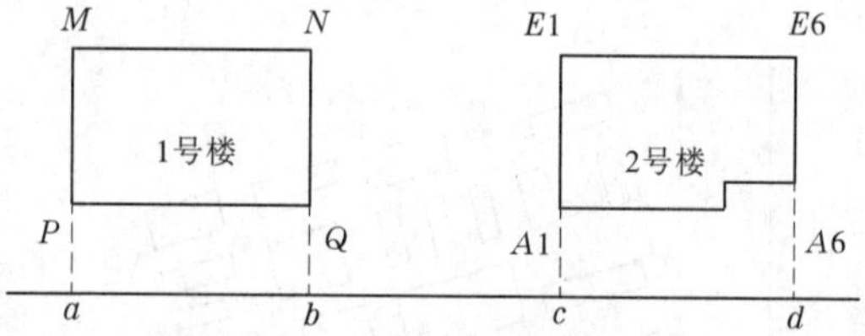

图11-16　建筑物的定位

龙门板法适用于一般小型的民用建筑物,为了方便施工,在建筑物四角与隔墙两端基槽开挖边线以外1.5~2 m处钉设龙门桩。根据建筑场地的水准点,用水准仪在龙门板上测设建筑物±0.000标高线。根据±0.000标高线把龙门板钉在龙门桩上,使龙门板的顶面在一个水平面上,且与±0.000标高线一致。用经纬仪将各轴线引测到龙门板上。

轴线控制桩设置在基槽外基础轴线的延长线上,作为开槽后各施工阶段确定轴线位置的依据。为了保证控制桩的精度,施工中往往将控制桩与定位桩一起测设,有时先控制桩,再测设定位桩。如图11-17所示。

(二)基础工程施工测量

基础开挖前,根据轴线控制桩或龙门板的轴线位置和基础宽度,并顾及基础挖深应放坡的尺寸,在地面上用白灰放出基槽边线(或称基础开挖线)。

开挖基槽时,不得超挖基底,要随时注意挖土的深度,当基槽挖到离槽底0.300~0.500 m时,用水准仪在槽壁上每隔2~3 m和拐角处钉一个水平桩,用以控制挖槽深度及作为清理槽底和铺设垫层的依据。如图11-18所示。

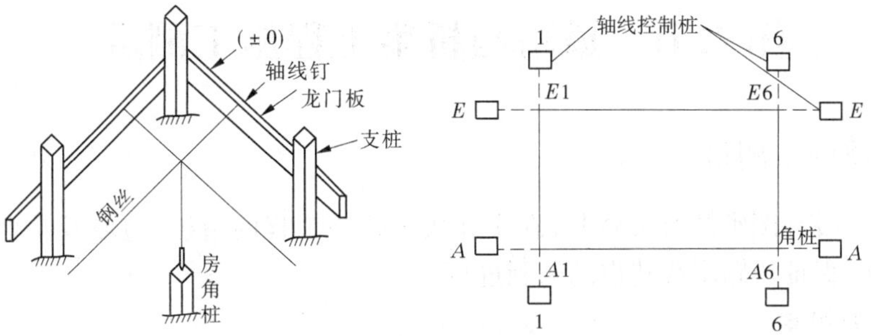

图 11-17　龙门板与轴线控制桩

四、高层建筑物的施工测量

（一）高层建筑物的轴线投测

高层建筑物施工测量的主要问题是如何精确地向上引测各层轴线，控制竖向偏差。《钢筋混凝土高层建筑结构设计与施工规定》指出：竖向误差在本层内应≤5 mm，全楼累计误差≤20 mm。

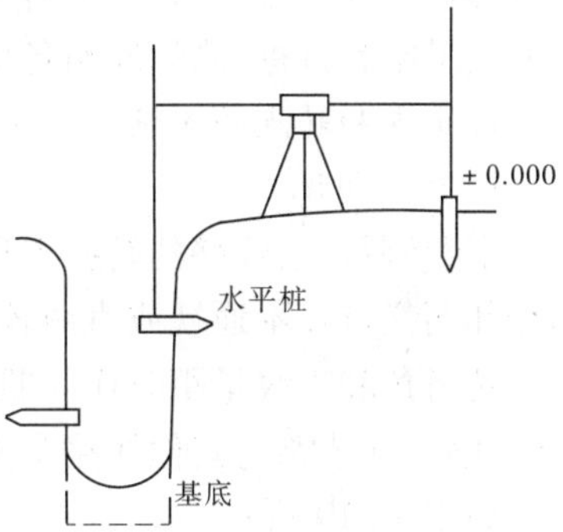

图 11-18　基槽深度施工测量

高层建筑物轴线的投测，主要有经纬仪引桩投测法和激光铅垂仪投测法两种。

1. 经纬仪引桩投测法

（1）选择中心轴线并向上投测中心轴线。

（2）增设轴线引桩。当楼房逐渐增高，而轴线控制桩距建筑物又较近时，望远镜的仰角较大，操作不便，投测精度将随仰角的增大而降低。为此，要将原中心轴线控制桩引测到更远的安全地方，或者附近大楼的屋顶上。

（3）注意事项。经纬仪一定要经过严格检校才能使用，尤其是照准部水准管轴应严格垂直于竖轴，作业时要仔细整平；为减小外界条件如日照和大风等的不利影响，投测工作在阴天及无风天气进行为宜。

2. 激光铅垂仪投测法

把建筑物的平面定位轴线投测至各层上去，每条轴线至少需要两个投测点。根据梁、柱的结构尺寸，投测点距轴线 500～800 mm 为宜。

为了使激光束能从底层投测到各层楼板上，在每层楼板的投测点处，需要预留孔洞，洞的大小一般在 300 mm×300 mm 左右。

（二）高层建筑物的高程传递

首层墙体砌到 1.5 m 高后，用水准仪在内墙面上测设一条水平线，作为首层地面施工及室内装修的标高依据。以后每砌高一层，就从楼梯间用钢尺从下层的水平线向上量出层高，测出上一楼层的水平线。根据情况也可用吊钢尺法向上传递高程。

第六节　道路与桥梁工程施工测量

一、道路施工测量

根据施工设计图纸及有关资料，在实地放样线路工程的边桩、边坡及其他的有关点位，指导施工，保证线路工程建设的顺利进行。

（一）中线测量

线路工程的中心线由直线和曲线构成，中线测量就是通过线路的测设，将线路工程中心线标定在实地上。中线测量主要包括测设中心线起点和终点、各交点（JD）和转点（ZD）、量距和钉桩、测量线路各偏角（α）、测设圆曲线等。

1. 交点和转点的测设

1）交点测设

定线测量中，线路的转折点称为交点，它是布设线路、详细测设直线和曲线的控制点。当相邻两交点互不通视或直线较长时，需要在其连线上测定一个或几个转点，以便在交点测量转折角和直线量距时作为照准和定线的目标。直线上一般每隔 200 ~ 300 m 设一转点。此外，在线路与其他线路交叉处，以及线路上需设置构筑物如桥、涵等时，也要设置转点。如图 11-19 所示。

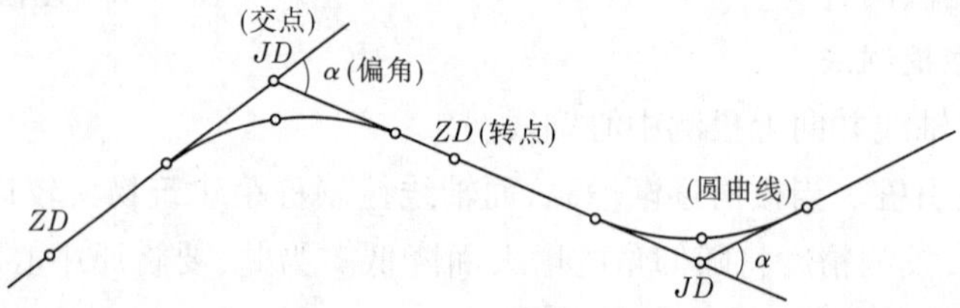

图 11-19　线路中线

由于定位条件和现场情况的不同，交点测设的方法也需灵活多样，工作中应根据实际情况合理选择测量方法。

2）转点测设

当相邻两交点互相不通视时，需要在其连线上测设一点或数点，以供交点测转向角、量距或延长直线时瞄准之用。这样的点称为转点 ZD。

（1）两交点间设转点。如图 11-20 所示，JD_5 和 JD_6 为相邻而互不通视的两个交点，ZD 为初定转点。

（2）延长线上设转点。图 11-21 中 JD_8、JD_9 互不通视，可在其延长线上初定转点 ZD。

2. 测定转向角

线路的交点和转点确定后，可测量各交点的转向角。通常是测定线路前进方向的右角 β，如图 11-22 所示。用 DJ_6 经纬仪按测回法观测一个测回。$\beta < 180°$时为右偏角，线路向右转；$\beta > 180°$时为左偏角，线路向左转。

3. 里程桩设置

从线路起点开始，需沿线路方向在地面上设置整桩和加桩。从起点开始，按规定每隔

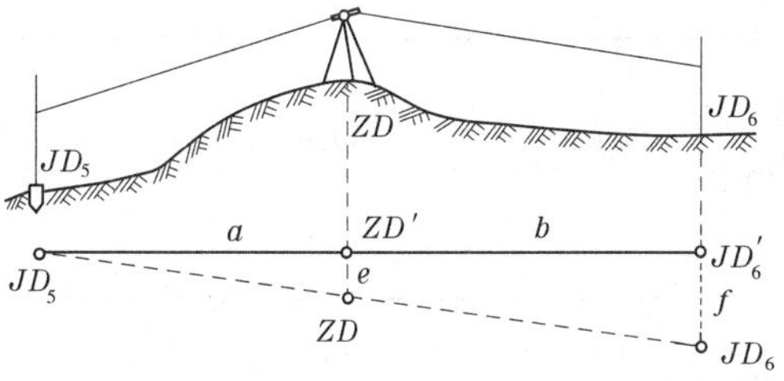

图 11-20　两交点间设转点

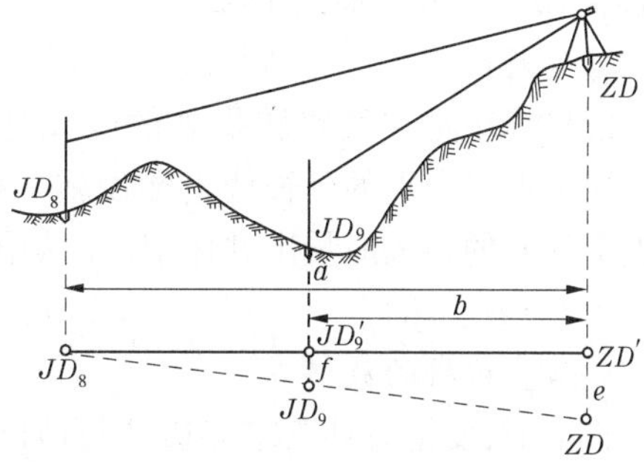

图 11-21　延长线上设转点

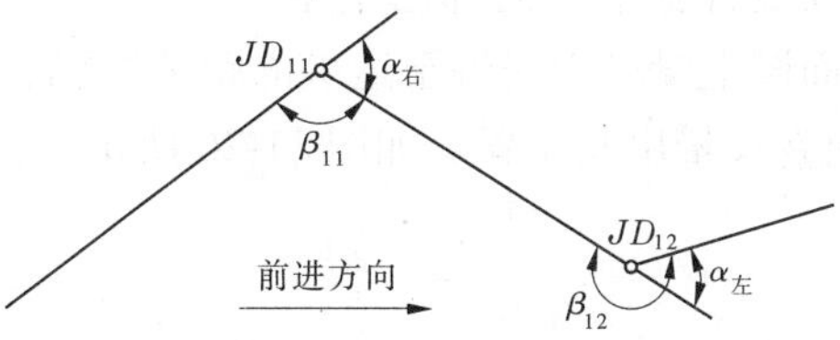

图 11-22　线路的转向角

某一整数设一桩，此为整桩。在相邻整桩之间线路穿越的重要地物处如铁路、公路、管道等及地面坡度变化处要增设加桩。加桩又分为地形加桩、地物加桩、曲线加桩和关系加桩等。

为便于计算，线路中桩均按起点到该桩的里程进行编号，并用红油漆写在木桩侧面，如整桩号为 3 +150，即此桩距起点 3 150 m，“ + ”号前的数为千米数。整桩和加桩统称为里程桩，如图 11-23 所示。

（二）道路曲线测设

线路曲线测设方法详见第十章第三节。

（三）路线纵、横断面测量

路线纵、横断面测量与渠道纵、横断面测量基本相似，这里不再重复。

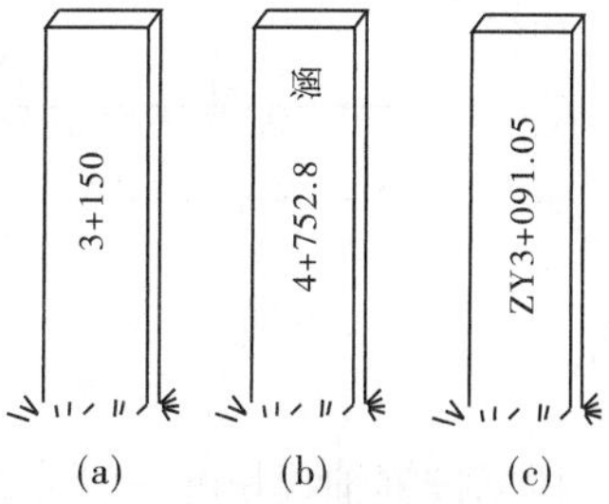

图 11-23　里程桩

（四）道路施工测量

1. 道路中线的恢复

从工程勘测开始，经过工程设计到开始施工这段时间里，往往会有一部分中线桩被碰动或丢失。为了保证线路中线位置的正确可靠，施工前应进行一次复核测量，并将已经丢失或碰动过的交点桩、里程桩恢复和校正好，其方法与中线测量相同。

2. 施工控制桩的测设

在施工过程中，中线桩要被挖掉或填埋。为及时、方便、可靠地控制中线位置，需要在不易受施工破坏、便于引测、易于保存桩位的地方测设施工控制桩。有以下测设方法。

1）平行线法

平行线法是在设计路基宽度以外，测设两排平行于中线的施工控制桩，控制桩的间距一般取 10 ~ 20 m。如图 11-24 所示。

2)延长线法

延长线法是在线路转折处的中线延长线上以及曲线中点至交点的延长线上测设施工控制桩，控制桩至交点的距离应量出并作记录。如图 11-25 所示。

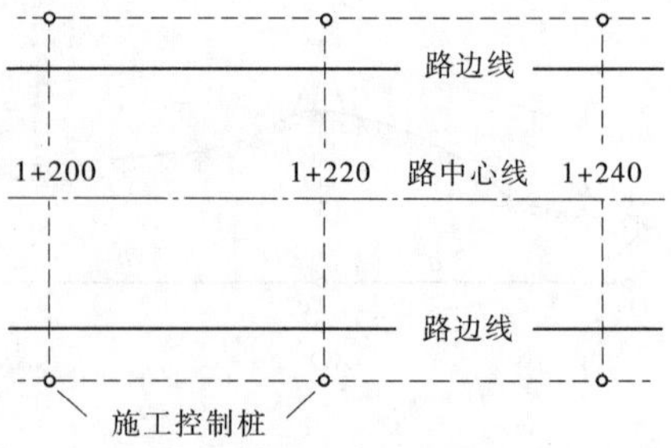

图 11-24　平行线法

3. 路基边桩的放样

施工前，要把设计路基的边坡与地面相交的点测设出来，称为边桩测设。一般用图解法。在线路工程设计时，地形横断面及设计标准断面都已绘制在横断面图上，即在横断面图上量取中线桩至边桩的距离，然后到实地在横断面方向上用卷尺量出其位置。如图 11-26 所示。

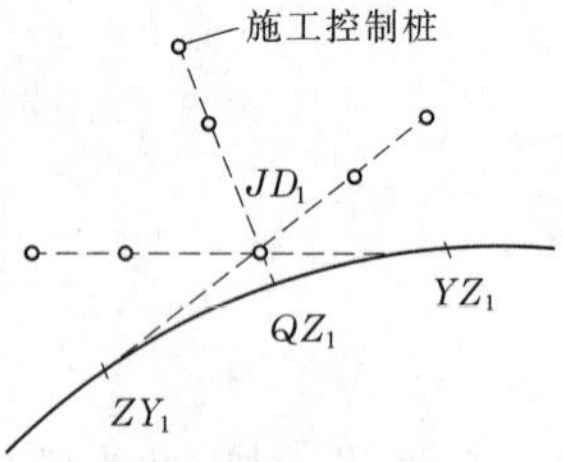

图 11-25　延长线法

二、桥梁施工测量

为了发展铁路、公路和城市道路工程等交通运输，需在江河上修建桥梁，有铁路桥、公路桥、铁路公路两用桥等。陆地上的立交桥和高架道路也属于桥梁结构。这些桥梁在勘测设计、建筑施工和运营管理期间都需要进行大量的测量工作。

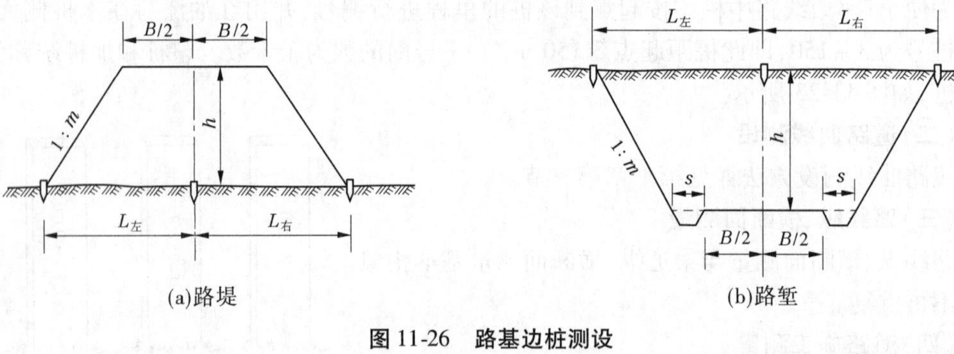

图 11-26　路基边桩测设

桥梁按其轴线长度一般分为特大型桥（>500 m）、大型桥（100 ~ 500 m）、中型桥（30 ~ 100 m）和小型桥（<30 m）四类。桥梁施工测量的方法及精度要求随桥梁轴线长度、桥梁结构而定，主要内容包括平面控制测量、高程控制测量、墩台定位、轴线测设等。以下按小型桥梁、大中型桥梁分别介绍桥梁施工测量的主要内容。

（一）小型桥梁施工测量

建造跨度较小的小型桥梁，一般是临时筑坝截断河流或选在枯水季节进行，便于桥梁的墩台定位和施工。

1. 桥梁中轴线和控制桩的测设

小型桥梁的中轴线一般由线路工程的中线来决定。如图 11-27 所示，先根据桥位桩号在线路工程中线上测设出桥台和桥墩的中心桩位 A、B、C 点，并在河道两岸测设桥位控

制桩 k_1、k_2、k_3、k_4 点。在与桥的中轴线垂直的方向上测设桥台和桥墩控制桩位 a_1、a_2、a_3、a_4，…，c_1、c_2、c_3、c_4 点，每侧要有两个控制桩。测设时量距要用经过检定的钢尺，并加尺长、温度和高差改正，或用光电测距仪，测距精度应高于 1∶5 000，以保证桥的上部结构安装能正确就位。

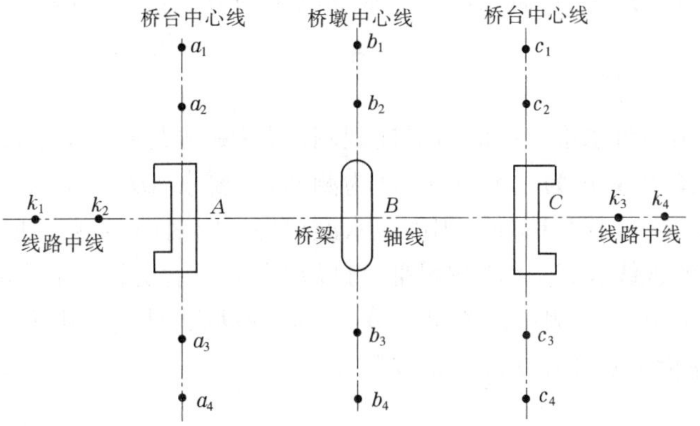

图 11-27　小型桥梁施工控制

2. 基础施工测量

根据桥台和桥墩的中心线定出基坑开挖边界线。基坑上口尺寸应根据坑深、坡度、地质情况和施工方法而定。基坑挖到一定深度后，根据水准点高程在坑壁测设距基坑底设计面有一定高差（如 1 m）的水平桩，作为控制挖深及基础施工中控制高程的依据。

基础完工后，应根据上述的桥位控制桩和墩、台控制桩用经纬仪在基础面上测设出墩、台中心及其相互垂直的纵、横轴线。根据纵、横轴线即可放样桥台、桥墩砌筑的外轮廓线，并弹出墨线，作为砌筑桥台、桥墩的依据。

（二）中型桥梁施工测量

建造大、中型桥梁时，河道宽阔，桥墩在河水中建造，并且墩台较高，基础较深，墩间跨距大，梁部结构复杂，对桥轴线测设、墩台定位要求精度较高，所以需要在施工前布设平面控制网和高程控制网，用较精密的方法进行墩台定位和架设梁部结构。

1. 平面控制测量

桥梁平面控制网网形一般为包含桥轴线的双三角形和具有对角线的四边形或双四边形，如图 11-28 所示，图中点画线为桥轴线。观测平面控制网中所有的角度，边长测量则可视实地情况而定，但至少需要测定两条边长，计算各平面控制点（包括两个轴线点）的坐标。大型桥梁的平面控制网也可以用全球定位系统（GPS）测量布设。

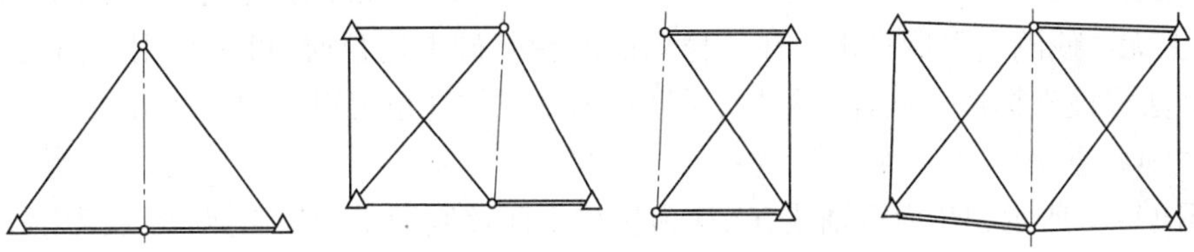

图 11-28　桥梁平面控制网

2. 高程控制测量

在桥址两岸布设一系列基本水准点和施工水准点，用精密水准测量联测，组成桥梁高程控制网。从河的一岸测到另一岸时，由于过河距离较长，用水准仪在水准尺上读数困难，而且前、后视距相差悬殊，水准仪误差（视准轴不平行于水准管轴）、地球曲率及大气折光的影响都会增加。此时，可以采用过河水准测量的方法或光电测距三角高程测量方法。

1）过河水准测量

过河水准测量用两台水准仪同时做对向观测，两岸测站点和立尺点布置成如图 11-29 所示的对称图形。图中 A、B 为立尺点，C、D 为测站点，要求 AD 与 BC 长度基本相等，AC 与 BD 长度基本相等且不小于 10 m。用两台水准仪做同时对向观测，一般进行 4 个测回。由于过河水准测量的视线长，远尺读数困难，可以在水准尺上安装一个能沿尺面上下移动的觇板，如图 11-30 所示。观测员指挥司尺员上下移动觇板，使觇板中横线被水准仪横丝平分，司尺员根据觇板中心孔在水准尺上读数。

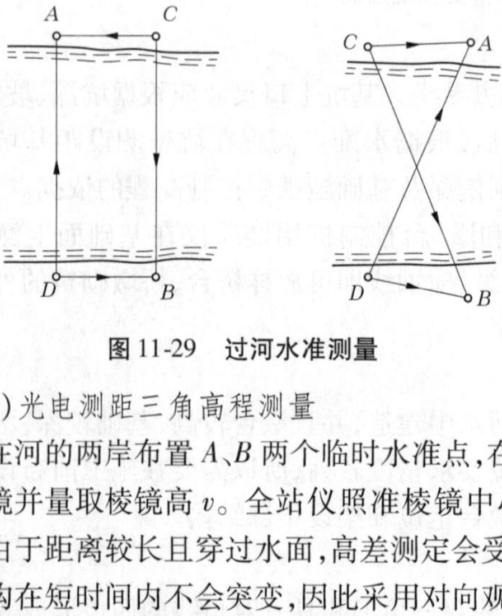

图 11-29　过河水准测量

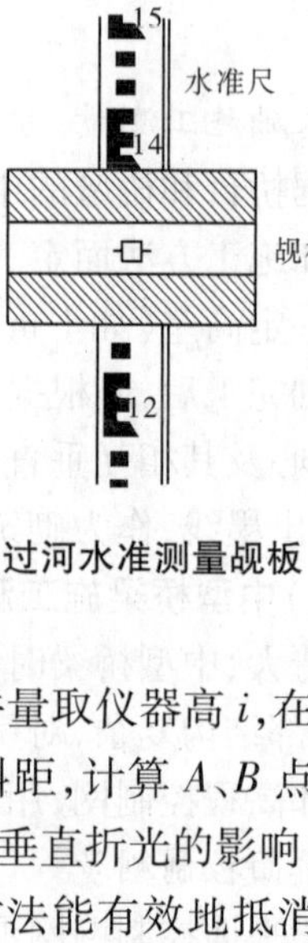

图 11-30　过河水准测量觇板

2）光电测距三角高程测量

在河的两岸布置 A、B 两个临时水准点，在 A 点安置全站仪并量取仪器高 i，在 B 点安置棱镜并量取棱镜高 v。全站仪照准棱镜中心，测得垂直角和斜距，计算 A、B 点间的高差。由于距离较长且穿过水面，高差测定会受到地球曲率和大气垂直折光的影响，但是大气结构在短时间内不会突变，因此采用对向观测并取平均值的方法能有效地抵消地球曲率和大气垂直折光的影响。

3. 桥梁墩台定位测量

桥梁墩台定位测量是桥梁施工测量中的关键性工作。水中桥墩基础施工定位，采用方向交会法，这是由于水中桥墩基础一般采用浮运法施工，目标处于浮动中的不稳定状态，在其上无法使测量仪器稳定。在已稳固的墩台基础上定位时，可以采用方向交会法、距离交会法或极坐标法。同样，桥梁上层结构的施工放样也可以采用这些方法。

1）方向交会法

如图 11-31 所示，AB 为桥轴线，C、D 为桥梁平面控制网中的控制点，P_i 点为第 i 个桥墩设计的中心位置，为待测设的点。在 A、C、D 三点上各安置一台经纬仪。A 点上的经纬仪照准 B 点，定出桥轴线方向；C、D 两点上的经纬仪均先照准 A 点，并分别测设根据 P_i 点的设计坐标和控制点坐标计算的交会角，以正倒镜分中法定出交会方向线。由于测量误差的影响，从 C、A、D 三点指来的三条方向线一般不可能正好交会于一点，而是构成误差三角形 $P_1P_2P_3$。如果误差三角形在桥轴线上的边长 P_1P_3 在容许范围之内（对于墩底放样为 2.5 cm，对于墩顶放样为 1.0 cm），则取 C、D 两点指来方向线的交点 P_2 在桥轴线上的投影点 P_i 作为桥墩的中心位置。

在桥墩施工中，随着桥墩的逐渐筑高，桥墩中心的放样工作需要重复进行，而且要迅速和准确。为此，在第一次求得正确的桥墩中心位置 P_i 后，将 CP_i 和 DP_i 方向线延长到对岸，设立固定的照准标志 C'、D'，如图 11-32 所示。以后每次做方向交会法放样时，从 C、D 点直接照准 C'、D'点，即可恢复对 P_i 点的交会方向。

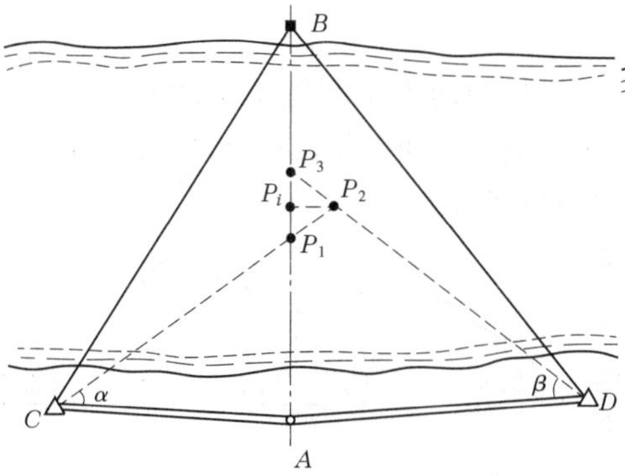

图 11-31　三方向交会中的误差三角形

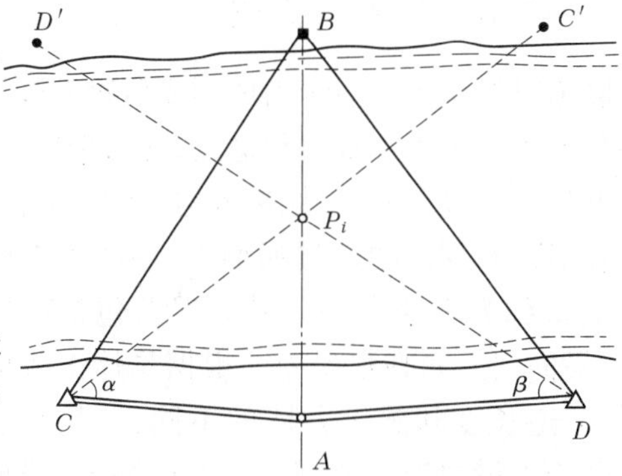

图 11-32　方向交会的固定瞄准标志

2）极坐标法

在使用全站仪并在被测设的点位上可以安置棱镜的条件下，用极坐标法放样桥墩中心位置，更为精确和方便。对于极坐标法，测设桥墩中心位置，最好是将仪器安置于桥轴线点 A 或 B 上，照准另一轴线点作为定向，然后指挥棱镜安置在该方向上，测设 AP_i 或 BP_i 的距离，即可测定桥墩中心位置 P_i 点。

4. 桥梁架设施工测量

桥梁架设是桥梁施工的最后一道工序。桥梁梁部结构比较复杂，要求对墩台方向、距离和高程用较高的精度测定，作为架梁的依据。墩台施工时，对其中心点位、中线方向和垂直方向以及墩顶高程都做了精密测定，但当时是以各个墩台为单元进行的。架梁时需要将相邻墩台联系起来，考虑其相关精度，要求中心点间的方向、距离和高差符合设计要求。桥梁中心线方向测定，在直线部分采用准直法，用经纬仪正倒镜观测，在墩台上刻划出方向线。如果跨距较大（>100 m），应逐墩观测左、右角。在曲线部分，则采用偏角法。

相邻桥墩中心点之间距离用光电测距仪观测，适当调整使中心点里程与设计里程完全一致。在中心标板上刻划里程线，与已刻划的方向线正交形成十字交线，表示墩台中心。

墩台顶面高程用精密水准测定，构成水准线路，附合到两岸基本水准点上。

大跨度钢桁架或连续梁采用悬臂或半悬臂安装架设。安装开始前，应在横梁顶部和底部的中点作出标志。架梁时，用来测量钢梁中心线与桥梁中心线的偏差值。

在梁的安装过程中，应不断地测量以保证钢梁始终在正确的平面位置上，高程（立面）位置应符合设计的大节点挠度和整跨拱度的要求。如果梁的拼装是两端悬臂在跨中合拢，则合拢前的测量重点应放在两端悬臂的相对关系上，如中心线方向偏差、最近节点高程差和距离差要符合设计和施工的要求。

全桥架通后，做一次方向、距离和高程的全面测量，其成果可作为钢梁整体纵、横移动和起落调整的施工依据，称为全桥贯通测量。

第七节　隧道工程施工测量

一、隧道工程测量概述

隧道是线路工程穿越山体等障碍物的通道，或是为地下工程施工所做的地面与地下联系的通道。为了加快工程进度，通常采取多井开挖以增加工作面的办法，隧道施工是从地面开挖竖井或斜井、平峒进入地下的。如图 11-33 所示。

在对向开挖的隧道贯通面上，中线不能吻合的偏差称为贯通误差。贯通误差包括纵向误差、横向误差和高程误差。根据具体工程的性质、隧道长度和施工方法的不同，一般只规定贯通面上横向误差及高程误差的限差：横向误差 $<50\sim100$ mm，高程误差 $<30\sim50$ mm。隧道工程施工过程中，需要利用测量技术指定隧道的开挖井位、开挖方向，控制隧道的贯通误差等。为做好这些工作，首先要进行地面控制测量，地面控制测量分平面控制和高程控制两部分。

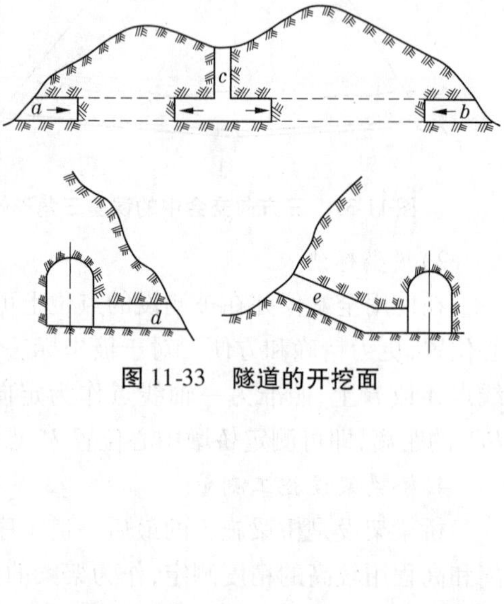

图 11-33　隧道的开挖面

二、地面控制测量

（一）平面控制测量

隧道工程平面控制测量的主要任务是测定各洞口控制点的平面位置，以便根据洞口控制点将设计方向导向地下，指引隧道开挖，并能按规定的精度进行贯通。因此，平面控制网中应包括隧道的洞口控制点。平面控制测量有以下几种方法。

1. 直接定线法

对于长度较短的直线隧道，可以采用直接定线法。如图 11-34 所示，直接定线法就是把直线隧道的中线方向在地面标定出来，即在地面测设出位于隧道洞口点 *AD* 方向上的 *B*、*C* 两点，作为洞口点 *A*、*D* 向洞内延

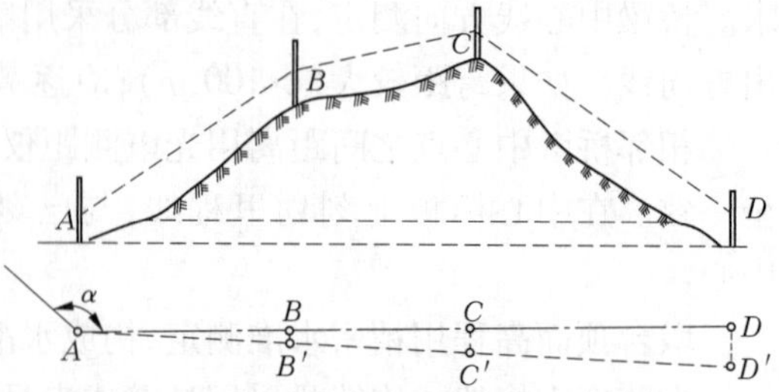

图 11-34　直接定线法

伸测中线方向时的定向点。

2. 导线测量法

连接两隧道口布设一条导线或大致平行的两条导线,导线的转折角用经纬仪观测,距离用光电测距仪测定,相对误差不大于1∶10 000。经洞口两点坐标的反算,可求得两点连线方向的距离和方位角,据此可以计算掘进方向。

3. 三角网法

对于隧道较长、地形复杂的山岭地区,地面平面控制网一般布置成三角网形式,测定三角网的全部角度和若干条边长,或全部边长,使之成为边角网。三角网的点位精度比导线高,有利于控制隧道贯通的横向误差。

4. GPS 法

用全球定位系统 GPS 技术做地面平面控制时,只需要布设洞口控制点和定向点且相互通视,以便施工定向之用。不同洞口之间的点不需要通视,与国家控制点或城市控制点之间的联测也不需要通视。因此,地面控制点的布设灵活方便,且定位精度目前已优于常规控制方法。

(二)高程控制测量

高程控制测量是按规定的精度施测隧道洞口(包括隧道的进出口、竖井口、斜井口和平峒口)附近水准点的高程,作为高程引测进洞的依据。高程控制通常采用三、四等水准测量的方法施测。

水准测量应选择连接洞口最平坦和最短的线路,以达到设站少、观测快、精度高的要求。每一洞口埋设的水准点应不少于两个,且以安置一次水准仪即可联测为宜。两端洞口之间的距离大于1 km时,应在中间增设临时水准点。

三、隧道施工测量

(一)隧道掘进的方向、里程和高程测设

洞外平面和高程控制测量完成后,即可求得洞口点(各洞口至少有两个)的坐标和高程,根据设计参数计算洞内中线点的设计坐标和高程。坐标反算得到测设数据,即洞内中线点与洞口控制点之间的距离、角度和高差关系。

1. 掘进方向测设数据计算

图11-35为直线隧道的平面控制网,A、B、C、…、G为地面平面控制点。其中A、G为洞口点,S_1、S_2为设计进洞的第1、第2个中线里程桩。为求得A点洞口中线掘进方向及掘进后测设中线里程桩S_1,用坐标反算公式求测设数据。对于G点洞口的掘进测设数据,可作类似计算。

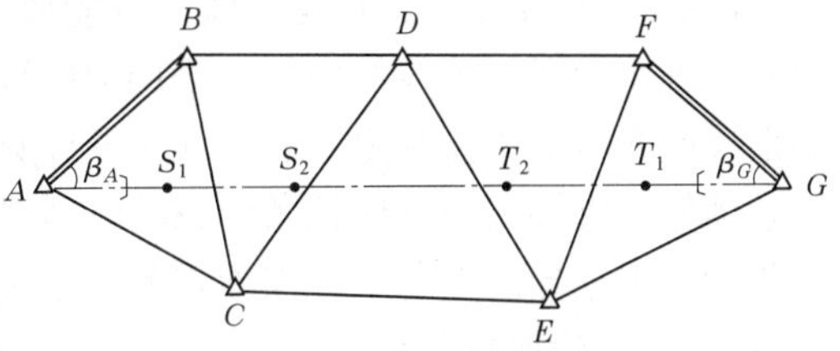

图11-35 隧道掘进方向图

2. 洞口掘进方向标定

隧道贯通的横向误差主要由隧道中线方向的测设精度所决定,而进洞时的初始方向尤为重要。因此,在隧道洞口,要埋设若干个固定点,将中线方向标定于地面,作为开始掘进及以后与洞内控制点联测的依据。如图 11-36 所示,用 1、2、3、4 标定掘进方向,再在洞口 A 点与中线垂直方向上埋设 5、6、7、8 桩。所有固定点应埋设在不易受施工影响的地方,并测定入点至 2、3、6、7 点的平距。这样,在施工过程中可以随时检查或恢复洞口控制点的位置和进洞中线的方向及里程。

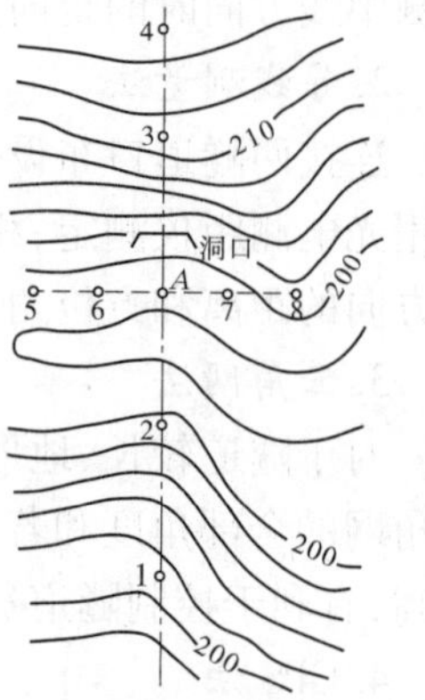

图 11-36 洞口中线方向的控制

3. 洞内中线和腰线的测设

中线测设:根据隧道洞口中线控制桩和中线方向桩,在洞口开挖面上测设开挖中线,并逐步往洞内引测中线上的里程桩。一般,隧道每掘进 20 m 要埋设一个中线里程桩。中线桩可以埋设在隧道的底部或顶部。

腰线测设:在隧道施工中,为控制施工的标高和隧道横断面的放样,在隧道岩壁上,每隔一定距离(5 ~ 10 m)测设出比洞底设计地坪高 1 m 的标高线,称为腰线。腰线的高程由引入洞内的施工水准点进行测设。由于隧道的纵断面有一定的设计坡度,因此腰线的高程按设计坡度随中线的里程而变化,它与隧道的设计地坪高程线是平行的。

4. 掘进方向指示

隧道的开挖掘进过程中,洞内工作面狭小,光线暗淡。因此,在隧道掘进的定向工作中,经常使用激光准直经纬仪或激光指向仪,以指示中线和腰线方向。它具有直观、对其他工序影响小、便于实现自动控制等优点。例如,采用机械化掘进设备,用固定在一定位置上的激光指向仪,配以装在掘进机上的光电接收靶,当掘进机向前推进时,方向如果偏离了指向仪发出的激光束,则光电接收靶会自动指出偏移方向及偏移值,为掘进机提供自动控制的信息。

(二)洞内施工导线和水准测量

1. 洞内导线测量

测设隧道中线时,通常每掘进 20 m 埋设一个中线桩。由于定线误差,所有中线桩不可能严格位于设计位置上。所以,隧道每掘进至一定长度布设一个导线点,直线隧道每隔 100 m 左右,曲线隧道按通视条件尽可能放长,也可以利用埋设的中线桩作为导线点,组成洞内施工导线。导线的转折角采用 DJ_2 级经纬仪至少观测两个测回。距离用经过检定的钢尺或光电测距仪测定。洞内施工导线只能布置成支导线的形式,并随着隧道的掘进逐渐延伸。支导线缺少检核条件,观测应特别注意,转折角应观测左角和右角,边长应往返测量。根据导线点的坐标来检查和调整中线桩位置。随着隧道的掘进,导线测量必须及时跟上,以确保贯通精度。

2. 洞内水准测量

用洞内水准测量控制隧道施工的高程。隧道向前掘进,每隔 20 m 应设置一个洞内水准点,并据此测设腰线。通常情况下可利用导线点作为水准点,也可将水准点埋设在洞顶或洞壁上,但都应力求稳固和便于观测。洞内水准线路也是支水准线路,除应往返观测外,还须经常进行复测。

3. 盾构施工测量

盾构法是隧道施工采用的一项综合性施工技术，它是将隧道的定向掘进、运输、衬砌、安装等各工种组合成一体的施工方法。其工作深度可以很深，不受地面建筑和交通的影响，机械化和自动化程度很高，是一种先进的土层隧道施工方法，广泛用于城市地下铁道、越江隧道等工程的施工中。

盾构的标准外形是圆筒形，也有矩形、半圆形等与隧道断面相近的特殊形状。图 11-37 为圆筒形盾构及隧道衬砌管片的纵剖面示意图。切口环是盾构掘进的前沿部分，利用沿盾构圆环四周均匀布置的推进千斤顶，顶住已拼装完成的钢筋混凝土预制衬砌管片，使盾构向前推进。

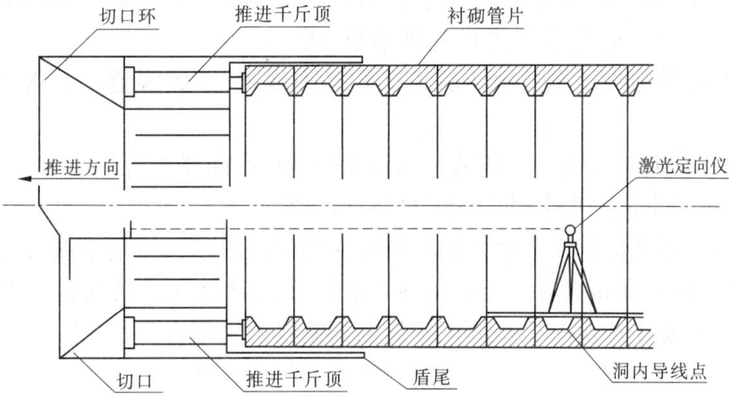

图 11-37　盾构及隧道衬砌示意图

盾构施工测量主要是控制盾构的位置和推进方向。利用洞内导线点测定盾构的位置，用激光经纬仪或激光定向仪指示推进方向，用千斤顶编组施以不同的推力进行纠偏，即调整盾构的位置和推进方向。

四、竖井联系测量

在隧道施工中，为了保证地下各方向的开挖面能准确贯通，必须将地面控制网中的点位坐标、方位和高程，通过竖井传递到地下，这项工作称为竖井联系测量。竖井施工前，根据地面控制点把竖井的设计位置测设于地面。竖井向地下开挖，其平面位置用悬挂大锤球或用垂准仪测设铅垂线，可以将地面的控制点垂直投影至地下施工面。

竖井施工到达设计底面以后，应将地面控制点的坐标、高程和方位做最后的精确传递，以便能在竖井的底层确定隧道的开挖方向和里程。由于竖井的井口直径（圆形竖井）或宽度（矩形竖井）有限，用于传递方位的两根铅垂线的距离相对较短（一般仅为 3 ~ 5 m），垂直投影的点位误差会严重影响井下方位定向的精度。

如图 11-38 所示，V_1、V_2 是圆形竖井井口的两个投影点，垂直投影至井下。由于投点误差，至井底偏移到 V_1'、V_2'。设 $V_1V_1' = V_2V_2'$，则产生的方位角误差为

$$\Delta\alpha = \frac{2V_1V_1'}{V_1V_2} \times \rho'' \tag{11-3}$$

设 $V_1V_2=5$ m，$V_1V_1'=1$ mm，则产生的方位角误差 $\Delta\alpha=1'23''$。一般要求投点误差应小于 0.5 mm。两垂直投影点的距离越大，则投影边的方位角误差越小。该边的方位角要作为地下洞内导线的起始方位角。因此，在竖井联系测量工作中，方位角传递是一项关键性工作，主要有一井定向、两井定向、陀螺经纬仪定向等方法。

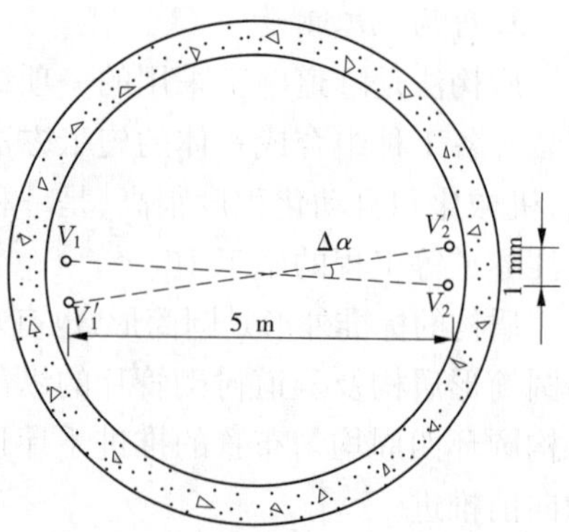

图 11-38 竖井中方位角传递误差

五、隧道竣工测量

隧道工程竣工后，为了检查工程是否符合设计要求，并为设备安装和运营管理提供基础信息，需要进行竣工测量，绘制竣工图。由于隧道工程是在地下，因此隧道竣工测量具有独特之处。

验收时检测隧道中心线。在隧道直线段每隔 50 m、曲线段每隔 20 m 检测一点。地下永久性水准点至少设置 2 个，长隧道中每千米设置 1 个。

隧道竣工后，还要进行纵断面测量和横断面测量。纵断面应沿中线方向测定底板和拱顶高程，每隔 10～20 m 测一点，并在图上套绘设计坡度线进行比较。直线隧道每隔 10 m、曲线隧道每隔 5 m 测一个横断面。横断面测量可采用直角坐标法或极坐标法。

第八节 变形观测

一、概述

建筑物在工程建设和使用过程中，由于基础的地质构造不均匀，土壤的物理性质不同，土基的塑性变形、水位的变化、大气温度的变化、建筑物本身的荷重及动荷载（如风力、震动等）的作用等，会导致工程建筑物随时间的推移发生沉降、位移、挠曲、倾斜及裂缝等现象。这些现象统称为变形。

变形按时间长短分为长周期变形（建筑物自重引起的沉降和变形）、短周期变形（温度变化所引起的变形）和瞬时变形（风振引起的变形）。变形按其类型可分为静态变形和动态变形。

（一）变形观测及其特点

1. 变形观测定义

变形观测是用测量仪器或专用仪器定期测定建筑物及其地基在建筑物荷载和外力作用下随时间而变形的工作。变形观测属于安全监测，通过变形观测，可以检查各种工程建筑物和地质构造的稳定性，及时发现问题，确保工程质量和使用安全；为更好地了解变形的机理，建立正确的预报变形的理论和方法提供科学依据。

变形观测包括内部观测和外部观测两方面。内部观测是对建（构）筑物的内部应力、应变、温度、动力特性及其加速度等的测定。外部变形观测的内容主要有沉降观测、位移观测、倾斜观测、裂缝观测和挠度观测等。内部观测与外部观测之间有着密切的联系，应同时进行，以便互相验证与补充。

2. 变形观测的特点

与一般的测量工作相比，变形观测具有以下特点：

(1)观测精度要求高。由于变形观测的结果直接关系到建筑物的安全，影响对变形原因和变形规律的正确分析，和其他测量工作相比，变形观测必须具有很高的精度。

(2)需要重复观测。建筑物由于各种原因产生的变形都有时间效应。计算其变形量最基本的方法是计算建筑物上同一点在不同时间的坐标差和高程差。这就要求变形观测必须依一定的时间周期进行重复观测，时间跨度大。重复观测的周期取决于观测的目的、预计的变形量大小和速率。

(3)要求采用严密的数据处理方法。建筑物的变形一般较小，有时甚至与观测精度处在同一个数量级；同时，大量重复观测使原始数据增多。要从不同时期的大量数据中，精确确定变形信息，必须采用严密的数据处理方法。

(二)变形观测的基本方法

变形观测方法可分为以下几类：

(1)常规大地测量方法。它包括几何水准测量、三角高程测量、三角(边)测量、导线测量、交会法等。这类方法的测量精度高，应用灵活，适用于不同变形体和不同的工作环境，但野外工作量大，不易实现自动和连续监测。

(2)摄影测量方法。它包括近景摄影测量。它可以同时测量许多监测点，做大面积的复测，尤其适用于动态式的变形体观测，外业简单，但精度较低。

(3)专门测量方法，或称物理仪器法。它包括各种准直测量(激光准直系统具有代表性)、倾斜仪观测、流体静力水准测量系统及应变计测量等。用专门测量手段的最大优点是容易实现连续自动监测及遥测，相对精度高，但测量范围不大，提供的是局部变形信息。

(4)空间测量技术。它包括甚长基线干涉测量、卫星激光测距、全球定位系统(GPS)等。空间测量技术先进，可以提供大范围的变形信息，是研究地壳形变及地表下沉等全球性变形的主要手段。

工程建筑物变形观测的具体方法，要根据建筑物的性质、使用情况、观测精度、周围的环境以及对观测的要求来选定。在实际工作中，设计变形观测方案时应综合考虑各种测量方法的应用，互相取长补短。

(三)变形观测系统

建筑物变形观测的实质是定期对建筑物的有关几何量进行测量，并从中整理、分析出变形规律。其基本原理是：在建筑物上选择一定数量的有代表性的点，通过对这些点的重复观测来求出几何量的变化。

变形观测的测量点可分为基准点、工作点和观测点三类。

基准点——由于测点的位置是变化的，为了求出这种变化，从理论上讲，必须有一定数量的位置固定或变化甚小的基准点，以此作为分析比较变形量的依据。基准点通常埋设在比较稳固的基岩上或在变形范围以外，尽可能稳固并便于长期保存。

工作点——直接利用基准点观测是困难的或不合理的。这时，就要利用一些介于观测点和基准点之间的过渡点，称为工作点。它一般埋设在被观测对象附近，要求在观测期间内保持稳定。

观测点——位于建筑物上的能准确反映建筑物变形，并作为照准标志的点。

一般地，由基准点、工作点、观测点构成的观测系统叫做变形观测系统。

二、大坝的变形监测

（一）概述

我国共修建 8.3 万余座堤坝，其中 15 m 以上大坝有 1.9 万多座，30 m 以上大坝有近 3 000 座，这些工程在国民经济中发挥了巨大的作用。然而，相当一部分大坝存在着某些不安全因素，这些因素不同程度地影响工程效益的发挥，甚至威胁着下游千百万人民的生命财产安全，因此必须引起重视。

（二）水平位移观测

混凝土坝受水平压力等水平方向的推力和坝底受向上的扬压力的作用，有向下游滑动和倾覆的趋势，因此要进行水平位移观测。水平位移观测的方法主要有视准线法、激光准直法、三角测量、导线测量、交会法和引张线法等。

1. 视准线法（基准线法）

视准线法是在坝端两岸的山坡上设工作基点 A 和 B，将全站仪或经纬仪安置在 A 点（或 B 点）上，后视 B（或 A），构成视准线。由于 AB 构成的视准线是固定不变的，以此作为观测坝体变形的基准线。然后沿视准线在坝体上埋设水平位移标点，测出标点中心离视线的距离，观测值与原始值的差值即为该位移标点的水平位移量。视准线法是测定直线形水工建筑物横向水平位移的主要方法之一。该法的特点是操作简便，计算容易，观测成果可靠，尤其适用于坝轴线为直线的大坝。

1）水平位移监测点布设

在坝体上选择有代表性的部位布设适当数量的监测点进行观测，如图 11-39 所示。

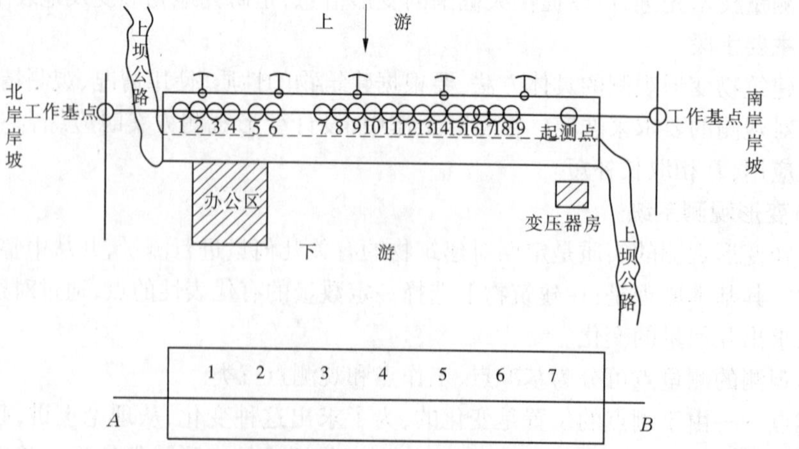

图 11-39　视准线法工作基点与监测点布设示意图

（1）工作基点。工作基点是安置全站仪（或经纬仪）和觇标构成视准线的标点。强制对中式工作基点,是在混凝土墩顶部埋设一个由金属圆盘制成的强制对中器,如图 11-40 所示。由于观测时需要卸下仪器底板,加上三脚螺旋晃动、磨损等原因,这种强制对中器目前已很少使用,通常用螺旋中心孔式的。

(2)校核基点。校核基点的结构基本与工作基点相同,但校核基点只需用来定向或量距,因此其上部结构只需考虑安置觇标,或者只埋一钢板,刻画"十"字线即可。工作基点和校核基点是测定坝体位移的依据,必须保证混凝土墩体不发生变位,一般需浇筑在基岩或原状土层上。

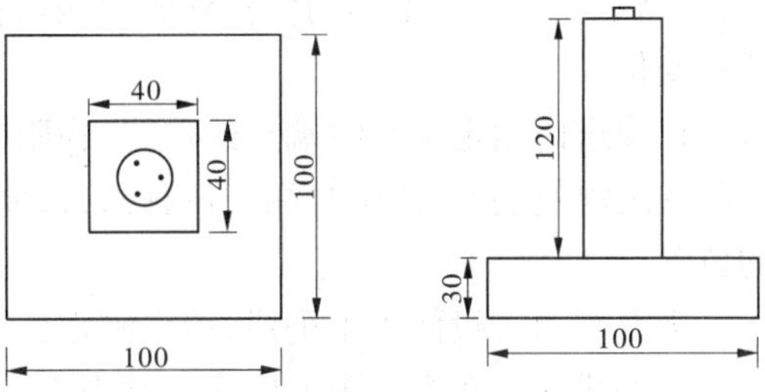

图 11-40　强制对中工作基点　(单位:mm)

(3)位移标点。位移标点的上部结构与使用的觇标有关。如使用精密活动觇标,则需埋设上述工作基点的上部结构。

(4)观测觇标。位移观测所用的觇标,可分为固定觇标和活动觇标两种。观测使用的照准标牌图案应简单、清晰,有足够的反差,成中心对称,这对提高视准线的观测精度有重要影响。觇标分为固定觇标和活动觇标。前者安置在工作基点上,供经纬仪瞄准构成视准线用;后者安置在位移标点上,供经纬仪测定位移标点的偏离值用。活动式觇标上附有螺旋和游标,可使觇标在基座的分划尺上左右移动,利用游标读数,一般可读至 0.1 mm。如图 11- 41 所示。

2)观测方法和要求

观测时在工作基点 A 上安置全站仪,瞄准另一个工作基点 B 的固定觇标,全站仪水平制动,上下移动望远镜,瞄准离工作基点 B 近的一端的位移标点,依次观测每个位移标点,用旗语或对讲机指挥位于标点的持标者,移动位于标点上的活动觇标,使活动觇标中心线与望远镜竖丝重合。由持标者读出活动觇标分划尺上位移标点中心所对读数。再倒镜观测一次,取正倒镜两次读数的平均值作为第一测回的成果。同样的方法测第二测回,两测回不符值应不大于 4 mm。否则应予重测。

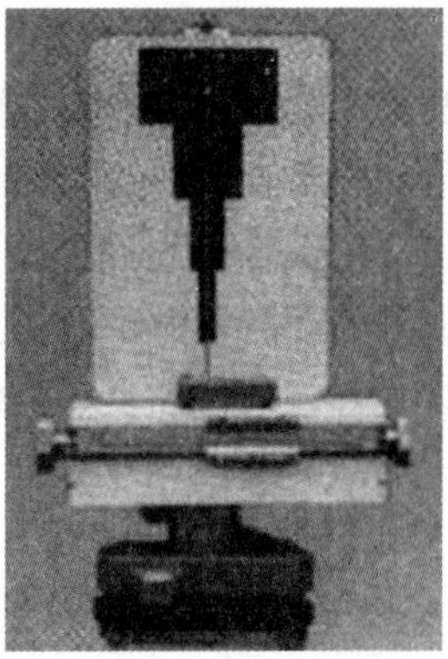
图 11-41　活动式觇标

大坝视准线采用活动觇标法观测,各监测点实行强制对中,其对中误差不得大于 0.2 mm。用全站仪观测时,观测前应对仪器进行检查,检查内容要按《国家三角测量和精密导线测量规范》规定做有针对性的项目检验,觇牌必须测定零点差。

水平位移正负号规定:向下游移动为正;反之为负。观测限差见表 11-1。

表 11-1　视准线观测限差

方　式	正、倒镜两次读数差	两测回观测值之差
活动觇标法	2.0 mm	1.5 mm
小角法	4.0″	3.0″

2. 引张线法

对于直线型混凝土大坝坝体廊道内布设的观测点，可采用引张线法进行水平位移观测。廊道内的引张线与坝面上的视准线的情况相似，通过引张线固定的两端点的不锈钢丝，来测定在引张线上不同位置处的观测点在大坝垂直方向的位移量，来监测大坝的水平位移变化。

在廊道内测定引张线端点的位置，在附近设置倒垂线，然后以不锈钢丝垂直拉紧，在上部使用浮托装置，测定其端点位移值，以便将观测值的位移值加以改正，以提供基准点的位置。

挠度观测一般使用正垂线，用来测定各不同高程面上的点相对于坝底的相对位移。

倒垂线除了在坝体廊道内作为基准点，也可以用来作为坝顶视准线、激光准直系统的外部基准点。

（三）垂直位移观测

1. 概述

混凝土坝体受温度影响和自重等荷载的作用，将发生体积变化，地基亦将发生沉陷，因此需要进行垂直位移观测。

所谓垂直位移观测是对布设在大坝上的监测点相对于基准点的高差测量，以求得观测点的高程，并将不同时期观测点的高程加以比较，得出监测点的垂直位移值。监测点的观测一般应根据实际情况布设成附合水准路线或闭合水准路线。

测定大坝及基础在铅垂线方向产生的位移，亦称沉降观测。垂直位移观测的目的是要测定大坝及其基础、水库的库岸边坡、监控网控制点在铅垂方向上的升降变化，凡一、二级和坝高在 40 m 以上的三、四级大坝，垂直位移观测都被列为必测项目。

建筑物垂直位移观测分为表面垂直位移观测和内部垂直位移观测，一般通过水准法观测表面的垂直位移，通过在建筑物内部埋设观测仪器监测内部垂直位移。混凝土建筑物垂直位移的监测，主要采用水准测量法、三角高程法、静力水准仪或者利用水平测斜仪监测某横断面同仪器高程水平点的垂直位移。

2. 水准测量观测法

1）垂直位移监测点布设

水准基点是垂直位移观测及其他高程测量的依据。起测基点是在平行坝轴的坝体纵排垂直位移的标点的延长线两端岸坡上选择坚实可靠的地点，各布置一个起测基点。垂直位移标点是为了全面掌握坝体的变形，垂直位移应与水平位移的观测配合进行并统一布设。

2）观测方法和要求

表面垂直位移观测方法有两种：附合水准测量法和液体静力水准测量法。二者都是以起测基点高程为基准，引测建筑物变形前后的测点高程，通过计算求得该点的高程变化，即该点的垂直位移。一般情况下，垂直位移观测采用精密水准法比较方便，混凝土坝宜按一等水准进行观测。

（1）“五定”原则。“五定”即通常所说的变形监测依据的基准点、工作基点和被测物上的监测点的点位要稳定，所用仪器、设备要固定，观测人员要固定，观测时的环境条件基本一致，观测路线、镜位、程序和方法要固定。

（2）垂直位移方法观测。垂直位移标点的观测，一般从大坝一端的起测基点 BM_1 开始，在测站安平水准仪，后视起测基点，前视第一个垂直位移标点 1，分别读数，记入记录表内。然后以一号点 1 为转点，将水准仪搬至第二测站安平（即 1 号点和 2 号点之间的适当位置）后视第一个位移点 1，前视第二个位移点 2，分别读数，记入记录表内。依次测至大坝另一端起测基点 BM_2 以后，再进行返测，至始测的起测基点为止，构成闭合水准路线。

观测时用数字水准仪照准标尺时，分划的观测顺序如下：

照准前视标尺的普通数字面，人工读取数据；

照准后视标尺的普通数字面，人工读取数据；

照准后视标尺的条形码面，仪器读取数据；

照准前视标尺的条形码面，仪器读取数据。

在观测中，所有的垂直位移观测点要组成最短闭合环线和附合路线进行测量，闭合环线及附合路线均以两岸的工作基点为起讫点。

所有垂直位移观测，均以《国家水准测量规范》中一等水准测量精度要求施测。垂直位移正负号规定：向下为正，向上为负。

（3）测站限差规定。同一标尺人工与仪器读数差不得超过 0.3 mm；标尺人工与仪器所测高差之差不得大于 0.4 mm；环路闭合差不得超过 $0.2\sqrt{n}$ mm（n 为测站数）。

（四）裂缝观测

混凝土大坝的裂缝产生的主要原因有材料、施工、使用与环境、结构及荷载作用等方面。按成因可分为：沉陷裂缝、滑坡裂缝和干缩裂缝；按方向可分为：横向裂缝、纵向裂缝和龟裂缝。垂直大坝的为横向裂缝：沿轴线方向的大坝由于不均匀沉陷，产生横向裂缝，这种裂缝比较危险。平行大坝的纵向裂缝有两类：一种是沉陷裂缝，另一种是滑坡裂缝。龟裂缝：主要是干缩引起，其方向无规律、纵横交错，缝距间距较均匀。龟裂缝一般不影响堤防的安全。按部位可分为：表面裂缝和内部裂缝。

对裂缝进行观测时，首先进行基本情况调查，包括裂缝状况、裂缝附近情况、裂缝开展情况、影响使用情况、安全监测资料（包括垂直位移、水平位移等观测资料）。

对所有有危害的裂缝用油漆进行标记、编号观测，分别观测裂缝的位置、走向、长度、宽度、深度等，同时测定混凝土温度、气温，以及大坝水位等有关的项目。对裂缝观测的主要内容有：

（1）位置。对每条裂缝编号并测量它的概略桩号、起止点高程，以确定它在堤段的确切位置，方便绘制裂缝分布图。

（2）走向。确定裂缝的起点、止点，并在起止点上画红油漆做标记。

（3）长度。沿裂缝的缝迹用钢尺丈量，由各期的结果考察裂缝变化的情况。

（4）深度。在测量宽度大的位置，用小钢丝探测，然后再用钢尺丈量小钢丝的长度。

（5）宽度。裂缝的宽度观测可以采用两点观测法：埋设两个观测标点进行观测。

裂缝观测的周期，视裂缝的发展情况而定。裂缝发生的初期，应每天观测至少 1 次，当裂缝有显著的发展和大坝水位较高时，每天观测 2 ~ 3 次；当裂缝有突变时，每 2 ~ 4 h

观测1次；暴雨后、高水位和水位骤降时需要加密观测。每次观测都要做好相应的观测记录，然后整理结果，作为最终的成果资料保存。当采取工程措施裂缝发展缓慢后，可以减少观测次数。

（五）大坝变形观测资料分析

1. 大坝变形数据的预处理

对大坝变形观测数据进行分析，要建立能够反映大坝正常运行状态下的变形模型。首先对变形观测资料进行整理，包括收集资料、审核资料、填表和绘制变形过程图以及对资料的整理说明。建立变形模型是根据实测资料来进行的，因此审核变形资料的精度和可靠性如何，将直接影响模型的预报精度和分析结果。对观测资料进行可靠性检验，主要包括系统误差检验、偶然误差精度分析、粗差的定位与剔除、判断工作基点的稳定性以及各因素间的相关性、一致性及其逻辑合理性等。

2. 建立变形模型

建立变形数学模型就是寻找因变量（变形值）与各自变量（如水位、温度等）以及因变量与其历史值之间的相关关系。使作用显著的因子保留在模型内，作用不显著的因子从模型中剔除，选择最佳变形方程。因此，必须根据工程结构和坝工理论以及数学力学知识等选择模型中的因子。采用的分析方法不同，选择的因子也有所区别。主要的变形模型有多元回归分析方法、时间序列分析法、模糊人工神经网络法和小波分析法等。后面几种模型最近几年才发展应用到大坝变形监测中来。

3. 变形预报

建立变形模型的主要目的就是要对大坝变形进行分析解释，对大坝的未来变形值进行预报，以判断大坝的稳定性，为有关部门采取措施提供决策依据。因此，必须对建立的变形模型进行预报验证，分析其预报精度。如果预报精度较低，必须对变形模型进行修正，以提高预报精度。

习 题

一、填空题

1. 建筑场地的平面控制，主要有________、三角网和导线等形式；高程控制在一般情况下，采用________等水准测量方法。

2. 建筑物定位后，在开挖基槽前一般要把轴线延长到槽外安全地点，延长轴线的方法有两种，即________法和________法。

3. 按中线前进方向，后一边延长线与前一边的水平夹角叫________，在延长线左侧的转角叫________角，在延长线右侧的转角叫________角。

4. 渠道纵断面图地面线是根据________和________绘制的。

5. 渠道横断面测量是测定________________。

6. 隧道洞内要进行________测设和________测设。

7. 高层楼房建筑物轴线竖向投测的方法主要有吊锤法、________法和________法。

二、单项选择题

1. 建筑物多为矩形,且布置较规则的建筑场地,其平面控制可采用(　)。

①平板仪导线　②建筑方格网　③多边形网

④建筑基线　⑤视距导线　⑥导线网

A. ①⑤　B. ②④　C. ③⑥　D. ④

2. 建筑物高程传递的方法有(　)。

①水准测量法　②视距高程法　③皮数杆法

④锤球投测法　⑤激光投点法　⑥钢尺丈量法

A. ①②④　B. ①③⑤　C. ①③⑥　D. ②⑤⑥

三、问答题

1. 施工测量的目的和原则是什么?
2. 施工测量控制网与测图控制网相比主要有哪些方面的不同?
3. 什么是贯通误差?分为哪几类?
4. 隧道地面平面控制测量可以用哪些方法?
5. 变形观测系统由哪几部分组成?简述变形观测的特点。

参考文献

[1] 张幕良,叶泽荣. 水利工程测量[M]. 北京:中国水利水电出版社,1994.

[2] 武汉测绘科技大学《测量学》编写组. 测量学[M]. 3 版. 北京:测绘出版社,2000.

[3] 合肥工业大学,重庆建筑大学,天津大学,等. 测量学[M]. 北京:中国建筑工业出版社,1995.

[4] 同济大学测量系,清华大学测量教研组. 测量学[M]. 北京:测绘出版社,1991.

[5] 水利水电规划设计院. 水利水电工程测量规范[S]. 北京:中国水利水电出版社,1997.

[6] 国家技术监督局. 地形图图式[S]. 北京:中国标准出版社,1995.

[7] 伊晓东,金日守,袁永博. 测量学教程[M]. 大连:大连理工大学出版社,2007.

[8] 李天文. 现代测量学[M]. 北京:科学出版社,2007.

[9] 何习平. 测量技术基础[M]. 2 版. 重庆:重庆大学出版社,2004.

[10] 张鑫,耿宏锁,李援农. 测量学[M]. 杨凌:西北农林科技大学出版社,2002.

[11] 杨晓明. 数字测图[M]. 北京:测绘出版社,2001.

[12] 孙以义. 计算机地图制图[M]. 北京:科学出版社,2000.

[13] 张坤宜. 交通土木工程测量[M]. 北京:人民交通出版社,1999.

[14] 徐绍铨,张华海. GPS 测量原理及应用[M]. 武汉:武汉测绘科技大学出版社,1998.

[15] 孔祥元,梅是义. 控制测量学[M]. 武汉:武汉测绘科技大学出版社,1996.

[16] 王正明,易东云. 测量数据建模与参数估计[M]. 长沙:国防科技大学出版社,1996.

[17] 许筱阳,夏友福. 测量学[M]. 陕西:陕西科学技术出版社,1995.

[18] 业衍璞. 建筑工程测量[M]. 北京:高等教育出版社,1994.

[19] 於宗俦,于正林. 测量平差原理[M]. 武汉:武汉科技大学出版社,1990.